中国教师发展基金会教师出版专项基金资助

食品
微生物检验技术

王廷璞　王　静　编著 ▶▶▶

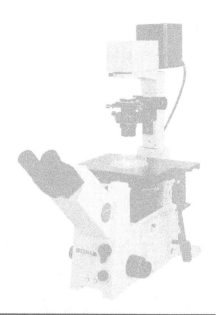

Shipin Weishengwu
Jianyan Jishu

化学工业出版社

·北京·

图书在版编目（CIP）数据

食品微生物检验技术/王廷璞，王静编著. —北京：化学
工业出版社，2014.1（2019.11重印）
ISBN 978-7-122-19021-5

Ⅰ.①食… Ⅱ.①王…②王… Ⅲ.①食品微生物-食品
检验 Ⅳ.①TS207.4

中国版本图书馆 CIP 数据核字（2013）第 274613 号

责任编辑：刘亚军　　　　　　　　装帧设计：史利平
责任校对：边　涛

出版发行：化学工业出版社（北京市东城区青年湖南街 13 号　邮政编码 100011）
印　　装：北京虎彩文化传播有限公司
787mm×1092mm　1/16　印张 15　字数 396 千字　2019 年 11 月北京第 1 版第 4 次印刷

购书咨询：010-64518888　　　　　　售后服务：010-64518899
网　　址：http://www.cip.com.cn
凡购买本书，如有缺损质量问题，本社销售中心负责调换。

定　　价：48.00 元

前 言

Foreword

食品微生物检测是衡量食品卫生质量的重要指标之一，也是判定被检食品能否食用的科学依据之一。通过食品微生物检测，可以判断食品加工环境及食品卫生情况，能够对食品被细菌污染的程度做出正确的评价，为各项卫生管理工作提供科学依据，提供传染病和人类、动物的食品中毒的防治措施。食品微生物检测技术在食品科学领域和人才培养中的地位十分重要。因此，为了适应市场对食品质量安全人才的需要，加强食品微生物检测实验与教学间的联系，保持实验教学内容的连续性和连贯性，我们编写了这部既适合于高校食品质量与安全专业需求又可兼顾食品安全及卫生领域专业人员使用的食品微生物检测技术教程。

本书分为上篇和下篇。上篇为微生物实验基础，包括光学显微镜的使用，革兰染色，真菌和放线菌的形态观察，微生物的测微与显微计数技术，培养基的制备，消毒与灭菌技术，菌种的保藏等内容，将微生物实验的基础扼要地介绍给读者。下篇为食品微生物检验，该篇共包括11个食品细菌学检验实验、2个食品真菌学检验实验以及4个食品微生物快速检验实验。在实验内容的选择上，遵循新颖性、标准性、系统性、连贯性、综合性和层次性的原则，兼顾学生知识面的拓宽和能力的培养以及各高等学校的实验教学条件，经过讲授和操作，学生将受到系统的食品微生物检测方法和技术的训练，使他们能够获得食品微生物检测技术的理论和系统、新颖、准确、实用的实验技能，为他们将来从事食品安全检验奠定一定的基础。本书以食品安全有关专业的本科生为对象，也可供其他相关领域的人士参考。

本书第一章、第六章、第七章、第八章、第十二章和附录由王廷璞编写，第二章、第三章、第四章、第五章、第九章、第十章和第十一章由王静编写。

在编写过程中，我们参阅了众多的书籍和资料，在参考文献中未能全部列出。

由于本书涉及的知识面广及我们的水平有限，书中难免存在错误和不妥，敬请广大读者和同行批评指正。

目 录
Contents

上篇
微生物实验基础

第一章
食品微生物检验实验室的总则

第一节　微生物实验室设计

微生物实验室由准备室、洗涤室、无菌室、恒温培养室和普通实验室六部分组成。这些房间的共同特点是地板和墙壁的质地光滑坚硬，仪器和设备的陈设简洁，便于打扫卫生。

一、准备室

准备室用于配制培养基和样品处理等。室内设有试剂柜、存放器具或材料的专柜、实验台、电炉、冰箱和上下水道、电源等。

二、洗涤室

洗涤室用于洗刷器皿等。由于使用过的器皿已被微生物污染，有时还会存在病原微生物。因此，在条件允许的情况下，最好设置洗涤室。室内应备有加热器、蒸锅，洗刷器皿用的盆、桶等，还应有各种瓶刷、去污粉、肥皂、洗衣粉等。

三、无菌室

无菌室也称接种室，是系统接种、纯化菌种等无菌操作的专用实验室。在微生物工作中，菌种的接种移植是一项主要操作，这项操作的特点就是要保证菌种纯种，防止杂菌的污染。在一般环境的空气中，由于存在许多尘埃和杂菌，很易造成污染，对接种工作干扰很大。

1. 无菌室的设置

无菌室应根据既经济又科学的原则来设置。其基本要求有以下几点：

（1）无菌室应有内、外两间，内间是无菌室，外间是缓冲室。房间容积不宜过大，以便于空气灭菌。内间面积 $2 \times 2.5 = 5m^2$，外间面积 $1 \times 2 = 2m^2$，高以 2.5m 以下为宜，都应有天花板。

（2）内间设拉门，以减少空气的波动，门应设在离工作台最远的位置上；外间的门最好也用拉门，要设在距内间最远的位置上。

（3）在分隔内间与外间的墙壁或"隔扇"上，应开一个小窗，作接种过程中必要的内外传递物品的通道，以减少人员进出内间的次数，降低污染程度。小窗宽60cm、高40cm、厚30cm，内外都挂对拉的窗扇。

（4）无菌室容积小而严密，使用一段时间后，室内温度很高，故应设置通气窗。通气窗应设在内室进门处的顶棚上（即离工作台最远的位置），最好为双层结构，外层为百叶窗，内层可用抽板式窗扇。通气窗可在内室使用后、灭菌前开启，以流通空气。有条件可安装恒温恒湿机。

2．无菌室内设备和用具

（1）无菌室内的工作台，不论是什么材质、用途的，都要求表面光滑和台面水平。

（2）在内室和外室各安装一个紫外灯（多为30W）。内室的紫外线灯应安装在经常工作的座位正上方，离地面2m，外室的紫外线灯可安装在外室中央。

（3）外室应有专用的工作服、鞋、帽、口罩、盛有来苏儿水的瓷盆和毛巾、手持喷雾器和5％石炭酸溶液等。

（4）内室应有酒精灯、常用接种工具、不锈钢制的刀、剪、镊子、70％的酒精棉球、工业酒精、载玻璃片、特种蜡笔、记录本、铅笔、标签纸、胶水、废物筐等。

3．无菌室的消毒与熏蒸

（1）甲醛和高锰酸钾混合熏蒸　一般每平方米需40％甲醛10mL、高锰酸钾8mL，进行熏蒸。使用时，先密闭门窗，量甲醛溶液盛入容器中，然后倒入量好的高锰酸钾，人员随之离开接种室，关紧房门，熏蒸20～30mim即可。

（2）0.1％升汞水消毒　用0.1％升汞水浸过的纱布或海绵进行擦拭，或用喷雾器喷雾灭菌，使箱内的上下左右都沾上升汞水，手也可用升汞水消毒，并把袖子卷起来。喷雾后20～30mim，箱内的杂菌和雾滴一起落到箱底被杀死，内部的空气就变得很清洁。

（3）紫外线照射灭菌　在无菌箱中装一支200V，30W的紫外线灯管；每次开20～30min，就能达到空间杀菌的目的。照射结束后，罩黑布半小时，以增强杀菌效果。

（4）石炭酸喷雾　在每次接种之前，用5％石炭酸溶液喷雾，可促使空气中的微粒和杂菌沉降，防止桌面微尘飞扬，并有杀菌作用。

（5）石灰揩擦　经常用药物熏蒸，易造成酸性环境，特别用甲醛和高锰酸钾熏蒸长久，污染往往越来越严重，预防办法是可把各种药品交替使用，过一段时间（约5周）用石灰擦洗一遍。实践证明，这样做效果很好。

4．无菌室工作规程

（1）无菌室灭菌，每次使用前开启紫外线灯照射30min以上，或在使用前30min，对内外室用5％石炭酸喷雾。

（2）用肥皂洗手后，把所需器材搬入外室；在外室换上已灭菌的工作服、工作帽和工作鞋，戴好口罩，然后用2％煤酚皂液将手浸洗2min。

（3）将各种需用物品搬进内室清点、就位，用5％石炭酸在工作台面上方和操作员站位空间喷雾，返回外室，5～10min后再进内室工作。

（4）接种操作前，用70％酒精棉球擦手；进行无菌操作时，动作要轻缓，尽量减少空气波动和地面扬尘。

（5）工作中应注意安全。如遇棉塞着火，用手紧握或用湿布包裹熄灭，切勿用嘴吹，以免扩大燃烧；如遇有菌培养物洒落或打碎有菌容器时，应用浸润5％石炭酸的抹布包裹后，并用浸润5％石炭酸的抹布擦拭台面或地面，用酒精棉球擦手后再继续操作。

（6）工作结束，立即将台面收拾干净，将不应在无菌室存放的物品和废弃物全部拿出无菌室后，对无菌室用5％石炭酸喷雾，或开紫外线灯照射30min。

四、恒温培养室

1. 培养室的设置

（1）培养室应有内、外两间，内室是培养室，外室是缓冲室。房间容积不宜大，以利于空气灭菌，内室面积在 $3.2 \times 4.4 = 14m^2$ 左右，外室面积在 $3.2 \times 1.8 = 6m^2$ 左右，高以2.5m左右为宜，都应有天花板。

（2）分隔内室与外室的墙壁上部应设带空气过滤装置的通风口。

（3）为满足微生物对温度的需要，需安装恒温恒湿机。

（4）内外室都应在室中央安装紫外线灯，以供灭菌用。

2. 培养室内设备及用具

（1）内室通常配备培养架和摇瓶机（摇床）。常用的摇瓶机有旋转式、往复式两种。

（2）外室应有专用的工作服、鞋、帽、口罩、手持喷雾器和5％石炭酸溶液、70％酒精棉球等。

3. 培养室的灭菌、消毒

同无菌室的灭菌、消毒措施。

小规模的培养可不启用恒温培养室，而在恒温培养箱中进行。

五、普通实验室

进行微生物的观察、计数和生理生化测定工作的场所。室内的陈设因工作侧重点不同而有很大的差异。一般均配备实验台、显微镜、柜子及凳子。实验台要求平整、光滑，实验柜要足以容纳日常使用的用具及药品等。

第二节　微生物实验室基本要求

食品微生物检验对实验室的环境、人员、设备、检验用品、培养基、试剂和菌株七个方面进行了要求。

一、环境

（1）实验室环境不应影响检验结果的准确性。

（2）实验室的工作区域应与办公室区域明显分开。

（3）实验室工作面积和总体布局应能满足从事检验工作的需要，实验室布局应采用单方向工作流程，避免交叉污染。

（4）实验室内环境的温度、湿度、照度、噪声和洁净度等应符合工作要求。

（5）一般样品检验应在洁净区域（包括超净工作台或洁净实验室）进行，洁净区域应有明显的标示。

（6）病原微生物分离鉴定工作应在二级生物安全实验室（Biosafety level 2，BSL-2）进行。

二、人员

（1）检验人员应具有相应的教育、微生物专业培训经历，具备相应的资质，能够理解并正确实施检验。

（2）检验人员应掌握实验室生物检验安全操作知识和消毒知识。

（3）检验人员应在检验过程中保持个人整洁与卫生，防止人为污染样品。

（4）检验人员应在检验过程中遵守相关预防措施的规定，保证自身安全。

（5）有颜色视觉障碍的人员不能执行涉及辨色的实验。

三、设备

（1）实验设备应满足检验工作的需要。

（2）实验设备应放置于适宜的环境条件下，便于维护、清洁、消毒与校准，并保持整洁与良好的工作状态。

（3）实验设备应定期进行检查、检定（加贴标识）、维护和保养，以确保工作性能和操作安全。

（4）实验设备应有日常性监控记录和使用记录。

四、检验用品

（1）常规检验用品主要有接种环（针）、酒精灯、镊子、剪刀、药匙、消毒棉球、硅胶（棉）塞、微量移液器、吸管、吸球、试管、平皿、微孔板、广口瓶、量筒、玻棒及 L 形玻棒等。

（2）检验用品在使用前应保持清洁和/或无菌。常用的灭菌方法包括湿热法、干热法、化学法等。

（3）需要灭菌的检验用品应放置在特定容器内或用合适的材料（如专用包装纸、铝箔纸等）包裹或加塞，应保证灭菌效果。

（4）可选择适用于微生物检验的一次性用品来替代反复使用的物品与材料（如培养皿、吸管、吸头、试管、接种环等）。

（5）检验用品的储存环境应保持干燥和清洁，已灭菌与未灭菌的用品应分开存放并明确标识。

（6）灭菌检验用品应记录灭菌/消毒的温度与持续时间。

五、培养基和试剂

1. 培养基

培养基的制备和质量控制按照 GB/T 4789.28 的规定执行。

2. 试剂

检验试剂的质量及配制应适用于相关检验。对检验结果有重要影响的关键试剂应进行适用性验证。

六、菌株

（1）应使用微生物菌种保藏专门机构或同行认可机构保存的、可溯源的标准或参考菌株。

（2）应对从食品、环境或人体分离、纯化、鉴定的，未在微生物菌种保藏专门机构登记注册的原始分离菌株（野生菌株）进行系统、完整的菌株信息记录，包括分离时间、来源、表型及分子鉴定的主要特征等。

（3）实验室应保存能满足实验需要的标准或参考菌株，在购入和传代保藏过程中，应进行验证试验，并进行文件化管理。

第三节　食品微生物检验的操作技术要求

一、无菌操作要求

食品微生物实验室工作人员，必须有严格的无菌观念，食品微生物检验要求在无菌条件下进行。

（1）接种细菌时必须穿工作服、戴工作帽。

（2）进行接种食品样品时，必须穿专用的工作服、帽及拖鞋，应放在无菌室缓冲间，工作前经紫外线消毒后使用。

（3）接种食品样品时，应在进无菌室前用肥皂洗手，然后用 75% 酒精棉球将手擦干净。

（4）进行接种所用的吸管，平皿及培养基等必须经消毒灭菌，打开包装未使用完的器皿，不能放置后再使用。金属用具应高压灭菌或用95％酒精点燃烧灼三次后使用。

（5）从包装中取出吸管时，吸管尖部不能触及外露部位，使用吸管接种于试管或平皿时，吸管尖不得触及试管或平皿边。

（6）接种样品、转种细菌必须在酒精灯前操作，接种细菌或样品时，吸管从包装中取出后及打开试管塞都要通过火焰消毒。

（7）接种环和针在接种细菌前应经火焰烧灼全部金属丝，必要时还要烧到环和针与杆的连接处，接种结核菌和烈性菌的接种环应在沸水中煮沸5min，再经火焰烧灼。

（8）吸管吸取菌液或样品时，应用相应的橡皮头吸取，不得直接用口吸。

二、无菌室无菌程度的检测

无菌室的标准要符合良好作业规范（Good Manufacturing Practice，GMP）洁净度的标准要求（表1-1）。无菌室在消毒处理后，无菌试验前及操作过程中需检查空气中菌落数，以此来判断无菌室是否达到规定的洁净度，常有沉降菌和浮游菌测定方法。

表1-1　GMP规定的洁净度

洁净级别	尘粒最大允许数		微生物最大允许数		相当于ISO分数级
	≥0.5μm	≥5μm	浮游菌/m²	尘降菌/皿	
100级	3500	0	5	1	ISO,5级
10000级	350000	2000	100	3	ISO,7级
100000级	3500000	20000	500	10	ISO,8级
300000级	10000000	60000		15	

1. 沉降菌检测方法

以无菌方式将3个营养琼脂平板带入无菌操作室，在操作区台面左、中、右各放1个；打开平板盖，在空气中暴露30min后将平板盖好，置32.5℃±2.5℃培养48h，取出检查。每批培养基应选定3只培养皿做对照培养。

2. 浮游菌检测方法

用专门的采样器，宜采用撞击法机制的采样器，一般采用狭缝式或离心式采样器，并配有流量计和定时器，严格按仪器说明书的要求操作并定时校检，采样器和培养皿进入被测房间前先用消毒房间的消毒剂灭菌，使用的培养基为营养琼脂培养基或药典认可的其他培养基。使用时，先开动真空泵抽气，时间不少于5min，调节流量、转盘、转速。关闭真空泵，放入培养皿，盖上采样器盖子后调节缝隙高度。置采样口采样点后，依次开启采样器、真空泵，转动定时器，根据采样量设定采样时间。全部采样结束后，将培养皿置32.5℃±2.5℃培养48h，取出检查。每批培养基应选定3只培养皿做对照培养。

3. 监测无菌室的洁净程度的注意事项

（1）采样装置采样前的准备及采样后的处理，均应在设有高效空气过滤器排风的负压实验室进行操作，该实验室的温度为 22℃±2℃；相对湿度应为 50％±10％。

（2）采样器应消毒灭菌，采样器选择应审核其精度和效率，还有合格证书。

（3）浮游菌采样器的采样率宜大于 100L/min；碰撞培养基的空气速度应小于 20m/s。

三、消毒灭菌要求

微生物检测用的玻璃器皿、金属用具及培养基、被污染和接种的培养物等，必须经灭菌后方能使用。

四、有毒有菌污物处理要求

微生物实验所用实验器材、培养物等未经消毒处理，一律不得带出实验室。

（1）经培养的污染材料及废弃物应放在严密的容器或铁丝筐内，并集中存放在指定地点，待统一进行高压灭菌。

（2）经微生物污染的培养物，必须经 121℃，30min 高压灭菌。

（3）染菌后的吸管，使用后放入 5％煤酚皂溶液或石炭酸液中，最少浸泡 24h（消毒液体不得低于浸泡的高度）再经 121℃，30min 高压灭菌。

（4）涂片染色冲洗片的液体，一般可直接冲入下水道，烈性菌的冲洗液必须冲在烧杯中，经高压灭菌后方可倒入下水道，染色的玻片放入 5％煤酚皂溶液中浸泡 24h 后，煮沸洗涤。做凝集试验用的玻片或平皿，必须高压灭菌后洗涤。

（5）打碎的培养物，立即用 5％煤酚皂溶液或石炭酸液喷洒和浸泡被污染部位，浸泡半小时后再擦拭干净。

（6）污染的工作服或进行烈性试验所穿的工作服、帽、口罩等，应放入专用消毒袋内，经高压灭菌后方能洗涤。

第二章
微生物的形态观察与镜检

显微镜是研究微生物必不可少的工具。自从发明了显微镜后，人们才能观察到各种微生物的形态，从此揭开了微生物世界的奥秘。随着科学技术不断发展，显微镜可利用的光源已从可见光扩展到紫外线，接着又出现利用非光源的电子显微镜，从而大大地提高了显微镜的分辨率和放大率。借助于各种显微镜，人们不仅可以观察到真菌、细菌的形态和构造，还能清楚地观察到病毒的形态和构造。

当今微生物实验室中最常用的还是普通光学显微镜。我们应了解显微镜的构造和原理，以达到正确使用和保养的目的。

除暗视野显微镜和相差显微镜可用于观察活的细菌细胞外，其他普通光学显微镜大多用于观察染色后的细菌细胞，只有经过染色的细菌才能看清其形态和构造。因此，各种染色法也是微生物学工作者应掌握的基本技术。

实验一　光学显微镜的使用

【目的】

1. 了解普通显微镜的构造和原理。
2. 正确掌握使用显微镜的方法。

【概述】

普通光学显微镜由机械装置和光学系统两部分（图 2-1）。

1. 机械装置

（1）镜座和镜臂

它们是显微镜的基本骨架，起稳固和支撑显微镜的作用。直筒显微镜的镜臂与镜座之间有一倾斜关节，可使显微镜倾斜一定的角度，便于观察。

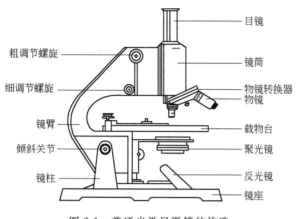

图 2-1 普通光学显微镜的构造

（2）镜筒

它是一个金属制的圆筒，其上端安装目镜，下端安装物镜转化器，镜筒的长度通常是固定的，为 160mm。有些显微镜的镜筒长度是可调节的。

（3）物镜转化器

用于安装物镜的圆盘，其上可装 3～4 个物镜。为使用方便，物镜应按低倍到高倍的顺序安装。转换物镜时，必须用手按住圆盘旋转，勿用手指直接推动物镜，以防物镜和转换器间的螺旋松脱而损坏显微镜。

（4）镜台

用于安放载玻片。镜台上安装有玻片夹或玻片移动器，调节移动器上的螺旋可使标本前后、左右移动，有些移动器上还装有刻度尺，可标定标本的位置，便于重复观察。

（5）调焦装置

调焦装置即安装在镜筒后方两侧的粗调节螺旋和细调节螺旋，用于调节物镜与标本间的距离，使物像更清晰。

2. 光学系统

（1）目镜

目镜的功能是把经物镜放大的物像再次放大。目镜由两片透镜组成，上面一片为接目透镜，下面一片为聚透镜，两片透镜之间有一光阑。光阑的大小决定了视野的大小，光阑的边缘就是视野的边缘，故又称视野光阑。由于标本正好在光阑上成像，因此若在光阑上粘一小段细发作为指针，就可用来指示标本的具体位置。光阑上还可放置测量微生物大小的目镜测量尺。目镜上标有 5×，10×，15× 等放大倍数记号，不同放大倍数的目镜其口径是统一的，可互换使用。

（2）物镜

物镜是显微镜中最重要的部件，物镜有低倍（10× 以下）、中倍（20×）、高倍（40～65×）和油镜（90× 以上）等不同的放大倍数。油镜上刻有"01"（oil immersion）或"HI"（homogeneous immersion）字样，也有以刻一圈红线或黑线为标记，用于区别其他物镜。物镜上标有放大倍数、数值孔径（numerical aperture，NA）、工作距离（物镜下端至盖玻片间的距离，mm）及要求盖玻片的厚度等主要参数（见图 2-2）。

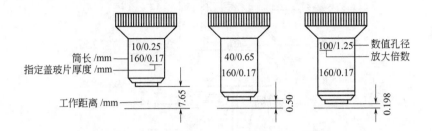

图 2-2 XSP-16A 型显微镜的主要参数

数值孔径指介质的折射率与镜口角 1/2 正选的乘积，可表示为

$$NA = n \cdot \sin(\alpha/2)$$

式中　n——物镜与标本间介质的折射率；

　　　α——镜口角（通过标本的光线延伸到物镜前透镜边缘所形成的夹角），见图 2-3。

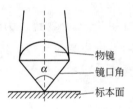

图 2-3 物镜的镜口角

显微镜的优劣主要取决于分辨率的大小。所谓分辨率就是显微镜工作时能分辨出两点间最小距离（D）的能力。D 值愈小表明分辨率愈高。D 值可用下列公式：

$$D = 0.61\lambda/NA$$

欲提高显微镜的分辨率，一是缩短光的波长，光波愈短则显微镜的分辨率愈高。但是普通光学显微镜所利用的光源不可能超过可见光的波长范围（400~770nm）。虽然利用紫外线作光源可提高分辨率，但应用范围有限，只适用于显微镜摄影而不适于直接观察。二是增大物镜的数值孔径。影响数值孔径的因素之一是镜口角 α。当 $\sin(\alpha/2)$ 增到最大时，$\alpha/2 = 90°$，就是说进入透镜的光线与光轴成 90° 角，这是不可能的，所以 $\sin(\alpha/2)$ 的最大值总是小于 1。现在所用的油镜，其 $\alpha/2$ 为 60° 左右。影响数值孔径的另一因素是介质的折射率是不同的，空气的折射率为 1.0，水的折射率为 1.33，香柏油的折射率为 1.52，玻璃的折射率为 1.5。因此，在物镜和标本间加入香柏油作介质时，数值孔径就可增大到 1.2~1.4。所以，当用数值孔径在 0.5μm 左右，故在油镜下能看清细菌形态及某些结构。

显微镜的总放大率是指物镜放大率和目镜放大率的乘积。由于物镜和目镜搭配的不同，其分辨率也不同，例如，在总放大率相同的情况下，采用数值孔径大的 40 倍物镜和 10 倍目镜相搭配，其分辨率就比数值孔径小的 20 倍物镜和 20 倍目镜相搭配时要高些，效果也比较好。

（3）聚光器

聚光器会聚光线的作用，可上下移动，在其边框上刻有数值孔径值。可用低倍镜时聚光器应下降，当用油镜时聚光镜应升到最高位置。在聚光器的下方安装有可变光阑（光圈），它由十几张金属薄片组成，可放大和缩小，用以调节光强度和数值孔径的大小。在观察较透明的标本时，光圈宜缩小些，这时分辨力随之降低，但反差增强，从而使透明的标本看得更清楚。但不将光圈关得太小，以免由于光干涉现象而导致成像模糊。

（4）反光镜

反光镜安装在聚光器下方的镜座上，它是一个有平、凹两个面的双面镜，可以在水平与垂直两个方向上任意旋转。其功能是采集光线，并将光线射向聚光器。凹面镜起到汇聚光线的作用，对于未安装聚光器的显微镜及光源较弱时可应用凹面镜；而在光源较强并用聚光器时一般多采用平面镜。

【材料与器皿】

1. 标本

金黄色葡萄球菌（*Staphylococcus aureus*）及大肠杆菌（*Escherichia coli*）的染色涂片，酿酒酵母（*Saccharomyces cerevisiae*）的水封片。

2. 仪器与材料

显微镜（有油镜），香柏油，二甲苯，擦镜纸等。

【方法与步骤】

1. 用低倍镜观察酵母菌

（1）调节光源

将低倍物镜转到工作位置。上升聚光器，将可变光阑完全打开，然后转动反光镜采集光源，一般以采集北窗射入的自然光为宜，不宜采用直射日光。如遇阴天或晚上可用普通日光台灯照明。

当用显微镜灯（钨丝灯泡）照明时，因其亮度较强，而且发射光谱中有较多刺激眼睛的红光，故应根据标本染色情况选用绿色，黄绿色或蓝绿色滤光器或一面磨砂的滤光片，以减弱光的强度，同时可吸收掉红光，使视野光线柔和，并可保护眼睛。

旋转反光镜，使光线折射到反光镜中央，并调节聚光器或调节光圈大小，使视野得到均匀的照明。

（2）调节聚光器和物镜数值孔径相一致

取下目镜直接向镜筒内观察，想将可变光阑缩到最小，再慢慢地打开，使聚光器的孔径与视野的直径一样大，然后放回目镜。这一操作的目的是使入射光所展开的角度与镜口角度相符合，否则因光圈开得太大而超过物镜的数值孔径时会产生光斑，如光圈收得太小则降低分辨率，从而影响了物镜的清晰度。因为各物镜的数值孔径不同，所以每转换一次物镜都要进行调节。

在实际操作中观察者往往只根据视野的亮度和标本明暗对比度来调节光圈大小，而不考虑聚光器与物镜数值孔径的配合。只要能达到较好的效果，这种调节法也是可取的。但是，对于使用显微镜的工作者来讲，必须了解这一操作的目的和原理，这样在操作时就能运用自如。

（3）放置标本

上升镜筒，将酿酒酵母水封片放在镜台上，用玻片夹夹住，然后降下低倍镜，使其下端接近于玻片。

（4）调焦

转动粗调节螺旋，使镜筒逐渐上升到看见模糊物像时，再转动细调节螺旋，调节到物像清晰为止。

（5）观察

观察并绘制酵母菌的形态。如要精细观察可转换高倍镜。

2. 高倍镜观察

（1）寻找视野

将在低倍镜下找到合适部位移至视野当中。

（2）转化高倍镜

用手按住转换器慢慢地旋转，当听到"咔嚓"一声即表明物镜已转到正确的工作位置上。

（3）调焦

使用齐焦物镜时，只要从低倍镜到高倍镜再稍调一下细调节螺旋就可看清物像。如用不齐焦的物镜时，每转换一次物镜都要进行调焦，即先使物镜降低至非常靠近玻片的位置，再慢慢上升镜筒，并细心调节粗、细调节螺旋，直至物像清晰为止。

（4）观察

仔细地观察酵母菌的形态构造。

3. 用油镜观察细菌

（1）放置标本

将染色的细菌涂片（涂面朝上）置于镜台上。

（2）找合适的视野

先用低倍镜寻找合适的视野，并将欲观察的部位移至视野中央。

（3）转换油镜

将油镜转到工作位置。

（4）调节聚光器与油镜数值孔径相一致

只要将聚光器上升到最高位置，可变光阑开到最大，此时两者的数值孔径即达到一致。

（5）加香柏油

取香柏油1～2滴加到欲观察部位涂片上（切忌加多），然后将油镜转到工作位置，下降镜筒，使油镜浸入香柏油中，并从侧面观察，使镜头降至既非常接近玻片又不与玻片相撞的合适位置。

（6）调焦

左眼从目镜中观察，同时转动粗调节螺旋，缓慢地提升油镜，至出现模糊的物像时，再用细调节螺旋调节至物像清晰为止。如按上述操作还找不到目的物，一种可能是油镜下降还不到位，另一种可能是油镜上升太快，以至眼睛捕捉不到一闪而过的物像。遇此情况，应重新操作。

（7）观察

仔细观察细菌形态，并将结果填入记录表中。

4. 显微镜用毕后的处理

（1）取下玻片

上升镜筒，取下玻片。

（2）清洁显微镜

① 清洁油镜，先用擦镜纸擦去镜头上的香柏油，再用蘸少许二甲苯的擦镜纸擦掉残留的香柏油，最后用干净的擦镜纸抹去残留的二甲苯；②清洁目镜和其他物镜，可用干净的擦镜纸擦净；③用柔软的绸布擦净机械部分的灰尘。

（3）搁置物镜

将物镜转成"八"字式，缓慢下降镜筒，使物镜靠置在镜台上。将聚光器降至最低位置。反光镜镜面转成垂直状。

（4）去除细菌涂片上的香柏油

加2～3滴二甲苯于涂片上，使香柏油溶解，再用吸水纸轻轻压在涂片上吸掉二甲苯和香柏油。这样处理不会损坏细菌涂片，并可保存以供以后再观察。如不需要保留涂片，可用肥皂水煮沸后再清洗干净。

【结果记录】

将观察到的微生物形态画于下表中。

菌名	低倍 （放大＿＿倍）	高倍 （放大＿＿倍）	油镜 （放大＿＿倍）
酿酒酵母			
大肠杆菌			
金黄色葡萄球菌			

【注意事项】

1. 搬动显微镜时应一手握住镜臂，另一手托住镜座，镜身保持直立，并紧靠身体，步态稳健。切忌单手拎提。

2. 各个镜面切忌用手涂抹，以免手上的香柏油、汗沾于镜面，否则日后易发霉、腐蚀。

3. 用二甲苯擦镜头时，用量要少，不宜久抹，以防胶粘透镜的树脂被溶解。切勿用乙醇擦镜头和支架。

4. 油镜的工作距离甚短，故操作时要特别谨慎，切记眼睛对着目镜边观察边下降镜筒。

【思考题】

1. 要使视野明亮，除调节光源外，还可采取哪些措施？

2. 使用油镜应注意哪些问题？

3. 试列表比较油镜、高倍镜在数值孔径、工作距离及物镜镜头的大小等方面的差别。

4. 试述影响分辨率的 3 个因素。

5. 当物镜由低倍镜转到油镜时，随着放大倍数的增加，视野的亮度是增强还是减弱？应如何调节？

实验二　革兰染色法（经典法）

【目的】

1. 了解革兰染色的原理。

2. 掌握革兰染色的操作方法。

【概述】

革兰染色法是 1884 年由丹麦病理学家 G. Gram 所创立的。用革兰染色法可将所有的细菌分为革兰阳性菌（G^+）和革兰阴性菌（G^-）两大类，此法是细菌学上最常用的鉴性染色法。

革兰染色法的主要步骤是先用结晶紫除染，再加媒染剂——碘液，以增加染料和细胞的亲和力，使结晶紫和碘在细胞膜上形成相对分子质量较大的复合物，然后用脱色剂（乙醇或丙酮）脱色，最后用沙黄液复染。凡细菌不被脱色而保留除染剂的颜色（紫色）者为革兰阳性菌，如被脱色后又染上复染剂的颜色（红色）者则为革兰阴性菌。

该染色法之所以能将细菌分为 G⁺ 菌和 G⁻ 菌，是有这两类菌的细胞壁结构和成分的不同所决定的。G⁻ 菌的细胞壁中含有较多宜被乙醇溶解的类脂质，而且肽聚糖层较薄，交联度低，故用乙醇或丙酮脱色时溶解了类脂质，增加了细胞壁的通透性，使结晶紫和碘的复合物易于渗出，结果是细菌被脱色，再经沙黄复染后细菌就染成红色。G⁺细菌细胞壁中肽聚糖中层较厚且交联度高，类脂质含量少，经脱色剂处理后反而使肽聚糖层的孔径缩小，通透性降低，因此细菌仍保留初染时的紫色。

【材料与器皿】

1. 菌种

大肠杆菌（*Escherichia coli*）和金黄色球葡萄球菌（*Staphylococcus aureus*）斜面菌种各一支。

2. 仪器

显微镜。

3. 染色液

草酸铵结晶紫染色液，路哥尔（Lugol）碘液，95％乙醇，0.5％沙黄染色液。

4. 材料

载玻片，擦镜纸，吸水纸，二甲苯，香柏油和染色缸等。

【方法与步骤】

1. 涂片

（1）常规涂片法

挑一环水于载玻片中央，再用接种环分别挑取：大肠杆菌和金黄色球葡萄菌与玻片上的水滴均匀混合，并涂成薄的菌膜（注意，挑取金黄色葡萄球菌的量应少于大肠杆菌）。

（2）三区涂片法

在玻片的左、右端各加 1 滴水，用无菌接种环挑少量金黄色葡萄球菌与左边水滴充分混合成仅有金黄色葡萄球菌的区域，并将少量菌液延伸至玻片的中央。再用无菌的接种环挑少量大肠杆菌与右边水滴充分混匀成仅有大肠杆菌的区域，并将少量大肠杆菌菌液延伸至玻片中央，与金黄色葡萄球菌相混合成含有两种菌的混合区。

2. 固定

涂片在空气中干燥。手持玻片一端，有菌膜的一面朝上，玻片在微火上过 3 次（用手指触摸涂片反面，以不烫手为宜）。待冷却后，再加染料。

3. 染色

（1）初染

将玻片置于玻片搁架上，加草酸铵结晶紫染色液（加量以盖满菌膜为度）。倾去染色液，用自来水小心地冲洗。

（2）媒染

滴加路哥尔碘液，染 1～2min，水洗。

（3）脱色

滴加，95％乙醇，将玻片稍摇晃几下即倾去乙醇，如此重复 2～3 次，立即水洗，以终止脱色。

（4）复染

滴加沙黄染色液，染色 2～3min，水洗。最后，用吸水纸轻轻吸干。

4. 镜检

用油镜观察，区分出 G^+ 菌和 G^- 菌的细菌形态和颜色。

5. 实验完毕后处理

（1）清洁显微镜

按实验一的方法进行。

（2）清洗染色玻片

用洗衣粉水煮沸、清洗，沥干备用。

【结果记录】

将革兰染色的结果记录于下表中。

菌名	菌体颜色	菌体形态（图示）	G^+ 或 G^-
大肠杆菌			
金黄色葡萄球菌			

【注意事项】

1. 革兰染色成败的关键是脱色时间。如脱色过度，革兰阳性菌也可被脱色而被误认为是革兰阴性菌；如脱色时间较短，革兰阴性菌也会被误认为是革兰阳性菌；脱色时间的长短还受涂色的薄厚、脱色时玻片晃荡的快慢及乙醇用量多少等因素的影响，难以严格规定。一般可用已知革兰阳性菌和革兰阴性菌做练习，以掌握脱色时间。当要确证一个未知菌落的革兰反应时，应同时做一张已知革兰阴性菌和革兰阳性菌的混合涂片，以观察。

2. 染色过程中勿使染色液干涸。使水冲洗后，应甩去玻片上的残水，以免染色液被稀释而影响染色效果。

3. 选用培养 18～24h 菌龄的细菌为宜。若菌龄太老，由于菌落死亡或自溶常使革兰阳性菌转呈阴性反应。

【思考题】

1. 革兰染色中哪一步是关键，为什么？如何控制这一步？

2. 不经复染这一步，能否区别革兰阳性菌和阴性菌？

3. 固定的目的之一是杀死菌体，这与自然死亡的菌体进行染色有何不同？

实验三　真菌的载片培养和形态观察

【目的】

1. 学会用载片培养法培养真菌。

2. 观察青霉、曲霉和假丝酵母的发育过程和各自的形态特征。

【概述】

载片培养法是培养和观察研究真菌或放线菌生长全过程的一种有效方法。通常只要把菌种接种在载玻片中央的小琼脂块培养基上，然后覆以盖玻片，再放在湿室中做适温培养，就可随时用光学显微镜观察其生长发育的全过程，且可不断拍照而不破坏样品的自然生长状态。

真菌载片培养法的方法很多，这里介绍一种周德庆设计的采用营养较贫乏、载片与盖片间空间十分狭窄的载片培养，由此可以看到菌丝疏密恰当、特征构造明显、菌丝和产孢子构造分布在较狭窄平面上的良好标本。它不但易于显微镜观察和摄影，还可通过固定、染色和封固，制成固定标本加以保存。

【材料与器皿】

1. 菌种

产黄青霉（*Penicillium chrysogenum*），黑曲霉（*Aspergillus niger*），热带假丝酵母（*Candida tropicalis*）。

2. 培养基

马铃薯琼脂培养基（原配方以无菌水作 3：1 稀释，以调整其硬度和降低营养物的浓度）。

3. 试剂

20％甘油乳酸苯酚固定液（乳酸 10g，结晶苯酚 10g，甘油 20g，蒸馏水 10mL）。

4. 器皿

培养皿，载玻片，玻璃搁棒，盖玻片，圆形滤纸片，细口滴管，镊子，显微镜等。

【方法与步骤】

1. 霉菌的载片培养

（1）准备湿室

在培养皿底铺一层等大的滤纸，其上放一玻璃搁棒、一块载玻片和两块盖玻片，盖上皿盖，其外用纸包扎后，121℃下湿热灭菌20min，然后置于60℃烘箱中烘干，备用。此培养皿即为载片培养的湿室，其外形如图2-4所示。

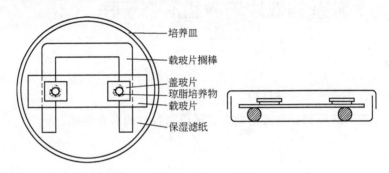

图 2-4　载片培养的湿室示意图

（2）融化培养基

将试管中的稀马铃薯葡萄糖琼脂培养基加热融化，然后放在60℃左右的水浴（烧杯）中保温，待用。

（3）整理湿室

以无菌操作法用镊子将载玻片和盖玻片放在搁棒上的合适位置处。

（4）点接孢子

用接种针（环）挑取少量孢子至载玻片的两个合适位置上。

（5）覆培养基

用无菌细口滴管吸取少量融化培养基，滴加到载玻片的孢子上。培养基应滴得圆整扁薄，直径约为0.5cm。

（6）加盖玻片

用无菌镊子取一片盖玻片仔细盖在琼脂培养基上，防止气泡产生，然后均匀轻压，务必使盖片与载片间留下约1/4mm高度（严防压扁）。

（7）保湿培养

每皿约倒入3mL 20％的无菌甘油，以保持培养湿度，然后置28℃恒温培养。10h后即可不断观察其孢子萌发、菌丝伸展、分化和子实体等的形成过程。

（8）详细镜检

从湿室中取出载玻片标本，置低倍镜或高倍镜下认真观察霉菌标本中营养菌丝、气生菌丝和产孢子结构的形态及特征性构造，如曲霉的顶囊、足细胞，青霉孢子梗的对称性等（图2-5）。

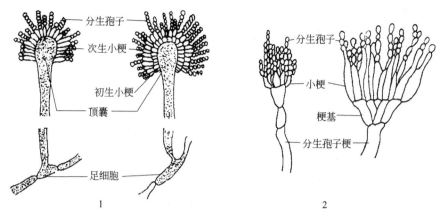

图 2-5　曲霉和青霉示意图

1—曲霉；2—青霉

2. 假丝酵母的载片培养

准备湿室、融化培养基和整理湿室的步骤同上。

（1）滴培养基

用灭菌后的细口滴管吸取少量融化的马铃薯葡萄糖琼脂培养基至载玻片的两个适当位置上，随即涂成圆而薄的形状。

（2）取菌接种

用接种环从斜面菌种上挑取极少量菌苔，轻轻接至培养基中央（不使培养基破损），盖上盖玻片后轻压，留出狭窄的空间。

（3）保湿培养

如前，倒入 20％的无菌甘油至湿室，置 28℃恒温箱中培养 48h 后观察假菌丝等特征性构造。

【结果记录】

1. 观察并描述实验中选用的各霉菌和假丝酵母斜面菌种的形态特征。

2. 把显微镜下观察到的曲霉、青霉和假丝酵母的菌丝体和特征性构造（足细胞、分生孢子头、分生孢子梗、分生孢子、假菌丝等）绘图并记录在下表中。

菌种	低倍镜视野下	高倍镜视野下
产黄青霉孢子及孢子头		
黑曲霉孢子及孢子头		
热带假丝酵母的假菌丝		

【注意事项】

1. 作载片培养时，接种的菌种量宜少，培养基要铺得圆而薄些，盖上盖玻片时，不使产生气泡，也不能把培养基压碎或压平而无缝隙。

2. 观察时，应先用低倍镜沿着琼脂块的边缘寻找合适的生长区，再换高倍镜仔细观察有关构造并绘图。

【思考题】

1. 什么是载片培养，它适用于哪几类微生物的形态观察，为什么？

2. 制备假丝酵母的载片培养时，与霉菌有何不同，为什么？

3. 用20％甘油作保湿剂有何优点？

4. 若作载片培养时，盖玻片与载玻片之间的空隙压得过小或全无，将会出现怎样的结果，为什么？

实验四　放线菌的玻璃纸培养和形态观察

【目的】

1. 学会在平板培养基上铺玻璃纸培养放线菌菌落的操作步骤与方法。

2. 掌握用显微镜观察在玻璃纸上生长的放线菌个体形态特征。

【概述】

放线菌的菌落形态较小，且与培养基结合较紧密，不易用接种环等挑取，制备镜检标本和观察菌落形态特征等都比较困难。利用无菌玻璃纸具有半透性膜的特性，若将其覆盖在平板培养基表面，再在玻璃纸的表面划线接种放线菌孢子，则孢子能通过玻璃纸膜从培养基里吸取养料，并在其表面形成菌落。此外，玻璃纸具有透光性好的优点，因而可将生长至不同阶段的放线菌微菌落等同玻璃纸一起揭下来做镜检或摄影。用此法能观察到菌落形成的各个阶段，是一种较理想的观察微生物菌落形态与其边缘特征的培养与观察法。

【材料与器皿】

1. 菌种

细黄链霉菌（*Streptomyces microflavus*）5406，灰色链霉菌（*S. griseus*）等。

2. 培养基

高氏1号琼脂培养基。

3. 器皿

培养皿，无菌玻璃纸片，镊子，载玻片，涂布棒，显微镜等。

【方法与步骤】

1. 倒平板

融化高氏 1 号琼脂培养基，冷却至 50℃ 左右倒平板，冷凝待用。

2. 铺玻璃纸

用无菌镊子将预先灭菌的块状玻璃纸（盖玻片样大小）平铺至平板培养基表面；若以整张铺满平板时，则玻璃纸大小应略小于平板皿底面积，铺玻璃纸时务必使玻璃纸与培养基之间无气泡产生。若有气泡，可用无菌涂布棒将其驱尽。

3. 涂布菌液

将待分离培养的菌种制备成一定浓度的菌悬液，再取 0.1mL 的孢子悬液涂布在铺有玻璃纸的平板培养基表面。也可用接种环蘸取菌液后在其上进行划线分离接种。

4. 培养

将接种后的平板倒置于 28℃ 温箱中培养 5～7d 后，放线菌的孢子能在平板表面的玻璃纸上形成菌落。

5. 制片

在培养过程中，可取不同培养期的放线菌玻璃纸片制成标本片进行观察。制片时，只要将含菌丝体的玻璃纸细心取下，移至载玻片上，使含菌面向上。避免玻璃纸与载玻片间形成气泡，以免影响标本观察。

6. 观察

将上述制片置于显微镜下观察，先用低倍镜观察放线菌菌落边缘的特征，再在高倍镜下仔细观察放线菌的基内菌丝、气生菌丝和常显弯曲状或螺旋状的孢子丝等。

【结果记录】

1. 观察并记录在玻璃纸表面生长的放线菌的菌落形态特征，并与普通平板上的菌落做以比较。

2. 绘制在低倍镜下观察到的菌落边缘的形态特征，将所观察到的基内菌丝和气生菌丝等与其他制片法所观察到的结果做以比较。

【注意事项】

1. 玻璃纸与平板琼脂培养基间不宜有气泡，以免影响其表面放线菌的正常生长。

2. 玻璃纸在灭菌前应予以润湿，并将其与湿润滤纸交替分隔叠放在皿内灭菌，以防玻璃纸皱缩和相互粘贴在一起而不易揭开。

3. 放线菌的基内菌丝常呈匍匐状生长在玻璃纸表面，在显微镜下观察时，菌丝体较纤细，稍浅淡些（或稍稍发亮）。

【思考题】

1. 以玻璃纸覆盖法培养和观察放线菌有何优点?
2. 玻璃纸法可否用于培养其他微生物,为什么?

第三章
微生物的测微与显微计数技术

微生物的显微镜直接计数通常使用细胞计数板，是指利用显微镜直接对样品中细胞或孢子逐一进行计数，其所得结果通常包括微生物的一些死细胞数的总含菌量。此法若与美蓝等染料的染色相结合，也能达到分别计算活菌数和总菌数的目的。

通常采用显微测微尺测量微生物细胞大小，此方法简单快捷，应用十分广泛。

实验五　微生物细胞大小的测定

【目的】

1. 了解目镜测微尺和镜台测微尺的构造和使用原理。
2. 掌握微生物细胞大小的测定方法。

【概述】

微生物细胞的大小是微生物重要的形态特征之一，由于菌体很小，只能在显微镜下来测量。用于测量微生物细胞大小的工具有目镜测微尺和镜台测微尺。

目镜测微尺（图 3-1）是一块圆形玻片，在玻片中央把 5mm 长度刻成 50 等分，或把 10mm 长度刻成 100 等分。测量时，将其放在接目镜中的隔板上（此处正好与物镜放大的中间像重叠）来测量经显微镜放大后的细胞物象。由于不同目镜、物镜组合的放大倍数不相同，目镜测微尺每格实际表示的长度也不一样，因此目镜测微尺测量微生物大小时必须先用置于镜台上的镜台测微尺校正，以求出在一定放大倍数下，目镜测微尺每小方格所代表的相对长度。

镜台测微尺（图 3-2）是中央部分刻有精确等分线的载玻片，一般将 1mm 等分为 100 格，每格长 $10\mu m$（即 0.01mm），是专门用来校正目镜测微尺的。校正时，将镜台测微尺放在载物台上。由于镜台测微尺与细胞标本是处于同一位置，都要经过物镜和目

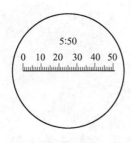

图 3-1　目镜测微尺　　　　　　　　　　　　图 3-2　镜台测微尺

镜的两次放大成像进入视野，即镜台测微尺随着显微镜总放大倍数的放大而放大，从镜台测微尺上得到的读数就是细胞的真实大小，所以用镜台测微尺的已知长度在一定放大倍数下校正目镜测微尺，即可求出目镜测微尺每格所代表的长度，然后移去镜台测微尺，换上待测标本片，用校正好的目镜测微尺在同样放大倍数下测量微生物大小。

【材料与器皿】

1. 活材料

酿酒酵母（*Saccharomyces cerevisiae*）、枯草杆菌（*Bacillus subtilis*）染色标本片。

2. 器材

显微镜，目镜测微尺，镜台测微尺，擦镜纸。

【方法与步骤】

1. 放置目镜测微尺

取出目镜，旋开接目透镜，将目镜测微尺放在目镜的光阑上（有刻度的一面向下），然后旋上接目透镜，将目镜插入镜筒。

2. 放置镜台测微尺

将镜台测微尺放在载物台上（刻度面向上），通过调焦看清镜台测微尺的刻度。

3. 目镜测微尺的校正

先用低倍镜观察，对准焦距，视野中看清镜台测微尺的刻度后，转动目镜，使目镜测微尺与镜台测微尺的刻度平行，移动推动器，使两尺重叠，再使两尺的"0"刻度完全重合，定位后，仔细寻找两尺第二个完全重合的刻度，计数两重合刻度之间目镜测微尺的格数和镜台测微尺的格数，即可求出目镜测微尺每小格的实际长度（目镜测微尺和镜台测微尺两个重合的距离越长，所测得数值越准确）。用同法分别校正在高倍镜下和油镜下目镜测微尺每小方格所代表的实际长度。

4. 计算目镜测微尺每格的长度

$$每格长度(\mu m) = \frac{两重合线间镜台测微尺所占格数 \times 10}{两重合线间目镜测微尺所占格数}$$

例：油镜下测得目镜测微尺 50 格正好与镜台测微尺 7 格重叠，则目镜测微尺上每

小方格长度为

$$7 \times 10 \mu m / 50 = 1.4 \mu m$$

由于不同显微镜及附件的放大倍数不同，因此校正目镜测微尺必须针对特定的显微镜和附件（特定的物镜、目镜、镜筒长度）进行，而且只能在特定的情况下重复使用，当更换不同放大倍数的目镜或物镜时，必须重新校正目镜测微尺每一格所代表的长度。

5. 细胞大小的测定

移去镜台测微尺，换上酵母菌（或枯草杆菌）标本片，通过调焦，待物像清晰后，转动目镜测微尺或移动标本片，测量酵母菌菌体的长、宽各占几格（不足一格的部分估计到小数点后一位数）。测出的格数乘上目镜测微尺每格的校正值，即等于该菌的长和宽。为了提高准确率，可多测几个细胞求其平均值。

6. 用毕后处理

取出目镜测微尺，用擦镜纸擦去目镜测微尺上的油腻和手印。

【结果记录】

1. 将不同放大倍数物镜下，目镜测微目尺校正值记录于下表。

物镜	目尺格数	台尺格数	目尺校正值/μm
10×			
40×			
100×			

2. 将测得菌体大小记录下表中。

枯草杆菌			酵母菌		
序号	长/μm	宽/μm	序号	长/μm	宽/μm
1			1		
2			2		
3			3		
4			4		
5			5		
平均值			平均值		

【思考题】

1. 显微测微尺包括哪两个部件，它们的作用是什么？

2. 不同显微镜的目镜测微尺的校正值一样吗？为什么？

实验六 微生物的显微镜直接计数

【目的】

学习使用血球计数板的构造、计数原理和计数方法。

【概述】

利用血球计数板计数的原理是：将经过稀释的微生物细胞或孢子悬液，加至血球计数板的计数室中，在显微镜下逐格计数。由于计数室的容积是固定的（0.01m³），故可将在显微镜下计得菌体细胞数（或孢子数）换算成单位体积试样中的含菌量。此法所计得数值为样品中死菌数和活菌数的总和，故称其为总菌计数法。

血球计数板是一块特制的厚型载玻片，载玻片上有 4 条槽而构成 3 个平台。中间的平台比两边的平台低 0.1mm，此平台中间又被一短横槽分隔成 2 个短平台，在 2 个平台上各有 1 个相同的方格网。它被划分为 9 个大格，其中央大格即为计数室。该计数室又被精密地划分为 400 个小格，但计数室有 25 个中格（为每中格 16 小格）或 16 个中格（为每中格 25 小格）两种，每中格的四周均有双线界限标志，以便在显微镜下区分（图 3-3）。

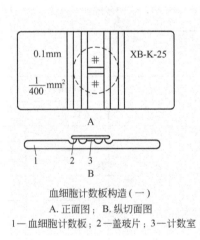

血细胞计数板构造（一）

A. 正面图；B. 纵切面图

1—血细胞计数板；2—盖玻片；3—计数室

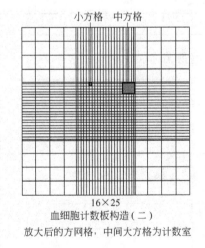

16×25

血细胞计数板构造（二）

放大后的方网格，中间大方格为计数室

图 3-3 血球计数板构造

计数室大方格的边长为 1mm，则面积为 1mm²，计数室与盖玻片间的深度为 0.1mm，所以计数室的体积为 0.1mm³。计数时，先计得若干（一般为 5 个）中格内含菌数，再求得每中格菌数的平均值，然后乘上中格数（16 或 25），就可得出 1 个大方格（0.1mm³）计数室中的总菌数，若再乘上 10^4（换算成 mL 的含菌量）及菌液的稀释倍数，即可算出每毫升原菌液中的总菌数。

【材料与器皿】

1. 菌种

酿酒酵母

2. 器材

显微镜，血球计数板，盖玻片，滴管，擦镜纸等。

【方法与步骤】

1. 制备酵母菌稀释液

取在麦芽汁斜面上（30℃）培养48h的酵母菌1支，用10mL生理盐水分两次将斜面菌苔完全洗下，倒入含有玻璃珠的三角瓶中，充分振荡，使细胞分散。该菌悬液经适当稀释后作为计数菌液的样品。为提高计数精确度，菌液应稀释到每一计数板的中格平均有15～20个细胞数为宜。

2. 清洗血球计数板

先用自来水冲洗（切勿用硬刷子洗刷），再用95％乙醇棉球轻轻擦洗后用水冲洗，最后用吸水纸吸干。

3. 加菌液

将计数板的盖玻片放在计数室上面的两边平台架上，用滴管将菌液来回吹吸数次，使菌液充分混匀，立即吸取少量酵母菌悬液滴加在盖玻片与计数板的边缘缝隙处，让菌液沿盖玻片与计数板间的缝隙渗入计数室（避免计数室内产生气泡）。再用镊子轻碰一下盖玻片，以免菌液过多将盖玻片浮起而改变计数室的实际容积。静置片刻，待菌体自然沉降与稳定后，可在显微镜下选择中格区并逐格计数。

4. 计数

先在低倍镜下找到计数室后，再转换高倍镜观察并计数。（由于生活细胞的折光率和水的折光率相近，观察时应减弱光照的强度。）为了减少计数中的误差，所选的中格位置及样品含菌量均具有代表性。若计数室是由16个大方格组成，按对角线方位，数左上、左下、右上、右下的4个中方格（即100小方格）的菌数；若计数室是25个大方格组成，除数上述四个中方格外，还需数中央1个中方格的菌数。

5. 清洗

测数完毕，取下盖玻片，用蒸馏水将血球计数板冲洗干净，切勿用硬物洗刷或抹擦，以免损坏网格刻度。洗净后自行晾干或用吹风机吹干，放入盒内保存。

【结果记录】

将计总菌数的结果记录于下表中。

室别	中格菌数					中格菌数（平均值）	大格总菌数	稀释倍数	菌数/（个/mL）
	x_1	x_2	x_3	x_4	x_5				
第一室									
第二室									

【注意事项】

1. 计数室不可有气泡，否则将影响菌悬液随机分布而使计数产生误差。

2. 为了减少误差，应避免计数时的重计或遗漏，故菌体位于中方格的双线上，计数时则数上线不数下线，数左线不数右线，切莫四边均计数而使数值偏高。

3. 对于出芽的酵母菌，芽体达到母细胞大小一半时，即可作为两个菌体计算。

【思考题】

1. 为何用血球计数板可计得样品的总菌数？

2. 为什么计数室内不能有气泡？

第四章
培养基的制备

　　培养基是一种由人工配制的适合微生物生长繁殖和积累代谢产物的混合养料。虽然培养基种类名目繁多，但就其营养成分而言，不外乎含有碳源、氮源、能源、无机盐、生长因子和水六大类。由于不同微生物的营养方式不同，利用各种营养物的能力也有差异，因此，必须根据各种微生物的特点及实验目的选用合适的培养基。

　　培养基除了满足微生物所必需的营养物质之外，还要求有适宜的酸碱度和渗透压。不同的微生物对 pH 的需求不一样，大多数细菌、放线菌生长的最适 pH 为中性至微碱性，而酵母菌和霉菌则偏酸性，所以配制培养基时都要将 pH 调至合适的范围。

　　按培养基的物理状态来划分，可将培养基分成液体、半固体和固体三类，固体培养基就是在液体培养基中加入适量的凝固剂琼脂（或明矾、硅胶等）配制而成。培养异养菌最常用的凝固剂是琼脂（其熔点在 96℃以上，而凝固点在 42℃以下），它是从海藻中提取的多糖类物质，其主要成分是半乳糖和半乳糖醛酸的聚合物，一般不能被微生物所利用，仅起凝固剂的作用。硅胶仅适用于配制供自养微生物生长的固体培养基。

　　配制的培养基都必须经过灭菌后才可以使用。灭菌时应根据营养物的耐热性而选用加压蒸汽灭菌法、过滤除菌法或其他灭菌法。

实验七　常用基础培养基的配制

【目的】

1. 了解配制微生物培养基的原理和培养基的种类。
2. 掌握配制微生物通用培养基的一般方法和操作步骤。

【概述】

培养异养细菌最常用的培养基是牛肉膏蛋白胨培养基，它是一种天然培养基。牛肉膏是牛肉浸液的浓缩物，含有丰富的营养物质，它不仅能为微生物提供碳源、氮源，还含有多种维生素。蛋白胨是酪蛋白、大豆蛋白或鱼粉等经蛋白酶水解后的中间产物，含有际、胨和氨基酸等丰富的含氮素营养物，因此完全能满足大多数异养细菌对营养的需要。

配制供细菌、酵母菌、放线菌和霉菌生长的通用培养基的程序大致相同，即先按配方称取药品，用少于总量的水分先溶解各组分，待完全溶解后补足水至所需的量、再调整 pH，然后将培养基分装到合适的容器中，经灭菌后收藏、备用。有些实验要求将配制的培养基放在合适的温度下培养过夜待确证无杂菌后，才可使用。

配制一般的固体培养基时所用的凝固剂可直接用市售的琼脂粉或琼脂条，但这类琼脂常含有少量矿物质和色素，如要求用较纯净的琼脂，就必须经过特殊的处理，以去除杂质。其方法是将琼脂放在蒸馏水中泡数日，每天换水，以除去无机盐和其他可溶性有机物，然后用 95% 乙醇浸泡过夜，取出后放在干净的纱布上晾干，备用。

配制适合于厌氧菌生长的培养基时，通常须在培养基中加入适量的还原剂如巯基醋酸钠、维生素 C 或半胱氨酸等来降低培养基的氧化还原电位，以利厌氧菌的生长。

配制成的培养基应根据其成分的耐热程度选用不同的灭菌方法，最常用的是加压蒸汽灭菌法。配制后的培养基如果来不及灭菌时，应先暂存冰箱，以防因杂菌的生长而破坏其中的营养成分。

【材料与器皿】

1. 试剂

牛肉膏，蛋白胨，NaCl，1mol/L NaOH，1mol/L HCl。

2. 器皿

台秤，玻璃烧杯，搪瓷烧杯，三角瓶，量筒，漏斗，试管，玻棒等。

3. 其他

pH 试纸（pH5.4~9），牛皮纸，棉花，纱绳，灭菌锅等。

【方法与步骤】

1. 配制牛肉膏蛋白胨培养基（培养细菌用）

（1）成分

牛肉膏 0.3g，蛋白胨 1g，NaCl 0.5g，琼脂粉 1.5g，水 100mL，pH7.2~7.4。

（2）称取药品

按培养基配方与配量分别称取各药品（药匙切莫混用，瓶盖及时盖上）。取少于总量的水于烧杯中，将各培养基成分逐一加入水中待溶。

（3）加热溶解

将玻璃烧杯放置石棉网上（搪瓷烧杯可直接用文火加热），用文火加热，并不断搅拌，促进各药品快速溶解，然后补充水分至所需培养基的量。有时要配制多倍浓度的培养基，其加水量按浓度计算即可。

（4）调节 pH

初配好的牛肉膏蛋白胨培养液是微酸性的，故需要用 1mol/L NaOH 调 pH 至 7.2～7.4。为避免调节时过碱，应缓慢加入 NaOH 液，及要边滴加边搅动培养液，然后用 pH 试纸测其酸碱度值。也可先取 10mL 培养液于干净试管中，逐滴加入 NaOH 调 pH 至 7.2～7.4，并记录 NaOH 的用量，即可防止 NaOH 过量，并避免因用 HCl 回调而引入过多氯离子。

（5）过滤

若需配制出清澈透明的培养基，则可用滤纸过滤。固体培养基去杂质可用 4 层纱布趁热过滤。供一般使用的普通培养基可省略此步骤。

（6）分装

将配制好的培养基分装在相应的玻璃器皿内待灭菌。

2. 配制无菌生理盐水

称 0.85g NaCl 至盛有 100mL 蒸馏水的三角瓶中，塞上棉塞，塞外包上一层牛皮纸，置加压蒸汽灭菌锅内在 121℃灭菌 20min 即为无菌生理盐水。

3. 厌氧菌培养基的配制

（1）配方

蛋白胨 5g，酵母膏 10g，葡萄糖 10g，胰酶解酪蛋白 5g，盐溶液 10mL，0.025％刃天青液 4mL，半胱氨酸盐酸盐 0.5g，琼脂 15g，水 1000mL，pH 7.0，121℃灭菌 20min。

该培养基中的半胱氨酸为还原剂。刃天青是氧化还原指示剂，它具有双重作用，在有氧条件下起 pH 指示剂的作用，即在碱性时呈蓝色，酸性时呈红色，而中性时显紫色。而当培养基处于无氧状态时，刃天青变为无色。此时，培养基的氧化还原电位约为 -40mV，可满足一般厌氧菌的生长繁殖。

（2）称取药品

称取除半胱氨酸和盐溶液以外的各成分于烧杯中，加水溶解后，再加盐溶液和刃天青液。最后加半胱氨酸。

（3）调 pH

用 1mol/L NaOH 调 pH 至 7.0。

（4）分装

取培养基 100mL 加入 150mL 容量的血浆瓶中，再加 1.5％琼脂，旋紧瓶盖。

（5）灭菌

在每一个血浆瓶塞上插一枚注射器针头，放入加压蒸汽灭菌锅内，121℃灭菌 20min。灭菌完毕，打开灭菌锅后应立即拔去针头，以减少冷却中空气融入培养基中而增加溶解氧，在培养基冷却中若用高纯氮气维持瓶压的下降，则培养基的无氧状态保持的更好。

（6）加热驱氧

灭菌后，随着放置时间的延长，则培基中的溶解氧也随之增加（液体培养基更易溶入氧气），因此在使用前必须把培养基放入沸水浴中加热以驱除溶解氧，即沸水浴至血浆瓶内刃天青退至无色时才可使用。

4. 庖肉培养基（用于培养和保藏厌氧菌）

（1）去腱牛肉

取以去筋膜、脂肪的牛肉 500g，切成黄豆大小的颗粒，放入盛有 1000mL 蒸馏水的烧杯中，用文火煮沸约 1h。

（2）过滤

用纱布过滤后取若干牛肉渣粒装入亨盖特滚管或普通试管，装量达 15mm 左右的高度。再于各试管中加入 pH7.4～7.6 牛肉膏蛋白胨液体培养基 10～12mL，最后塞上黑色异丁基橡胶塞。

（3）灭菌

在异丁基橡胶塞上插一枚注射器针头，放入灭菌锅内，121℃灭菌 20min。灭菌后立即拔去针头，并塞紧管塞。若以无氧法分装成的无氧培养基的亨盖特滚管，则可免插注射器针头，但要将各滚管塞压紧后再进行灭菌而置备成的滚管称为 PRAS 培养基（或称为预还原性厌氧无菌培养基），使用前也不必驱氧，但需无氧无菌操作法转移或接种。

（4）使用前驱氧

若厌氧培养基在存放中有氧气渗入，使用前置水浴中煮沸 10min，以除去溶入的氧，在高纯氮气饱和下冷却后避氧无菌操作接种。

【结果记录】

1. 记录本实验配制培养基的名称、数量及其他灭菌的名称和数量。
2. 你制作的斜面培养基是否符合要求？灭菌后体积是否有否改变？试分析原因。
3. 你制作的试管棉塞是否符合要求？从灭菌锅中取出时有否脱落？试分析原因。

【注意事项】

1. 称药品用的各牛角匙不要混用；称完药品因及时盖紧瓶盖，瓶盖切莫张冠李戴，尤其是易吸潮的蛋白胨等更应注意及时盖紧瓶塞以及旋紧瓶盖。
2. 调 pH 时要小心操作，尽量避免回调而带入过多无机离子。
3. 配制半固体或固体培养基时，琼脂的用量应根据市售琼脂的牌号而定，否则培养基的软硬程度也会影响某些实验结果。

4. 在配制的厌氧培养基中的刃天青具有双重功能，请注意观察。

【思考题】

1. 配制牛肉膏蛋白胨斜面培养基有哪些操作步骤？哪几步中易出差错？如何防止？

2. 常用于试管和三角瓶口的塞子有几种？它们各自的适合范围与优缺点是什么？

3. 厌氧菌用的培养基通常都分装在带异丁基橡胶塞（耐高温）的亨盖特滚管或血浆瓶中，为何在灭菌时要在橡胶塞上插一枚针头？若不插排气针头，该采取何种措施分装与灭菌？

4. 试述肉汤培养基中的牛肉膏和蛋白胨的来源及功能。

实验八　选择性培养基的配制

【目的】

了解选择性培养基的原理，并掌握配制选择性培养基的方法和步骤。

【概述】

选择性培养基是一类根据某微生物的特殊营养要求或对某化学、物理因素的抗性而设计的培养基，具有使混合菌样中的劣势菌变成优势菌的功能，广泛用于用于菌种筛选等领域。选择性培养基均含有增菌剂和选择剂，试样接种于这类培养基后，由于抑制剂的选择性抑制作用，使所要分离的目的菌得到较好繁殖，而其他菌被抑制。经过一定的培养时间后，再将目的菌接种到鉴别性培养基上，可以提高目的菌的分离阳性率。抑制剂的种类很多，如孔雀绿、煌绿、亚硒酸钠、去氧胆酸钠、胆酸、四硫磺酸钠或抗生素等，但加入量需准确，有的可以水溶液无菌配制冷藏备用。以上成分的用量、加入方法均按各类配方进行。

马丁培养基常用于从自然环境中分离真菌，培养基中的去氧胆酸钠和链霉素不是微生物的成分。由于去氧胆酸钠为表面活性剂，不仅可防止霉菌菌丝蔓延，还可抑制 G^+ 细菌生长，而链霉素对多数 G^- 细菌具抑制生长作用，所以它们是用于抑制细菌和放线菌的生长，而对于真菌的生长没有影响，从而达到分离真菌的目的。

Ashby 无氮培养基常用于从自然环境中分离固氮菌，培养基中止含有基本的碳源和无机盐，没有氮源。一般的细菌不能在此培养基上生长，一些固氮的细菌可以利用空气中的氮气作为氮源，可以在此培养基上生长，从而达到分离固氮菌的目的。

【材料与器皿】

1. 试剂

蛋白胨，葡萄糖，甘露醇，孟加拉红，链霉素，去氧胆酸钠，KH_2PO_4，$MgSO_4 \cdot 7H_2O$，$NaCl$，$CaSO_4 \cdot 2H_2O$，$CaCO_3$，琼脂。

2. 器皿

台秤，烧杯，三角烧瓶，量筒，漏斗，试管，玻棒，加压蒸汽灭菌锅等。

3. 其他

药匙，pH试纸，称量纸，记号笔，棉花塞，纱布，线绳，不锈钢试管帽，牛皮纸，报纸等。

【方法与步骤】

1. 马丁培养基的配制

（1）培养基成分

葡萄糖10g；蛋白胨5g；KH_2PO_4 1g；$MgSO_4 \cdot 7H_2O$ 0.5g；0.1%孟加拉红溶液3.3mL；琼脂16g；蒸馏水1000mL；自然pH；2%取样胆酸钠溶液20mL（预先灭菌，临用前加入）；链霉素溶液（10000U/mL）3.3mL（临用前加入）。

（2）配制方法

① 称量：称取培养基各成分的所需量。

② 溶化：在烧杯中加入约2/3所需水量，然后依次逐一加入并溶化培养基各成，在按每1000mL培养基加入3.3mL的0.1%孟加拉红溶液。

③ 定容：待各成分溶化后，补足水量至所需体积。

④ 加琼脂：加入所需琼脂量，加热溶化，补足失水。

⑤ 分装，加塞，包扎。

⑥ 加压蒸汽灭菌：121℃灭菌20min。

⑦ 临用前，加热溶化培养基，待冷至60℃左右，按每1000mL培养基以无菌操作加入20mL 2%去氧胆酸钠溶液及3.3mL的链霉素溶液（10000U/mL），迅速混匀。

2. Ashby无氮培养基的配制

（1）培养及成分

甘露醇10g；KH_2PO_4 0.2g；$MgSO_4 \cdot 7H_2O$ 0.2g；$NaCl$ 0.2g；$CaSO4 \cdot 2H_2O$ 0.1g；$CaCO_3$5g；琼脂15～20g；蒸馏水1000mL；pH 7.2～7.4。

（2）配制方法

① 称量：称取培养基各成分的所需量。

② 溶化：在烧杯中加入约2/3所需水量，依次逐一溶化培养基各成分。

③ 定容。

④ 调pH至7.2～7.4。

⑤ 加琼脂：加入所需琼脂量，加热融化，补足失水。

⑥ 分装，加塞，包扎。

⑦ 加压真气灭菌：121℃（0.07MPa）灭菌 20min。

【结果记录】

记录本实验配制培养基的时间、名称和数量。

【注意事项】

1. 称药品用的牛角匙不要混用。
2. 称完药品因及时盖紧瓶盖。
3. 调 pH 时要小心操作，避免回调。

【思考题】

1. 何谓选择性培养基？
2. 在马丁培养基中的孟加拉红、链霉素各起什么作用？
3. Ashby 无氮培养基为什么可以分离固氮菌？

第五章
消毒与灭菌技术

微生物学实验一般都要求在无菌条件下进行。为此，实验用的器材、器皿、培养基、移液管和滴管等都要预先包装并经灭菌后才可使用。

灭菌方法很多，微生物学实验中常用的有干热灭菌、间歇灭菌、气体灭菌和过滤除菌等多种方法。可根据具体情况选用不同的灭菌法。

实验九　高压蒸汽灭菌

【目的】

1. 懂得加压灭菌的原理及其安全使用的注意事项。
2. 熟练掌握加压蒸汽灭菌锅的具体操作步骤和方法。

【概述】

常规加压蒸汽灭菌是实验室中最常用的方法。加压蒸汽灭菌锅有立式、卧式、台式和手提式等多种规格。

手提式灭菌锅是微生物学实验室中最常用的灭菌设备。因其体积小，使用方便，适用于少量物品的灭菌。它的结构为有一耐压的金属外壳锅体，其内有一个装灭菌物料的铝质桶，锅体上有锅盖，其上安装有排气阀、安全阀（正常情况下，当压力超值时会自动放气而降压与避险）和指示锅内压力表，盖的边缘有起密封锅体作用的橡皮垫圈。

常规加压灭菌锅的原理是：以加热密封锅体内的水和水蒸气的压力来提高锅体内蒸汽温度而达到对物品灭菌的目的。其过程是将盛于灭菌料桶外的锅体夹层中的水加热、沸腾，并不断产生蒸汽，借此水蒸气排除锅内的空气直至排尽后即关闭排气阀，使锅体完全密闭。这时仍不断加热灭菌锅内的沸水与蒸汽而使锅内压上升与继续升温，当蒸汽压升到达 $1kgf/cm^2$ 时，锅内温度即可达到 $121℃$，在该温度下维持 $20\sim30min$ 即可达到灭菌，可将物料中的所有微生物及芽孢彻底杀灭。如果灭菌锅内空气未排净，或仅排除一半时，虽然压力表指示的数值与排尽空气时相同（1kgf/cm²），但锅内温度只有112℃（见表 5-1）。所以灭菌锅内的空气是否排尽将直接影响到锅内物品灭菌的效果。

表 5-1 蒸汽压力与温度的关系

压力表读数			温度/℃		
MPa	1bf/in²	kgf/cm²	纯水蒸气	含 50％空气	不排除空气
0	0	0	100		
0.03	5.0	0.35	109	94	72
0.05	6.0	0.50	110	98	75
0.06	8.0	0.59	112.6	100	81
0.07	10.0	0.70	115.2	105	90
0.09	12.0	0.88	117.6	107	93
0.10	15.0	1.05	121.5	112	100
0.14	20.0	1.41	126.5	118	109
0.17	25.0	1.76	131.0	124	115
0.20	30.0	2.11	134.6	128	121

适于常规加压蒸汽灭菌的物品有培养基，生理盐水、各种缓冲液、玻璃器皿和工作服等。灭菌所需时间和温度取决于被灭菌培养基中营养物的耐热性、容器体积的大小和状物量等因素（见表 5-2）。对于像沙土、石蜡油或含菌量大的物品，应适当延长灭菌时间。

表 5-2 培养基容积与加压灭菌所需时间

培养基容积/mL	容器		培养基容积/mL	容器	
	三角瓶/min	玻璃瓶/min		三角瓶/min	玻璃瓶/min
10	15	20	500	25	30
100	20	25	1000	30	40

注：指在 121℃下所需灭菌的时间，若灭菌前是凝固的培养基，还应增加 5～10mim。

【材料与器皿】

1. 灭菌器

手提式加压真气灭菌锅（热源有煤气灶或热电炉等）。

2. 待灭菌物

培养基，玻璃器皿，生理盐水，斜面培养基和试管等。

【方法与步骤】

1. 加水

取出装料桶，往锅内加水，加水至与搁架圈同样高度为止（总量约 3L）。

2. 装料

将装料桶放回锅体内，装入待灭菌的物品。放置装有培养基的器皿时，要防止其内液体倾倒或溢出。同时，瓶塞也不应贴靠料桶的壁，以防在锅体降压时所产生的冷凝水沾湿棉塞或冷凝水渗透棉塞而进入培养基等灭菌物品中。

3. 加盖

将锅盖上与排气孔相连接的金属软管插入装料桶的排气槽内，移正锅盖，使螺口对齐后翻上螺栓，然后采用对角方式同时两两拧紧锅体与锅盖间的螺栓，使六只螺旋拧紧的锅盖各方受力均衡并使锅体完全密封。在灭菌锅加热时，应及时开启排气阀。

4. 排气

打开开关，待水煮沸后，以蒸汽驱赶锅内的空气沿排气软管从排气阀中逸出。待空气排尽后，才可关闭排气阀继续加热。检查空气排尽与否可用导气法或观察法判断。

（1）导气法检查

欲检查灭菌锅内空气是否排尽，可用连有橡皮管的特殊排气阀套管装置，将其套在排气阀上，橡皮管端导入深层冷水里，如果排出的是纯蒸汽，便立即形成冷凝水而完全溶于水中，橡皮管口处无气泡逸出。若是锅内还含有空气，就会形成大小不等的气泡上升至水面而逸出。

（2）观察法判断

通常使用者凭借经验判别，一般认为当排气阀急速喷射出强烈蒸汽流，并吱吱作响时，估计锅内的空气已被排尽。

5. 升压

升压当锅内空气排尽时，即可关闭排气阀，继续加热使锅内蒸汽压缓慢上升，表压指针缓缓升高。

6. 保压

当锅压到达 $1kg/cm^2$ 时，调节热源开关，使锅内压力维持所需灭菌温度，同时计算灭菌时间。一般培养和玻璃器皿的灭菌需维持 20～30min。

7. 降压

达到规定的灭菌时间后，立即关闭电源，让锅内压力自然降至表头的零压后，再打开排气阀，以消除锅体内外压力差。

8. 取料

开启锅盖和取出灭菌物品时，锅体表面的温度仍然很高，逸出的温度也很高。故取物品时一定要防止手及其他部位的皮肤烫伤。

9. 灭菌后处理

每次灭菌完毕，必须倒去锅内剩余的水并擦干，以免日久铝质装料桶被腐蚀。然后将灭菌锅放入存放柜内。

【结果记录】

1. 记录配制的培养基等物品的灭菌温度和维持时间。

2. 在存放中，检查灭菌培养基是否有异常。

3. 将加压蒸汽灭菌的结果记录于下表中。

灭菌物品	压力/(kg/cm²)	灭菌温度/℃	有否异常现象	如何预防和排除

【注意事项】

1. 使用手提式加压蒸汽灭菌锅前应检查锅体及锅盖上的部件是否完好，并严格按操作程序进行，避免发生各类意外事故。

2. 灭菌时，操作者切勿擅自离开岗位，尤其是升压和保压期间更要注意压力表指针的动态，避免压力过高或安全阀失灵等诱发危险事故。同时，更应按培养基中营养成分的耐热程度来设置合理的灭菌温度与时间，以防营养成分过多被破坏。

3. 务必待锅压下降到零后再打开排气阀与锅盖，否则因锅内压力突然下降，使瓶装培养基或其他液体因压力瞬时下降而发生复沸腾，从而造成瓶内液体沾湿棉塞或溢出等事故。

4. 在放入灭菌料桶前，切记应往锅体内加入适量的水，若锅体内无水或水量不够等，均会在灭菌时引发重大事故。

【思考题】

1. 加压蒸汽灭菌的原理是什么？是否只要灭菌锅压力表到达所需的值时，锅内就能获得所需的灭菌温度？为什么？

2. 在手提式加压蒸汽灭菌锅的盖上有哪些部件，它们各起什么作用？

3. 进行加压蒸汽灭菌的操作有哪些步骤，每一步骤应注意哪些问题？

4. 列举在使用手提式加压蒸汽灭菌锅操作中可能引发重大伤害事故的若干操作及其原因，并提出相应的杜绝措施。

实验十　干燥箱干热灭菌

【目的】

1. 正确掌握培养皿和试管的包扎方法。

2. 了解电热烘箱的灭菌原理。

3. 掌握干热灭菌法的操作要点及其注意事项

【概述】

干热灭菌法的种类很多，包括火焰灼烧和电热干燥灭菌器（常用的烘箱、热烤箱或干燥箱与微波炉等）内灭菌等。前者利用火焰直接焚烧或灼烧待灭菌的物品，它是一种最为彻底与十分迅速的灭菌方法。在实验室内常用酒精灯火焰或煤气灯火焰来灼烧接种环、接种针、试管口、瓶口及镊子等无菌操作中需要的工具或物品，确保纯培养物免受污染。培养皿等玻璃器皿可利用电热烘箱内的热空气进行定温与定时的灭菌，故称干热灭菌法。常用的干热灭菌烘箱是金属制的方形箱体，双层壁的箱体间含有石棉，以防热散失；箱顶设有排气装置与插温度计的小孔；箱内底部夹层内装有通电加温的电热丝；箱内有放置灭菌物品的隔板、温控调节及鼓风等装置。它主要适用于空的玻璃器皿如试管、吸管、培养皿、三角瓶和盐水瓶等材料的灭菌，各种解剖工具、手术器械等金属器械和其他耐高温物品也可采用烘箱进行干热灭菌。

烘箱干热灭菌法就是将待灭菌的物品放入箱内后关闭，打开温控开关使箱内温度上升至 160℃，将其维持 2h，利用热空气对流与热交换原理杀死待灭菌物品内外一切微生物及其芽孢和孢子，从而道到彻底灭菌的目的。长时间的干热可导致微生物细胞膜的破坏、蛋白质的变性和原生质等干燥而使生命体永久的失活，它也可使各种细胞成分发生不可逆转的氧化变性而丧失功能。因干热灭菌法简便有效，故在科学研究与生产实践中得到广泛的应用。

【材料与器皿】

1. 灭菌器

电热干燥烘箱。

2. 待灭菌物

培养皿，移液管（筒装或纸包），各种清洁干燥的玻璃器皿等。

【方法与步骤】

1. 放料

将待灭菌的物品放入烘箱的搁板上，物品放置切莫贴靠箱壁，物品间留有缝隙，以利热气流的循环与灭菌的温度均匀。

2. 启动

关闭箱门，接通电源，调节温控器旋钮至所需的灭菌温度。

3. 升温

开启电源与温度控制开关，让温度升至 160℃。

4. 恒温维持

待温度升到160℃时，应密切注意烘箱温控性能与箱体内的温度波动幅度（常与箱体内物品的堆放与气流的通畅程度等相关），维持2h。

5. 降温

灭菌完毕后，切断电源，让其自然降温。

6. 取料

待箱内温度降至60℃以下时，才能打开烘箱门并取出物品，取灭菌物品时严防烫伤等事故。

【结果记录】

注意每批灭菌物品在使用中可能出现的各类异常的情况，若这类器皿的特定部位发生污染等的现象，请认真记录与分析。

【注意事项】

1. 待灭菌器皿均需要洗净、干燥、包装后放置在灭菌烘箱内。注意不要将含水的玻璃器皿进行干热灭菌，否则易导致局部灭菌不彻底而影响实验结果。

2. 注意在灭菌时箱体内物品不要放得过密或拥挤，以免妨碍热空气流通，影响物品的灭菌效果。

3. 所使用的电源电压必须与灭菌器电压相符，以免跳闸或引发燃烧等事故。

4. 为防止纸张和棉纱线焦化起火，灭菌温度切莫超过180℃。

5. 油纸等包装材料因高温下可产出油滴而引燃，故在干热灭菌中严禁使用。

6. 烘箱开启关闭和使用要有专人负责，切莫因遗忘过夜而诱发重大事故。

7. 灭菌结束后，必须待温度下降到60℃以下才能打开烘箱门，否则会因温度骤然下降而引起玻璃器皿爆炸等事故。

【思考题】

1. 试述干热灭菌的类型与其适用的范围。

2. 简述利用电热干燥烘箱进行物品灭菌的操作步骤和应注意的安全事项。

第六章
微生物的分离纯化与培养技术

在自然状态下，各种微生物一般是杂居混生在一起的。为从混杂的试样中获得所需的微生物纯种，或是在实验室中把受污染的菌种重新纯化，都离不开菌种分离纯化的方法。

纯化分离方法可分为两大类，一类是在细胞水平上的纯化，另一类是菌落水平上的纯化。纯化菌落的方法有平板表面划线法、平板表面涂布法和琼脂培养基浇注法，这些方法简便，设备简单，分离效果良好，所以被一般实验室普遍采用。细胞纯化的方法在微生物遗传等研究中十分重要，但通常设备要求较高，计数不易掌握。本章仅介绍纯化菌落的方法和纯种的培养。

实验十一　平板划线法分离菌种

【目的】

了解平板划线法分离菌种的基本原理，并熟练掌握其操作方法。

【概述】

平板划线法是指把杂样样品通过在平板表面划线稀释而获得单菌落的方法。一般是将混杂在一起的不同种微生物或同种微生物群体中的不同细胞，通过在分区的平板表面上作多次划线稀释，形成较多的独立分布的单个细胞，经培养而繁殖成相互独立的多个单菌落。通常认为这种单菌落就是某微生物的"纯种"。实际上同种微生物数个细胞在一起通过繁殖也可形成一个单菌落，故在科学研究中，特别在遗传学实验或菌种鉴定工作中，必须对实验菌种的单菌落进行多次划线分离，才可获得可靠地纯种。

具体的划线方法是：将一个平板分成 A、B、C、D 4 个面积不同的小区进行划线，

A区面积最小，作为待分离的菌源区，B和C区为初步划线稀释的过渡区，D区则是关键的单菌落收获区，它的面积最大，出现单菌落的概率也最高。由此可知，这4个区的面积安排应做到D＞C＞B＞A。

【材料与器皿】

1. 菌种

大肠杆菌（*Escherichia coli*）和枯草芽孢杆菌（*Bacillus subtilis*）的混合培养斜面菌种。

2. 培养基

牛肉膏蛋白胨琼脂培养基。

3. 器皿

无菌培养皿，水浴锅，接种环，培养箱等。

【方法与步骤】

1. 融化培养基

将装有牛肉膏蛋白胨琼脂培养基的三角瓶放入热水浴中加热至沸，直至充分融化。

2. 倒平板

待培养基冷却至50℃左右后，按无菌操作法倒平板（每皿约倒15mL），平置，待凝。

3. 作分区标记

在皿底用记号笔划分成4个不同面积的区域，使A＜B＜C＜D，且各区的夹角为120°左右，以便使D区与A区所划线的线条相平行、美观（图6-1）。

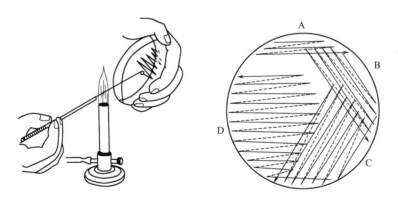

图6-1　平板分区、线条和划线操作示范示意图

4. 划线操作

（1）挑取菌样

选用平整、圆滑的接种环，按无菌操作法挑取少量含菌试样。

（2）先划 A 区

将平板倒置于酒精灯火焰旁，用左手取出平板的皿底，使平板表面大致垂直于桌面，并让平板面向火焰。右手持含菌的接种环，先在 A 区轻巧地划 3～4 条连续的平行线当作初步稀释的菌源。烧去接种环上的残余菌样。

（3）划其余区

将烧去残菌后的接种环在平板培养基边缘冷却一下，并使 B 区转至划线位置，把接种环通过 A 区（菌源区）而移至 B 区，随即在 B 区轻巧地划上 6～7 条致密的平行线，接着再以同样的操作在 C 区和 D 区划上更多的平行线，并使 D 区的线条与 A 区平行（但不能与 A 区或 B 区的线条接触！）。最后，将左手所持皿底放回皿盖中。烧去接种环上的残菌。

5. 恒温培养

将划线后的平板至 28℃倒置培养 2～3 天。

6. 挑单菌落

良好的结果应在 C 区出现部分单菌落，而在 D 区出现较多独立分布的单菌落。然后从典型的单菌落中挑取少量菌体至试管斜面，经培养后即为初步分离的纯种。

7. 清洗培养皿

将废弃的带菌平板作煮沸杀菌后进行清洗、晾干。

【注意事项】

1. 平板不能倒得太薄，最好在使用前一天倒好。为防止平板表面产生冷凝水，倒平板前培养基温度不能太高。

2. 用于平板划线的培养基，琼脂含量宜高些（2％左右），否则会因平板太软而被划破。

3. 用于划线的接种环，环柄宜长些（约 10cm），环口应十分圆滑，划线时环口与平板间的夹角宜小些，动作要轻巧，以防划破平板。

4. 为了取得良好的划线效果，可事先用圆纸垫在空培养皿内画上 4 区，并用接种环练习划线动作，待通过模拟试验熟练操作和掌握划线要领后，再正式进行平板划线。

【思考题】

1. 用平板划线法进行纯种分离的原理是什么？有何优点？

2. 要防止平板被划破应采取哪些措施？

3. 为什么在划完 A 区后要将环上的残菌烧死？划后面几区时是否也要经过同样的处理？

实验十二　斜面接种与培养

【目的】

1. 了解微生物接种技术的重要性与应运面。
2. 正确掌握无菌操作法移接斜面菌种的步骤和方法。

【概述】

微生物的接种技术是微生物学实验室中最为常见的基本操作。接种是指在无菌操作条件下，将某种微生物的纯种移接到适合其生长繁殖的新鲜培养基中或生物体内的一种操作过程。

斜面接种法就是就是用灼烧灭菌后的接种环，从菌种管挑取少许菌苔，以无菌操作转移至另一支待接新鲜培养基斜面上，自斜面底部开始向上作"Z"状致密平行划线的操作过程。有时只要观察某微生物在斜面培养基上的一些生长特征，这时只需由下而上在斜面上划一直线，经合适温度培养后即可（图6-2）。这些生长特征不仅在菌种鉴定上具有参考价值，也可用于检查菌株的纯度等。

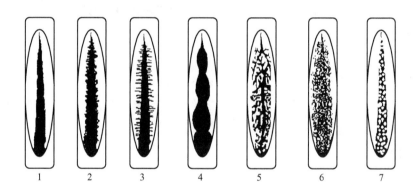

图 6-2　直线接种琼脂斜面上菌苔的生长特征

1—丝状；2—细刺状；3—羽毛状；4—扩展状；5—树权状；6—薄雾状；7—念珠状

【材料与器皿】

1. 菌种

大肠杆菌（*Escherichia coli*）或金黄色葡萄球菌（*Staphylococcus aureus*）。

2. 培养基

牛肉膏蛋白胨斜面培养基。

3. 其他

接种环，接种针，恒温培养箱，标签纸等。

【方法与步骤】

1. 接种前的准备工作

（1）贴上标签

将注上菌名、接种日期和接种者姓名的标签粘贴在试管斜面正上方离管口 3～4cm 处，以便接种时可与菌种管的菌名相核对，严防菌种搞错或混淆。

（2）旋松棉塞

经灭菌后棉塞纤维常会粘连在试管的内壁上，为使接种时便于棉塞拔出，应预先旋松棉塞（切忌在此时将棉塞拔出或将其丢弃在桌面上）。

（3）点燃酒精灯

点燃酒精灯的火焰，并将酒精灯的气流量调至适中，形成柔和的 3 层火焰状态。

2. 接种操作简解

（1）手持试管

将菌种管及待接种的斜面试管并排放置在左手的食指、中指和无名指之间，让两试管底部稳躺在掌心，使两支试管的斜面保持在水平并让稍向上倾斜的试管口面朝火焰并停留在其无菌操作区内。在未正式接种时，可用左手的拇指按压在左手的正面以确保其稳定，而接种时又可方便地移去拇指以看清接种管与待接斜面的全部表面，便于取菌种与接种划线等操作。

（2）灼烧接种环

右手取接种环，手握接种环的手柄（如握铅笔或毛笔法，但均以手指能自如地拨动接种环为宜），将镍铬丝环口先在火焰的氧化焰部位灼烧至红，然后将可能伸入试管的环以上部位均匀地通过火焰，以杀灭可能携带的杂菌，然后将接种环维持在火焰旁的无菌操作区域内（见图 6-3）。

（3）拔出棉塞

在近火的无菌操作区域内，以握无菌接种环手的无名指和小指及小指与手掌边先后夹住两支试管的棉塞，然后将其轻轻拔出。

（4）管口过火与停留

开启的试管口迅速通过火焰灭菌，然后让试管口停留在火焰旁的无菌操作区域内。仍保持斜面水平状态与管口面朝向火焰（切莫管口朝上或在火焰上灼烧），以防空气中的杂菌污染待接斜面或接种管（见图 6-3）。

（5）接种操作

将接过菌的接种环伸入菌种管中，先使环端轻轻接触斜面菌种的顶端或边缘菌少的培养基部位，令环端蘸湿而急剧冷却，再移动接种环至菌苔上，用环的前缘部位挑取少量菌苔（菌种或孢子），然后在无菌操作区域内转移带菌接菌环至待接试管斜面上，自斜面底部开始向上作"Z"型划线接种，即将环上的菌体在作有规则划线中涂布于斜面

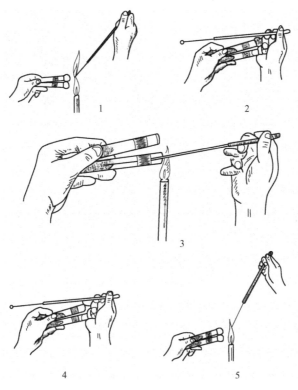

图 6-3　斜面接种的流程示意图

1—烧环；2—拔塞；3—接种；4—加塞；5—烧环

表面，然后抽出接种环，同时将两支或 3 支试管管口与棉花塞依次过火一下，然后依次塞在各自的试管上，旋紧棉塞后将试管放回试管架上。

（6）杀灭环上残留菌

接种完毕应立即接种接菌环，以杀死环上残留的菌体。如环上的菌体量多而黏稠，则应先灼烧环上以上部位，再逐渐移至环口处灼烧至红，否则残留于环上的菌体会因骤然灼烧而四处飞溅，污染空气。在转移致病菌操作时更应注意防止此类污染，严防发生有害微生物对操作者自身的伤害。若采用管腔式电加热杀菌装置，则可将含菌接种环伸入其中以杀灭环端残留菌，以策安全。

3. 培养与观察

将接种完的试管棉塞再次旋紧以防脱落。然后，将它插在试管架上，置 37℃ 温箱中培养 24h，观察菌落的生长情况及斜面上所划的线条是否符合要求。由于划线操作不够正确或接种环不合要求等原因，斜面上往往会出现如图 6-4 所示的各种不理想的状态，请各自辨认自己接种的斜面接种的结果属其中哪几种。

4. 培养物后处理

（1）洗清

菌种若需保留，请用无菌纸包扎试管棉塞端后存放 4℃ 冰箱处。若待处理的是一些

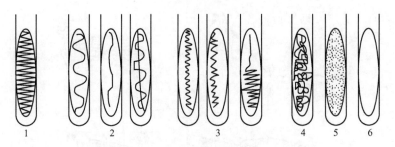

图 6-4　斜面上的各种划线结果示意图
1—正确；2—稀疏；3—不完全；4—杂乱；5—水膜；6—其他

属非致病菌类的废弃接种管，可先拔去棉塞，再至沸水浴中杀菌 10min，然后洗刷干净，并将试管倒置在试管架上晾干备用；对于具有致病菌的微生物试管培养物，则要连塞作加压灭菌后再进行洗刷。

（2）清理桌面

实验后的桌面消毒处理与清洁卫生是微生物实验室安全的保障之一，做好各类培养物的善后处理是微生物工作者的重要职责，也是确保生物安全性的重要内容。

【结果记录】

1. 将斜面划线接种后生长的培养物特征记录于下表中。

菌名	划线状况（图示）	菌苔特征	有否污染

2. 分析斜面接种成败的各种原因。

【注意事项】

1. 接种前务必核对标签上的菌名与菌种管的菌名是否一致，以防混淆或接错菌种。

2. 接种环自菌种管转移至斜面的过程中，切莫无意间通过火焰或其他物品的表面，以防止斜面接种失败或转移的斜面菌种污染杂菌。

3. 接种时只需将环的前缘部位与菌苔接触后刮取少量菌体，划线接种是利用含菌环端部位的菌体与待接斜面培养基表面轻度接触摩擦，并以流畅的线条将菌体均匀分布在划线线条上，切忌划破斜面培养基的表面或其表面乱划。

【思考题】

1. 何谓接种？什么是斜面接种法？

2. 接种时可否将棉塞放在桌面上？菌种管和待接新鲜斜面试管可否平放在桌面上？为什么？

3. 要使斜面上接种划线得致密流畅与菌苔线条清晰可见，在接种时应注意哪几点？

4. 为防止斜面接种时杂菌污染，在操作中应注意哪些问题？

实验十三 三点接种与培养

【目的】

1. 学会与掌握霉菌的三点接种法。
2. 掌握青霉、曲霉等霉菌形态和菌落特征的辨认知识。

【概述】

霉菌的菌落形态特征是对它们进行分类鉴定的重要依据。为了便于观察，通常用接种针挑取少量霉菌孢子点接于平板中央，由其形成单个菌落，这种接种方法常称霉菌单点接种法；若在平板培养基上以匀称分布的三点方式接种，经培养后可在同一平板上形成 3 个重复的单菌落，则称为霉菌的三点接种法。

三点接种法的优点不仅可在同皿中获得 3 个重复菌落，同时在 3 个彼此相邻的菌落间会形成一些菌丝生长较稀疏且较透明的狭窄区域，由于在该区域内的气生菌丝仅分化出少数子实体，因此可直接将培养皿放在显微镜的低倍镜下，就能随时观察到菌丝的自然着生状态与子实体的形态特征，因而省去了制片的麻烦，同时避免了制片时破坏子实体的自然着生与形态特征的扭曲等弊端。此法在对霉菌进行形态观察和分类鉴定工作中十分有用。

【材料与器皿】

1. 菌种

产黄青霉（*Penicillium chrysogenum*），黑曲霉（*Aspergillus niger*）。

2. 培养基

马铃薯葡萄糖琼脂培养基等。

3. 其他

接种针，无菌培养皿，标签等。

【步骤与方法】

1. 倒平板

融化马铃薯葡萄糖琼脂培养基，待冷至 50℃，按无菌操作法将培养基倒入无菌培养皿中，水平放置待凝备用。

2. 贴标签

将注明菌名、接种日期及接种者姓名的标签粘贴于皿底部或皿盖边缘。

3. 标出三点

用钢笔或记号笔等在皿底标出约为等边三角状的三点（三点均位于培养皿的半径之中心）。

4. 三点接种步骤

（1）无菌操作取菌样

将灼烧灭菌后的接种针，伸入菌种管斜面顶端的培养基内使其冷却与湿润，以针尖蘸取少量霉菌孢子。在转移带菌接种针前，须将接种针的柄在管口轻轻碰两下，以抖落针尖端未粘牢的孢子。然后移出接种针，塞上棉塞，将接种管插入试管架。

（2）带菌接种针的停留

带菌接种针在未点接平板期间，尽量保持在火焰旁的无菌操作区域内，但切莫太靠近火焰或无意间过火（均可杀灭针尖菌体或孢子），也要防止针尖无意间碰到他物（无菌操作未过关）而污染杂菌。

（3）取出平板皿底

左手将预先倒置在酒精灯旁的平板皿底取出（皿盖仍留桌面），手持平板使其停留在火焰旁的无菌操作区域内，并且使平板培养基面朝向火焰。

（4）三点接种

快速将蘸有孢子的接种针尖垂直地点接至平板培养基表面的标记点处，然后将平板皿底以垂直于桌面的状态轻快地放回皿盖中，让三点接种平板一直保持倒置状态（切忌来回翻动）。然后，将带菌的接种针灼烧至红，以杀灭针尖上残留的菌与孢子。

5. 培养

将培养皿倒置于28℃恒温箱中，培养1周后观察菌落生长情况，若有时间可多观察几次，以了解菌落的形成过程及孢子的形成规律。

6. 清洗

将观察后废弃的平板和接种管（去棉塞）置水浴中煮沸10min后立即洗刷晾干。

【结果记录】

1. 将三点接种的菌落生长情况记录于下列图示与表格中。

菌落生长情况（概述）		产黄霉菌	黑曲霉
描述菌落形态	菌落颜色		
	菌落形状		
	边缘形状		
	菌落正面有否液滴及其颜色		

2. 培养基有否刺破，如刺破后长出的菌落有何异常或不同？

【注意事项】

1. 接种时应使手持的平板尽量垂直于桌面，以防接种时针上的孢子撒落到平板的其他区域，或因空气中的带菌尘埃降落至平板表面而引起污染等。

2. 接种时接种针应尽量垂直于平板，轻快地让针尖的菌点接于平板表面，尽量不要刺破培养基，以防形成的单菌落形态不规则。

【思考题】

1. 接种的平板上是否仅长出 3 个菌落？菌落形成有否异样？试分析其原因。

2. 三点接种适用于哪一种微生物？要保证三点接种的成功应注意哪几点？

第七章
微生物生理生化试验

实验十四　细菌生理生化反应试验

【目的】

1. 了解细菌鉴定中常用的生理生化试验反应原理。
2. 掌握测定细菌生理生化反应的技术和方法。

【概述】

各种微生物在代谢类型上表现了很大的差异。由于细菌特有的单细胞原核生物的特性，这种差异表现得更加明显。不同细菌分解、利用糖类、脂肪类和蛋白类物质的能力不同。所以其发酵的类型和产物也不相同。也就是说，不同微生物具有不同的酶系统。即使在分子生物学技术和手段不断发展的今天，细菌的生理生化反应在菌株的分类鉴定中仍有很大作用。

【材料与器皿】

1. 菌种

大肠杆菌（*Escherichia coli*），产气肠杆菌（*Enterobacter aerogenes*），普通变形菌（*Proteus vulgaris*），枯草芽孢杆菌（*Bacillus subtilis*）的斜面菌种。

2. 培养基

葡萄糖蛋白胨水培养基，蛋白胨水培养基，糖发酵培养基（葡萄糖、乳糖或蔗糖），西蒙柠檬酸盐培养基，柠檬酸铁铵培养基，苯丙氨酸培养基。

3. 试剂

40%NaOH 溶液，肌酸，甲基红试剂，吲哚试剂，乙醚，10%三氯化铁水溶液。

4. 器具

超净工作台，恒温培养箱，高压灭菌锅，试管，移液管，杜氏小套管。

【方法与步骤】

1. 糖类发酵试验

不同的细菌分解糖、醇的能力不同。有些细菌分解某些糖产酸并产气，有的分解糖仅产酸而不产气，因此可根据其分解利用糖能力的差异作为鉴定菌种的依据之一。可在糖发酵培养基中加入指示剂溴甲酚紫（即 B.C.P 指示剂，其 pH 在 5.2 以下呈黄色，pH 在 6.8 以上呈紫色），经培养后根据指示剂的颜色变化来判断是否产酸；可在发酵培养基中放入倒置杜氏小管观察是否产气（图 7-1）。

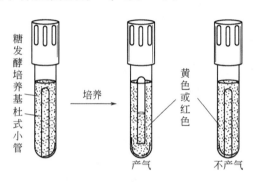

图 7-1　糖发酵产气试验

（1）试管标记

取分别装有葡萄糖、蔗糖和乳糖发酵培养液试管各 4 支，每种糖发酵试管中均分别标记大肠杆菌、产气肠杆菌、普通变形菌和空白对照。

（2）接种培养

以无菌操作分别接种少量菌苔至以上各相应试管中，每种糖发酵培养液的空白对照均不接菌。将装有培养液的杜氏小管倒置放入试管中（图 7-1），置 37℃ 恒温箱中培养，分别在培养 24h 或 72h 观察结果。

（3）观察记录

与对照管比较，若接种培养液保持原有颜色，其反应结果为阴性，表明该菌不能利用该种糖，记录用"－"表示；如培养液呈黄色，反应结果为阳性，表明该菌能分解该种糖产酸，记录用"＋"表示。培养液中的杜氏小管内有气泡为阳性反应，表明该菌分解糖能产酸并产气，记录用"＋"表示；如杜氏小管内没有气泡为阴性反应，记录用"－"表示。

2. 乙酰甲基甲醇试验（V.P. 试验）

某些细菌在葡萄糖蛋白胨水培养液中能分解葡萄糖产生丙酮酸，丙酮酸缩合，脱羧成乙酰甲基甲醇，后者在强碱环境下，被空气中氧，氧化为二乙酰，二乙酰与蛋白胨中的胍基生成红色化合物，称 V.P. 试验阳性。

（1）标记试管

取 4 支装有葡萄糖蛋白胨培养液的试管，分别标记大肠杆菌、产气肠杆菌、普通变形菌和空白对照。

（2）接种培养

以无菌操作分别接种少量菌苔至以上相应试管中，空白对照管不接菌，置 37℃ 恒温箱中，培养 24～48h。

（3）观察记录

另取 4 支空试管相应标记菌名，分别加入 3～5mL 以上对应管中的培养液，再加入 40% NaOH 溶液 10～20 滴，并用牙签挑入 0.5～1mg 微量肌酸，激烈振荡各试管，以使空气中的氧溶入，置 37℃ 恒温箱中保温 15～30min 后，若培养液呈红色，记录为 V. P. 试验阳性反应（用 "＋" 表示）；若不呈红色，记录为 V. P. 试验阴性反应（用 "－" 表示）。（注意：留下的含菌培养液不要丢弃，还可供甲基红试验用。）

3. 甲基红试验（M. R. 试验）

肠杆菌科各菌属都能发酵葡萄糖，在分解葡萄糖过程中产生丙酮酸，进一步分解中，由于糖代谢的途径不同，可产生乳酸，琥珀酸、醋酸和甲酸等大量酸性产物，可使培养基 pH 值下降至 pH4.5 以下，使甲基红指示剂变红。

V. P. 试验和 M. R. 试验都要用葡萄糖蛋白胨水培养基进行。为了节省材料，每种菌只要接种一种培养液，经培养后可同时进行两种测定。于 V. P. 试验留下的培养液中，各加入 2～3 滴甲基红指示剂，注意沿管壁加入，仔细观察培养液上层，若培养液上层变成红色，即为阳性反应，用 "＋" 表示；若仍呈黄色，则为阴性反应，用或 "－" 表示。

4. 吲哚试验

有些细菌含有色氨酸酶，能分解蛋白胨中的色氨酸生成吲哚（靛基质）。吲哚本身没有颜色，不能直接看见，但当加入对二甲基氨基苯甲醛试剂时，该试剂与吲哚作用，形成红色的玫瑰吲哚。

（1）标记试管

取装有蛋白胨水培养液的试管 4 支，分别标记大肠杆菌、产气肠杆菌、普通变形菌和空白对照。

（2）接种培养

以无菌操作分别接种少量菌苔到以上相应试管中，空白对照管不接种，置 37℃ 恒温箱中培养 24～48h。

（3）观察记录

在培养液中加入乙醚 1～2mL，经充分振荡使吲哚萃取至乙醚中，静置片刻后乙醚层浮于培养液的上面，此时沿管壁缓慢加入 5～10 滴吲哚试剂（加入吲哚试剂后切勿摇动试管，以防破坏乙醚层影响结果观察），如有吲哚存在，乙醚层呈现玫瑰红色，此为吲哚试验阳性反应，用 "＋" 表示；否则为阴性反应，用 "－" 表示。

5. 柠檬酸盐利用实验

某些菌利用柠檬酸盐为碳源，在有水存在的情况下，将柠檬酸盐水解为柠檬酸和强碱。由于细菌不断利用柠檬酸生成 CO_2，使培养基中柠檬酸浓度下降，强碱化合物浓度上升，导致 pH 值由中性变为碱性，使培养基中指示剂发生淡绿转蓝的变化。

上述的吲哚试验、M. R. 试验、V. P. 试验和柠檬酸盐试验常缩写为"IMViC"，主要用于鉴定大肠杆菌和产气肠杆菌。

（1）标记试管

取装有西蒙培养基的试管 4 支，分别标记大肠杆菌、产气肠杆菌、普通变形菌和空白对照。

（2）接种培养

以无菌操作分别接种少量菌苔到以上相应试管中，空白对照管不接种，置 37℃ 恒温箱中培养 24～48h。

（3）观察记录

如培养基变为蓝色，则表明该菌能利用柠檬酸盐作为碳源而生长，即为阳性反应，以"＋"表示；如培养基仍为绿色则为阴性反应，以"—"表示。

6. 苯丙氨酸脱氨酶测定

某些细菌具有苯丙氨酸脱氨酶，能使苯丙氨酸氧化形成苯丙酮酸。苯丙酮酸与三氯化铁起反应呈蓝绿色。

（1）标记试管

取苯丙氨酸斜面培养基的试管 4 支，分别标记大肠杆菌、产气肠杆菌、普通变形菌和空白对照。

（2）接种培养

以无菌操作分别接种少量菌苔到以上相应试管中，空白对照管不接种，置 37℃ 恒温箱中培养 24～48h。

（3）观察记录

加 10％ 三氯化铁，试剂 4～5 滴于斜面菌苔上，若斜面与试剂相接触的界面出现蓝绿色为阳性反应，以"＋"表示。

【结果记录】

测试项目	糖发酵试验			IMViC				苯丙氨酸脱氨酶
	葡萄糖	乳糖	蔗糖	V. P.	M. R.	indol	citrate	
大肠杆菌								
产气肠杆菌								
普通变形菌								
空白对照								

【注意事项】

1. 在测定 M. R. 试验的结果时，甲基红指示剂不可加得太多，以免出现假阳性反应。

2. 装有杜氏小管的糖发酵培养基在灭菌时要特别注意排净灭菌锅内的冷空气，灭菌后尽量让灭菌锅的压力自然下降到"0"再打开排气阀，否则杜氏小管内会留有气泡，影响试验结果的判断。

3. 接种前必须仔细核对菌名和培养基，以免弄错。

4. 配制柠檬酸盐培养基时要控制好 pH，不要过碱，配出的培养基以淡绿色为准。

【思考题】

1. V. P. 试验的测定中为什么要加 NaOH 和肌酸，它们各起的作用是什么？

2. 哪些生理生化试验可用于区别大肠杆菌和产气肠杆菌，它们各有何反应？

3. 大肠杆菌和产气肠杆菌分解葡萄糖所生成的产物有何不同？

4. 为什么做各项生理生化反应时要有空白对照？

第八章
菌种的保藏

菌种的各种变异都是在微生物生长繁殖过程中发生的，因此为了防止菌种的衰退，在保藏菌种时首先要选用它们的休眠体如分生孢子、芽孢等，并要创造一个低温、干燥、缺氧、避光和缺少营养的环境条件，以利于休眠体能较长期地维持其休眠状态。对于不产孢子的微生物来说，也要使其新陈代谢处于最低水平，又不会死亡，从而达到长期保藏的目的。

常用的菌种保藏方法有：斜面或半固体穿刺菌种的冰箱保藏法、石蜡油封藏法、沙土保藏法、冷冻干燥保藏法和液氮保藏法等。

无论采用哪种菌种保藏法，在进行菌种保藏之前都必须设法保证它是典型的纯培养物，在保藏的过程中要进行严格的管理和检查，如发现问题及时处理。

实验十五　常用的简易保藏法

【目的】

掌握几种常用的简易菌种保藏法。

【概述】

常用的简易菌种保藏法包括菌种保藏、半固体穿刺菌种保藏及石蜡油封藏等方法，这些方法不需要特殊的技术和设备，是一般实验室和工厂普遍采用的菌种保藏法。

这类方法主要是利用低温来抑制微生物的生命活动。通常将在斜面或半固体培养基上生长良好的培养植物放到 2～10℃冰箱中保藏，使微生物在低温下维持很低的新陈代谢，缓慢生长，当培养基中的营养物被逐渐耗尽后再重新移植于新鲜培养基上，如此见隔一段时间就移植一次，故又称定期移植保藏法或传代培养保藏法。定期移植的间隔时间因为生物种类不同而异，一般不产芽孢的细菌间隔时间较短，约 2 周至 1 个月移植一次。放线菌、酵母菌和丝状真菌 4～6 个月移植一次。石蜡油封藏法是将灭菌的石蜡油加至斜面菌种或半固体穿刺培养的菌种上，以减少培养基类水分蒸发，并隔绝空气，减少氧的供应，从而降低微生物的代谢，因此，可延长保藏期。例如，将它放在4℃冰箱中一般可保藏1年至数年。

这类保藏方法操作简便。而且可随时观察所保存的菌种是否死亡或污染杂菌，其缺点是较费时又费力，而且因经常移植传代，微生物易发生变异。

【材料与器皿】

1. 菌种

待保藏的细菌、酵母菌、放线菌和霉菌。

2. 培养基

牛肉膏蛋白胨斜面和半固体直立柱（培养细菌），麦芽汁琼脂斜面或半固体直立柱（培养酵母菌），高氏1号琼脂斜面（培养放线菌），马铃薯蔗糖斜面培养基（用蔗糖代替葡萄糖有利于孢子形成，用于培养丝状真菌）。

3. 器皿

试管，接种环，接种针，无菌滴管等。

4. 试剂

医用液体石蜡（相对密度0.83～0.89）。

【方法与步骤】

1. 斜面传代保藏法

（1）贴标签

将注有菌种和菌株名称以及接种日期的标签贴于试管斜面的上方。

（2）接种

将待保藏的菌种用斜面接种法移接至注有相应菌名的斜面上。用于保藏的菌种应选用健壮的细胞或孢子，例如细菌或酵母应采用对数生长期后期的细胞，不宜用稳定期后期的细胞（因该期细胞已趋向衰老）；放线菌和丝状真菌衣采用成熟的孢子等。

（3）培养

细菌置37℃恒温箱中培养18～24h，酵母菌置28～30℃恒温箱中培养36～60h，放线菌和丝状真菌置28℃下培养4～7d。

（4）收藏

为防止棉塞受潮长杂菌，管口棉塞应用牛皮纸包扎，或用融化的固体石蜡封棉塞后置4℃冰箱保存。保存温度不宜太低，否则斜面培养基因结冰脱水而加速菌种的死亡。

2. 半固体穿刺保藏法（适用于细菌和酵母菌）

（1）贴标签

将注有菌种和菌株名称以及接种日期的标签贴在半固体直立柱试管上。

（2）穿刺接种

用穿刺接种法将菌种直刺入直立柱中央。

（3）培养

见斜面传代保藏法。

（4）收藏

待菌种生长好后，用浸有石蜡的无菌软木塞或橡皮代替棉塞并塞紧，置4℃冰箱中保藏，一般可保藏半年至1年。

3. 石蜡油封藏法

（1）石蜡油灭菌

将医用液体石蜡油装入三角瓶中，装量不超过总体积的1/3，塞上棉塞，外包牛皮纸，加压蒸汽灭菌（121℃灭菌30min），连续灭菌2次。然后在40℃温箱中放置2周（或置105～110℃烘箱中烘2h），以除去石蜡油水中的水分，如水分以除净石蜡油即呈均匀透明状液体，备用。

（2）培养

用斜面接种法和穿刺接种法把待保藏的菌种接种到合适的培养基中，经培养后，取生长良好的菌株作为保藏菌种。

（3）加石蜡油

用无菌滴管吸取石蜡油加至菌种管中，加入量以高出斜面顶端或直立柱培养基表面约1cm为宜。如加量太少，在保藏过程中因培养基露出油面而逐渐变干，不利于菌种保藏。

（4）收藏

棉塞外包牛皮纸，或换上无菌橡皮塞，然后把菌种管直立放置于4℃冰箱中保藏。放线菌、霉菌及产芽孢的细菌一般可保藏2年。酵母菌及不产芽孢的细菌可保藏1年左右。

（5）恢复培养

当要使用时，用接种环从石蜡油下面挑去少量菌种，并在管壁上轻轻碰几下，尽量使油滴净，再接种到新鲜培养基上。由于菌体外粘有石蜡油，生长较慢且有黏性，故一般须再移植1次才能得到良好的菌种。

【结果记录】

将菌种保藏方法和结果记录于表中。

接种日期	菌种名称		培养条件		保藏方法	菌种生长情况
	中文名	学名	培养基	培养温度/℃		

【注意事项】

1. 用于保藏的菌种应选用健壮的细胞或成熟的孢子，因此掌握培养时间（菌龄）很重要。不宜用幼嫩或衰老的细胞作为保藏菌种。

2. 从石蜡油封藏的菌种管中挑菌后，接种环山粘有菌体和石蜡油，因此接种环在火焰上灭菌时要先烤干再灼烧，以防菌液飞溅，污染环境。

【思考题】

1. 为防止菌种管棉塞受潮和长杂菌，可采取哪些措施？

2. 为了防止水分进入石蜡油中，可否用干热灭菌法代替加压蒸汽灭菌法？为什么？

3. 斜面传代保藏法有何优缺点？

实验十六　冷冻真空干燥保藏法

【目的】

1. 了解冷冻真空气干燥保藏法原理。

2. 学会冷冻真空干燥保藏菌种的方法。

【概述】

冷冻空气干燥保藏法又称冷冻干燥保藏法。该法集中了菌种保藏中低温，缺氧、干燥和添加保护剂多种有利条件，使微生物的代谢处于相对静止状态。同时，该法可用于细菌、放线菌、丝状真菌（除少数不产孢子或只产生丝状体真菌外）、酵母菌及病毒的保藏。因而具有保藏菌种范围广、保藏时间长（一般可达 10～20 年）、存活率高等特点，是目前最有效的菌种保藏方法之一。

该法主要步骤为：第一步，将待保藏菌种的细胞或孢子悬液浮于保护剂（如脱脂牛奶）中；第二步，在低温（－45℃左右）下将微生物细胞快速冷冻；第三步，在真空条件下使冰升华，以除去大部分的水。

冷冻真空干燥装置有多种型式或机型，但一般是由放置安瓿管、收集水分和真空设备三个部件组成。放置安瓿管装置有钟罩式和歧管式两种类型。为避免冻干过程中水蒸气进入真空泵中，通常在放置安瓿管的容器和真空泵之间安装一冷凝器，使水蒸气冻结在冷凝器上或盛有 PC 氯化钙等干燥剂的容器来取代。本法中使用的真空泵要求性能良好，一般开机后，5～10min 内能使真空度达 66.7Pa（0.5Torr）以下，才能保证样品顺利冻干。

【材料与器皿】

1. 菌种

待保藏的细菌、放线菌、酵母菌或霉菌。

2. 培养基

适于待保藏菌种的各种斜面培养基。

3. 试剂

脱脂牛奶，2% HCl 等。

4. 器皿

安瓿管，长颈滴管，移液管。

5. 仪器

冷冻真空干燥机。

【方法与步骤】

1. 准备安瓿管

采用中性硬质玻璃，95$^{\#}$ 材料为宜，管中内径约 6mm，长度 10cm。安瓿管先用 2% HCl 浸泡过夜，再用自来水冲洗至中性，最后用蒸馏水冲洗 3 次，烘干。将印有菌名和日期的标签置于安瓿管内，有字的一面朝向管壁，管口塞上棉花并用牛皮纸包扎，于 121℃ 灭菌 30min。

2. 制备脱脂牛奶

将新鲜牛奶煮沸，而后将装有该牛奶的容器置于冷水中，待脂肪漂浮于液面成层时，除去上层油脂，然后将此牛奶离心 15min（3000r/min，4℃），再除去上层油脂。如选用脱脂奶粉，可直接配成20%乳液，然后分装，灭菌（112℃灭菌30min），并作无菌实验。

3. 制备菌液

（1）斜面菌种和培养

采用各菌种的最适合培养基及最适温度，以获得生长良好的培养物，一般是在稳定期的细胞，如形成芽孢的细菌，可采用其芽孢保藏。放线菌和霉菌则采用其孢子进行保藏。不同微生物其斜面菌种培养时间也有所不同，如细菌可培养 24~28h，酵母菌培养 3d 左右，放线菌于霉菌则培养 7~10d。

（2）菌悬液的制备

吸取 2~3mL 无菌脱脂牛奶加入一斜面菌种管中，然后用接种环轻轻刮下培养物，再用手搓动试管，制成均匀的细胞或孢子悬液。一般要求制成的菌液浓度达 10^8~10^{10} 个/mL 为宜。

4. 分装菌液

用无菌长颈滴管将上述菌液分装于安瓿管底部，每管 0.2mL（采用离心式冷冻真空干燥机，每管 0.1mL），塞上棉花。封装菌液时注意不要将菌液粘在管壁上。同时，如果日后要统计保藏细胞的存活数，则必须严格定量。

5. 菌液预冻

将装有菌液安瓿管置于低温冰箱中（−45～−35℃）或冷冻，真空干燥机的冷凝器室中冻结 1h。

6. 冷冻真空干燥

（1）初步干燥

启动冷冻真空干燥机制冷系统，当温度下降到−45℃时，将装有已冻结菌液的安瓿管迅速置于冷冻真空干燥机钟罩内，开动真空泵进行真空干燥。若采用简易冷冻真空干燥装置时，应在开动真空泵后 15min 内使真空度达到 13.3～26.7Pa（0.1～0.2Torr）后，维持 6～8h，此时样品呈白色酥丸状，并从安瓿管内壁脱落，可认为已初步干燥了。

若采用离心式冷冻真空干燥机，则主要步骤为：①将装有菌液且塞有适量棉花的安瓿管置于离心机的安瓿管负载盘上，盖上钟罩；②启动冷冻真空干燥机制冷系统，使冷冻真空干燥机冷凝室温度下降到−45℃；③开动离心机并打开真空泵抽真空；④离心机转动 5～10min 后（或当 Pirani 表显示约 670Pa（5Torr）时，安瓿管中菌液即已被冻结），关闭离心机；⑤继续抽真空，当 Pirani 表显示约 13.3Pa（0.1Torr）时，初步干燥即完成。

（2）取出安瓿管

先关真空泵，再关制冷机，然后打开进气阀，使钟罩内真空度逐渐下降，直至与室内气压相等后打开钟罩，取出安瓿管。

（3）第二次干燥

将上述安瓿管近顶部塞有棉花的下端处用火焰烧熔并拉成细颈，再将安瓿管装在该机的多歧管上，启动真空泵，室温抽真空，干燥时间应根据安瓿管的数量、保护剂的性质和菌液的装量而定，一般为 2～4h。

7. 封管

样品干燥后，继续抽真空达 1.33Pa（0.01Torr）时，在安瓿管细颈处用于火焰灼烧，熔封。

8. 真空度检测

熔封后的安瓿管是否保持真空，可采用高频率电火花发生测试，即将发生器产生火花触及安瓿管的上端，使管内真空放电。若安瓿管内发出淡蓝色或淡紫色电光，说明管内真空度符合要求。

9. 保藏

将上述真空符合要求的安瓿管置于 4℃冰箱保藏。

10. 恢复培养

先用 75％ 乙醇消毒安瓿管外壁，然后将安瓿管上部在火焰上烧热，在烧热处滴几滴无菌水，使管壁产生裂缝，放置片刻，让空气从裂缝中慢慢进入管内，然后将裂口端敲断，这样可防止空气因突然开口而冲入挂管内使菌粉飞扬。再将少量适合培养液加入安瓿管中，使干菌粉充分溶解，后用无菌的长颈滴管吸取菌液至合适培养基中，也可用无菌接种环挑取少许干菌粉至合适培养基中，置最适温度下培养。

【结果记录】

将菌种保藏结果记录于下表中。

菌种和菌株名称			保藏日期	保护剂	保藏温度/℃	开管日期	开管存活率/%
中文	学名	菌株号					

【注意事项】

1. 在进行真空干燥过程中，安瓿管内的样品应保持冻结状态，这样在抽真空时样品不会应产生泡沫而外溢。

2. 熔封安瓿管时，封口处火焰灼烧要均匀，否则易造成漏气。

【思考题】

1. 冷冻干燥装置包括哪几个部件，各部件起何作用？

2. 预冻后，样品真空干燥要求在什么条件下进行？

3. 将保藏菌种的安瓿管打开以恢复培养时，应注意什么问题？

下篇
食品微生物检验

第九章
食品样品的采集

食品微生物检验的第一步就是样品的采集，从大量的分析对象中抽取有代表性的一部分作为检验材料（检验样品），这项工作称为样品的采集，简称采样。

采样是一个困难而且需要非常谨慎的操作过程。确保从大量的被检测产品中，采集到能代表整批被测物质质量的小量样品，必须遵守一定的规则，掌握适当的方法，并防止在采样过程中，造成某种成分的损失或外来成分的污染。被检物品的状态可能有不同形态，如固态的、液态的或固液混合的等。固态的可能因颗粒大小、堆放位置不同而带来差异，液态的可能因混合不均匀或分层而导致差异，采样时都应予以注意。

正确采样必须遵循的原则是：第一，采集的样品必须具有代表性；第二，采样方法必须与分析目的保持一致；第三，采样及样品制备过程中设法保持原有的理化指标，避免预测组分发生化学变化或丢失；第四，要防止和避免预测组分的玷污；第五，样品的处理过程尽可能简单易行，所用样品处理装置尺寸应当与处理的样品量相适应。

第一节　食品样品的采集

一、样品的分类

按照样品采集的过程，依次得到检样、原始样品和平均样品三类。

检样：由组批或货批中所抽取的样品称为检样。检样的多少，按该产品标准中检验规则所规定的抽样方法和数量执行。

原始样品：将许多份检样综合在一起称为原始样品。原始样品的数量是根据受检物品的特点、数量和满足检验的要求而定。

平均样品：将原始样品按照规定方法经混合平均，均匀地分出一部分，称为平均样品。从平均样品中分出三份，一份用于全部项目检验；一份用于在对检验结果有争议或分歧时做复检用，称作复检样品；另一份作为保留样品，需封存保留一段时间（通常1

个月），以备有争议时再做验证，但易变质食品不宜做保留。

二、采样的一般方法

样品的采集一般分为随机抽样和代表性取样两类。

随机抽样，即按照随机原则，从大批物料中抽取部分样品。操作时，应使所有物料的各个部分都有相同被抽到的机会。代表性取样，是用系统抽样法进行采样，根据样品随空间（位置）、时间变化的规律，采集能代表其相应部分的组成和质量的样品，如对整批物料进行分层取样、在生产过程的各个环节取样、定期从货架上采取陈列不同时间的食品的取样等。

随机取样可以避免人为倾向，但是对不均匀样品，仅用随机抽样法是不够的，必须结合代表性取样，从有代表性的各个部分分别取样，才能保证样品的代表性。

具体的取样方法，因分析对象的不同而异，举例如下。

1. 粮食、油料类物品的采样

对于粮食、油料类物品，先将原始样品充分混合均匀，进而分取平均样品或试样的过程，称为分样。分样常用的方法有"四分法"和自动机械式，见图 9-1 和图 9-2。粮食、油料的检验程序和试样用量见图 9-3。

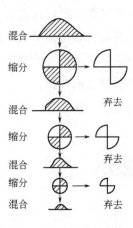

图 9-1　四分法取样图解

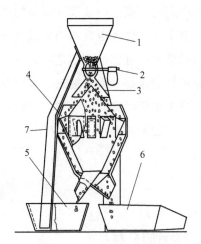

图 9-2　机械式分样器

1—漏斗；2—漏斗开关；3—圆锥体；

4—分样格；5、6—接样斗；7—支架

2. 肉类、水产品的采样

肉类、水产品的采样方法主要有两种：一种是针对不同的部分进行分别采样，另一种是先将分析对象混合后再采样。通常情况下，采样方法主要取决于分析目的和分析对象，假如分析对象为不同部位的样品，单独采集的难度很大，与此同时先混合再采样的方法也能满足分析的目的和要求时，我们一般采用后者。后者相对于前者来说，工作量一般会少很多。但是如果要检测某个具体部位的情况时，就只能单独对该部位进行采

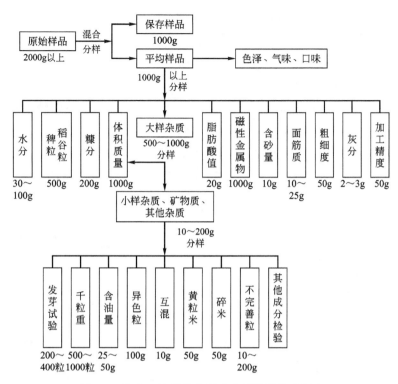

图 9-3　粮食、油料检验程序和试样用量的规定

样，如对脂肪进行成分分析时，就只能采集脂肪部分。

3. 水果、蔬菜的采样

首先随机采集若干个单独个体，然后按照一定的方法对所采集的个体进行处理。

例如某个地区出产的一批石榴被砷污染了，数量为 100 箱，每箱规格为 64 个，现在要确定该批石榴的砷含量。相应的采样方法是：首先从这 100 箱石榴中随机挑出 10 箱，然后随机地分别从 10 箱的每一箱中挑出 8 个，接着将所取得的 80 个石榴混合，再从中随机抽出 9 个作为样品。

4. 罐头类食品的采样

罐头类食品通常都采取随机采样，采样数量为检测对象数量的平方根。生产在线采样时，按生产班次进行，采样量为 1/3000，尾数超过 1000 罐，增加 1 罐，每班每个品种采样的基数不得少于 3 罐。

三、食品采样的数量

食品分析检验结果的准确与否通常取决于两个方面：①采样的方法是否正确；②采样的数量是否得当。因此，从整批食品中采取样品时，通常按一定的比例进行。确定采样的数量，应考虑分析项目的要求、分析方法的要求和被分析物的均匀程度三个因素。一般平均样品的数量不少于全部检验项目的 4 倍；检验样品、复验样品和保留样品一般每份数量不少于 0.5kg。检验掺伪物的样品，与一般的成分分析的样品不同，分析项目事先不明确，属于捕捉性分析，因此，相对来讲，取样数量要多一些。

根据不同种类，采样数量有所不同，见表 9-1。

表 9-1 不同检验种类的采样数量

检样种类	采 样 数 量	备 注
肉及肉制品	生肉：取屠宰后两腿内侧肌或背最长肌 250g	在肉及肉制品的不同部位采取
	脏器：根据检验目的而定	
	光禽：每份样品 1 只	
	熟肉：酱卤制品、肴肉及肉灌肠、熏煮火腿取 250g	
	熟肉干制品：肉松、油酥肉松、肉粉松、肉干、肉脯、肉糜脯、其他熟肉干制品等：取 250g	
乳及乳制品	鲜乳：250mL	每批样品按 1/1000 采样，不足千件者抽 1 件
	干酪：250g	
	消毒灭菌乳：250mL	
	乳粉：250g	
	稀奶油、奶油：250g	
	酸奶：250g(mL)	
	全脂炼乳：250g	
	乳清粉：250g	
蛋品	巴氏杀菌全蛋粉：每件 250g	1 日或 1 班生产为 1 批，检验沙门菌按 5% 抽样，但每批不少于 3 个检样测菌落总数、大肠菌群：每批按装听过程前、中、后流动取样 3 次，每次取样 50g，每批合为 1 个样品在装听时流动采样，检验沙门菌，每 250kg 取样 1 件
	蛋黄粉：每件 250g	
	蛋白片：每件 250g	
	冰全蛋：每件 250g	
	冰蛋黄：每件 250g	
	冰蛋白：每件 250g	
	巴氏杀菌冰全蛋：每件 250g	
	皮蛋、糟蛋、咸蛋等：每件各采样 250g	
水产品	鱼、大贝甲类：每个为 1 件(不少于 250g)	
	小虾蟹类(不少于 250g)	
	鱼糜制品：鱼丸、虾丸等(不少于 250g)	
	即食动物性水产干制品：鱼干、鱿鱼干(不少于 250g)	
	腌醉制品：生食动物性水产品、即食藻类食品，每件样品均取 250g	
罐头	可采用下述方法之一： 1. 按杀锅抽样 (1)低酸性食品罐头杀菌冷却后抽样 2 罐，3kg 以上大罐每锅抽样 1 罐 (2)酸性食品罐头每锅抽 1 罐，一般 1 个班的产品组成 1 个检验批，各锅的样罐组成 1 个样批组，每批每个品种取样基数不得少于 3 罐 2. 按生产班(批)次抽样 (1)取样数为 1/6000，尾数超过 2000 者增取 1 罐，每班(批)每个品种不得少于 3 罐 (2)某些产品班产量较大，则以 30000 罐为基数，其取样数按 1/6000；超过 30000 罐以上的按 1/20000；尾数超过 4000 罐者增取 1 罐 (3)个别产品量过小，同品种同规格可合并班次为 1 批取样，但并班总数不超过 5000 罐，每个批次样数不得少于 3 罐	产品如按锅分堆放，在遇到由于杀菌操作不当引起问题时，也可以按锅处理

续表

检样种类	采样数量	备注
冷冻饮品	冰棍、雪糕：每批不得少于 3 件，每件不得少于 3 支	班产量 20 万支以下者，1 班为 1 批；以上者以工作台为 1 批
	冰淇淋：原装 4 杯为 1 件，散装 250g	
	食用冰块：每件样品取 250g	
饮料	瓶(桶)装饮用纯净水：原装 1 瓶(不少于 250mL)	
	瓶(桶)装饮用水：原装 1 瓶(不少于 250mL)	
	茶饮料、碳酸饮料、低温复原果汁、含乳饮料	
	乳酸菌饮料、植物蛋白饮料、果蔬汁饮料：原装 1 瓶(不少于 250mL)	
	固体饮料：原装 1 瓶/袋(不少于 250g)	
	可可粉固体饮料：原装 1 瓶/袋(不少于 250g)	
	茶叶：罐装取 1 瓶(不少于 250g)，散装取 250g	
调味品	酱油：原装 1 瓶(不少于 250mL)	
	酱：原装 1 瓶(不少于 250mL)	
	食醋：原装 1 瓶(不少于 250mL)	
	袋装调味料：原装 1 瓶(不少于 250g)	
	水产调味品：鱼露、蚝油、虾油、虾酱、蟹酱(蟹糊)等原装 1 瓶(不少于 250g/mL)	
糕点、蜜饯、糖果	糖果、糕点、饼干、面包、巧克力、淀粉糖(液体葡萄糖、麦芽糖饮品、果葡糖浆等)蜂蜜、胶母糖、果冻、食糖等每件样品各取 250g/mL	
酒类	鲜啤酒、熟啤酒、葡萄酒、果酒、黄酒等瓶装 2 瓶为 1 件	
非发酵豆制品及面筋、发酵豆制品粮谷及果蔬类食品	非发酵豆制品及面筋：定性包装取 1 袋(不少于 250g)	
	发酵豆制品：原装 1 瓶(不少于 250g)	
	膨化食品、油炸小食品、早餐谷物、淀粉类食品等：定型包装取 1 袋(不少于 250g)，散装取 250g	
	方便面：定型包装取 1 袋/碗(不少于 250g)	
	速冻预包装面米食品：定型包装取 1 袋(不少于 250g)，散装取 250g	
	酱腌菜：定型包装取 1 瓶(不少于 250g)	
	干果食品、烘炒食品：定型包装取 1 袋(不少于 250g)，散装取 250g	
方便面	采取 250g	
油炸小食品、膨化食品	采取 250g	
果冻	采取 250g	
酱腌菜	采取 250g	
速冻预包装面、米食品、麦片	采取 250g	

四、采样的注意事项

（1）一切采样工具（如采样器、容器、包装纸等）都应清洁、干燥、无异味，不应将任何杂质带入样品中。例如，作 3,4-苯并芘测定的样品不可用石蜡封瓶口或用蜡纸包，因为有的石蜡含有 3,4-苯并芘；检测微量和超微量元素时，要对容器进行预处理；作锌测定的样品不能用含锌的橡皮膏封口；作汞测定的样品不能使用橡皮塞；供微生物检验用的样品，应严格遵守无菌操作规程。

（2）设法保持样品原有微生物状况和理化指标，样品在进行检测之前不得被污染，不得发生变化。例如，作黄曲霉毒素 B_1 测定的样品，要避免阳光、紫外灯照射，以免黄曲霉毒素 B_1 发生分解。

（3）感官性质极不相同的样品，切不可混在一起，应另行包装，并注明其性质。

（4）样品采集完后，应在 4h 之内迅速送往检测室进行分析检测，以免发生变化。

（5）盛装样品的器具上要贴牢标签，注明样品名称、采样地点、采样日期、样品批号、采样方法、采样数量、分析项目及采样人。

第二节 食品检验样品的运送与保存

抽样过程中应对所抽样品进行及时、准确的标记；抽样结束后，应有抽样人写出完整的抽样报告，使样品尽可能保持在原有条件下迅速送到实验室。

一、样品的标记

所有盛样容器必须有和样品一致的标记。在标记上应记明产品标志与号码、样品顺序号以及其他需要说明的情况。标记应牢固，具防水性，字迹不会被擦掉或脱色。

当样品需要托运或由非专职抽样人员运送时，必须封识样品容器。

二、样品的保存和运送

抽样结束后应尽快将样品送往实验室检验。如不能及时运送，冷冻样品应存放在 $-20℃$ 冰箱或冷藏库内；冷却和易腐食品存放在 $0\sim4℃$ 冰箱或冷却库内；其他食品可放在常温冷暗处。样品一般不超过 36h。

运送冷冻和易腐食品应在包装容器内加适量的冷却剂或冷冻剂。保证途中样品不升温或不融化。必要时可于途中补加冷却剂或冷冻剂。

盛样品的容器应消毒处理，但不得用消毒剂处理容器。不能在样品中加入任何防腐剂。

样品采集后，最好由专人立即送检。如不能由专人携带送样时，也可托运。托运前必须将样品包装好，应能防破损、防冻结或防易腐和冷冻样品升温或融化。在包装上应注明"防碎"、"易腐"、"冷藏"等字样。

做好样品运送记录，写明运送条件、日期、到达地点及其他需要说明的情况，并由运送人签字。

第三节　各类食品微生物检样样品的采集与制备实例

一、肉与肉制品样品的采集与制备

1. 样品的采取

（1）生肉及脏器检样

如是屠宰场后的畜肉，可于开腔后，用无菌刀采取两腿内侧肌肉各50g（或劈半后采取两侧背最长肌肉各50g）；如是冷藏或销售的生肉，可用无菌刀取腿肉或其他部位的肌肉100g。检样采取后放入无菌容器内，立即送检；如条件不许可时，最好不超过3h。送检时应注意冷藏，不得加入任何防腐剂。检样送往化验室应立即检验或放置冰箱暂存。

（2）禽类（包括家禽和野禽）

鲜、冻家禽采取整只，放于无菌容器内；带毛野禽可放清洁容器内，立即送检，以下处理要求同上述生肉。

（3）各类熟肉制品

包括酱卤肉、肴肉、方圆腿、熟灌肠、熏烤肉、肉松、肉脯、肉干等，一般取200g，熟禽采取整只，均放无菌容器内，立即送检，以下处理要求同上述生肉。

（4）腊肠、香肚等生灌肠

采取整根、整只，小型的可采数根、数只，其总量不少于250g。

2. 检样的处理

（1）生肉及脏器检样的处理

先将检样进行表面消毒（在沸水内烫3～5s，或灼烧消毒），再用无菌剪子剪取检样深层肌肉25g，放入无菌乳钵内用灭菌剪子剪碎后，加灭菌海砂或玻璃砂研磨，磨碎后加入灭菌水225mL，混匀后即为1∶10稀释液。

（2）鲜、冻家禽检样的处理

先将检样进行表面消毒，用灭菌剪子或刀去皮后，剪取肌肉25g（一般可从胸部或腿部剪取），以下处理同生肉。带毛野禽去毛后，同家禽检样处理。

（3）各类熟肉制品检样的处理

直接切取或称取25g，以下处理同生肉。

（4）腊肠、香肠等生灌肠检样处理

先对生灌肠表面进行消毒，用灭菌剪子取内容物 25g，以下处理同生肉。

注：以上样品的采集、送检及检样的处理均以检验肉禽及其制品内的细菌含量判断其质量鲜度为目的。如检验肉禽及其制品受外界环境污染的程度或检验其是否带有某种致病菌，应用棉拭采样法。

3. 棉拭采样法和检样处理

检验肉禽及其制品受污染的程度，一般可用板孔 5cm² 的金属制规板，压在受检物上，将灭菌棉拭稍沾湿，在板孔 5cm² 的范围内揩抹多次，然后将板孔规板移压另一点，用另一棉拭揩抹，如此共移压揩抹 10 次，总面积 50cm²，共用 10 只棉拭。每支棉拭在揩抹完毕后应立即剪断或烧断，然后投入盛有 50mL 灭菌水的三角烧瓶或大试管中，立即送检。检验时先充分振摇吸取瓶、管中的液体，作为原液，再按要求作 10 倍递增稀释。检验致病菌不必用规板，在可疑部位用棉拭揩抹即可。

二、乳与乳制品样品的采集与制备

1. 样品的采集

（1）散装或大型包装的乳品

用灭菌刀、勺取样，在移采另一件样品前，刀、勺先清洗灭菌。采样时应注意部位等代表性。每件样品数量不少于 200g，放入灭菌容器内及时送检。鲜乳一般不应超过 3h，在气温较高或路途较远的情况下应进行冷藏，不得使用任何防腐剂。

（2）小型包装的乳品

应采取整件包装，采样时应注意包装的完整。各种小型包装和乳与乳制品，每件样品量为：生奶 1 瓶或 1 包；消毒奶 1 瓶或 1 包；奶粉 1 瓶或 1 包（大包装者 200g）；奶油 1 块（113g）；酸奶 1 瓶或 1 罐；炼乳 1 瓶或 1 罐；奶酪（干酪）1 个。

（3）成批产品

对成批产品进行质量鉴定时，其采样数理每批以千分之一计算，不足千件者抽取 1 件。

2. 检样的处理

（1）鲜奶、酸奶

以无菌操作去掉瓶口的纸罩纸盖，瓶口经火焰消毒后以无菌操作吸取 25mL 检样，放入装有 225mL 灭菌生理盐水的三角烧瓶内，振摇均匀（酸乳如有水分析出于表层，应先去除）。

（2）炼乳

将瓶或罐先用温水洗净表面，再用点燃酒精棉球消毒瓶或罐的上表面，然后用灭菌的开罐器打开罐（瓶），以无菌操作称取 25g（mL）检样，放入装有 225mL 灭菌生理盐水的三角烧瓶内，振摇均匀。

（3）奶油

以无菌操作打开包装，取适量检样置于灭菌三角烧瓶内，在 450℃ 水浴或温箱中加温，溶解后立即将烧瓶取出，用灭菌吸管吸取 25mL 奶油放入另一含 225mL 灭菌生理盐水或灭菌奶油稀释液的烧瓶内（瓶装稀释液应预置于 450℃ 水浴中保温，做 10 倍递增稀释时所用的稀释液亦同），振摇均匀，从检样融化到接种完毕的时间不应超过 30min。

注：奶油稀释液为格林液（配法：氯化钠 9g、氯化钾 0.12g、氯化钙 0.24g、碳酸氢钠 0.2g、蒸馏水 1000mL）250mL、蒸馏水 750mL、琼脂 1g、加热溶解，分装每瓶225mL，121℃ 灭菌 15min。

（4）奶粉

罐装奶粉的开罐取样法同炼乳处理，袋装奶粉应用蘸有 75％ 酒精的棉球涂擦消毒袋口，以无菌操作开封取样，称取检样 25g，放入装有适量玻璃珠的灭菌三角烧瓶内，将 225mL 温热的灭菌生理盐水徐徐加入（先用少量生理盐水将奶粉调成糊状，再全部加入，以免奶粉结块），振摇使充分溶解和混匀。

（5）奶酪

先用灭菌刀削去部分表面封蜡，用点燃的酒精棉球消毒表面，然后用灭菌刀切开奶酪，以无菌操作切取表层和深层检样各少许，置于灭菌乳钵内切碎，加入少量生理盐水研成糊状。

【思考题】

1. 如何对自来水或纯净水进行采样和检样处理？
2. 随机取样与代表性取样的优缺点各是什么？

第十章
食品的细菌学检验

食品细菌学检验可反映食品的新鲜程度或清洁度，加工操作是否符合卫生要求，辨察食品是否受致病菌污染，确证微生物性食物中毒的病因等。食品在生产、储存、运输及销售等各个环节都有可能受到细菌的污染，造成食品腐败变质或食源性疾病。大肠杆菌、铜绿假单胞菌、金黄色葡萄球菌和沙门菌是食品中最常见的细菌。由于它们分布广泛，容易生长和繁殖，因此常常造成药品、食品的污染，影响药品疗效和损害人们的身体健康。本章介绍几种食品的细菌学检验的国家标准方法。

实验十七　食品中菌落总数测定（GB 4789.2—2010）

【目的】

1. 掌握总菌数测定方法和要点。
2. 掌握不同样品稀释度的确定原则。

【概述】

总菌数可作为判定被检样品被有机物污染程度的标志。细菌数量越多，则检样中有机物质含量越大。总菌数是食品检样经过处理，在一定条件下（如培养基、培养温度和培养时间等）培养后，所得每克或毫升检样中形成的微生物菌落总数。

平板菌落计数法是一种应用广泛的测定微生物生长繁殖的方法，其特点是能测定样品中活细胞数，故又称活菌计数法。平板菌落计数法是将食品检样经过处理后，按比例地作一系列稀释液（通常为10倍系列稀释法），再吸取一定量某几个稀释度的菌悬液于无菌培养皿中。经过培养，统计菌落数，根据其稀释倍数和取样接种量即可换算出食品检样中的含菌数。由于平板上的每一个肉眼可见的菌落都希望是从原始样品液中的各个单细胞生长繁殖而形成，即一个单菌落应代表原样品中的一个单细胞，因此，必须使检样中的微生物充分分散成单个细胞，且经适当稀释，使每个平板上形成的菌落数控制在30～300为宜，这样可以减少计数和统计中的误差。

【设备与培养基】

1. 设备

恒温培养箱，冰箱，恒温水浴箱，天平（0.1g），均质器，振荡器，无菌吸管或微量移液器及吸头，无菌锥形瓶，无菌培养皿，pH计或精密pH试纸，放大镜或/和菌落计数器。

2. 培养基和试剂

（1）平板计数琼脂（plate count agar，PCA）培养基

胰蛋白胨5.0g，酵母浸膏2.5g，葡萄糖1.0g，琼脂15.0g，蒸馏水1000mL；pH 7.0±0.2。

（2）磷酸盐缓冲液

贮存液：称取34.0g的磷酸二氢钾溶于500mL蒸馏水中，用大约175mL的1mol/L氢氧化钠溶液调节pH至7.2，用蒸馏水稀释至1000mL后贮存于冰箱。

稀释液：取贮存液1.25mL，用蒸馏水稀释至1000mL，分装于适宜容器中，121℃高压灭菌15min。

（3）无菌生理盐水

称取8.5g氯化钠溶于1000mL蒸馏水中，121℃高压灭菌15min。

【方法与步骤】

1. 样品的制备

（1）固体和半固体样品

称取25g样品置盛有225mL磷酸盐缓冲液或生理盐水的无菌均质杯内，8000～10000r/min均质1～2min，或放入盛有225mL稀释液的无菌均质袋中，用拍击式均质器拍打1～2min，制成1∶10的样品匀液。

（2）液体样品

以无菌吸管吸取25mL样品置于盛有225mL磷酸盐缓冲液或生理盐水的无菌锥形瓶（瓶内预置适当数量的无菌玻璃珠）中，充分混匀，制成1∶10的样品匀液。

2. 样品的稀释

用1mL无菌吸管或微量移液器吸取1∶10样品匀液1mL，沿管壁缓慢注于盛有9mL稀释液的无菌试管中（注意吸管或吸头尖端不要触及稀释液面），振摇试管或换用1支无菌吸管反复吹打使其混合均匀，制成1∶100的样品匀液。依次制成1∶1000，1∶10000……每递增稀释一次，换用1次1mL无菌吸管或吸头。整个稀释

过程见图 10-1。

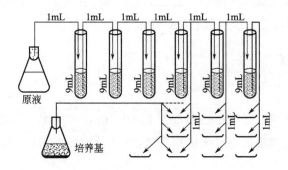

图 10-1 平板菌落计数操作过程示意图

3. 接种

根据对样品污染状况的估计，选择 2～3 个适宜稀释度的样品匀液（液体样品可包括原液），吸取 1mL 样品匀液于无菌平皿内，每个稀释度做两个平皿。同时，分别吸取 1mL 空白稀释液加入两个无菌平皿内作空白对照。及时将 15～20mL 冷却至 46℃的平板计数琼脂培养基倾注平皿，并转动平皿使其混合均匀，见图 10-2。

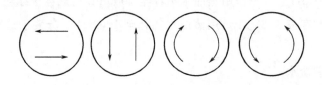

图 10-2 混菌摇匀方式示意图

4. 培养

待琼脂凝固后，将平板翻转，36℃±1℃培养 48h±2h。水产品 30℃±1℃培养 72h±3h。

如果样品中可能含有在琼脂培养基表面弥漫生长的菌落时，可在凝固后的琼脂表面覆盖一薄层琼脂培养基（约 4mL），凝固后翻转平板，培养。

5. 菌落计数

（1）选取菌落数在 30～300CFU 之间、无蔓延菌落生长的平板计数菌落总数。低于 30CFU 的平板记录具体菌落数，大于 300CFU 的可记录为多不可计。每个稀释度的菌落数应采用两个平板的平均数。

（2）其中一个平板有较大片状菌落生长时，则不宜采用，而应以无片状菌落生长的平板作为该稀释度的菌落数；若片状菌落不到平板的一半，而其余一半中菌落分布又很均匀，即可计算半个平板后乘以 2，代表一个平板菌落数。

（3）当平板上出现菌落间无明显界线的链状生长时，则将每条单链作为一个菌落计数。

将各皿计数结果记录在下表中，并按下述方法计算结果。

菌落数　　　　稀释 样品	10^{-1} (1)(2)平均值	10^{-2} (1)(2)平均值	10^{-3} (1)(2)平均值	菌落总数 /(cfu/mL^{-1})
A				
B				
C				
D				

菌落总数计数通常是采用同一浓度的两个平板菌落总数，取其平均值，再乘以稀释倍数，作为每克或毫升样品中菌落总数结果。各种不同情况计算方法见下：

① 若只有一个稀释度平板上的菌落数在适宜计数范围内，计算两个平板菌落数的平均值，再将平均值乘以相应稀释倍数，作为每克或毫升样品中菌落总数结果。

② 若有两个连续稀释度的平板菌落数在适宜计数范围内时，按下列公式计算：

$$N = \sum C / (n_1 + n_2)d$$

式中　N——样品中菌落数；

　　$\sum C$——平板（含适宜范围菌落数的平板）菌落数之和；

　　n_1——第一稀释度（低稀释倍数）平板个数；

　　n_2——第二稀释度（高稀释倍数）平板个数；

　　d——稀释因子（第一稀释度）。

③ 若所有稀释度的平板上菌落数均大于 300CFU，则对稀释度最高的平板进行计数，其他平板可记录为多不可计，结果按平均菌落数乘以最高稀释倍数计算。

④ 若所有稀释度的平板菌落数均小于 30CFU，则应按稀释度最低的平均菌落数乘以稀释倍数计算。

⑤ 若所有稀释度（包括液体样品原液）平板均无菌落生长，则以小于 1 乘以最低稀释倍数计算。

⑥ 若所有稀释度的平板菌落数均不在 30～300CFU 之间，其中一部分小于 30CFU 或大于 300CFU 时，则以最接近 30CFU 或 300CFU 的平均菌落数乘以稀释倍数计算。

【结果与报告】

1. 菌落数小于 100CFU 时，按"四舍五入"原则修约，以整数报告。

2. 菌落数大于或等于 100CFU 时，第 3 位数字采用"四舍五入"原则修约后，取前 2 位数字，后面用 0 代替位数；也可用 10 的指数形式来表示，按"四舍五入"原则修约后，采用两位有效数字。

3. 若所有平板上为蔓延菌落而无法计数，则报告菌落蔓延。

4. 若空白对照上有菌落生长，则此次检测结果无效。

5. 称重取样以 CFU/g 为单位报告，体积取样以 CFU/mL 为单位报告。

【思考题】

1. 什么是菌落总数？
2. 测定食品、饮料等产品的菌落总数的意义？
3. 在测定菌落总数时，如何选择菌落进行计数？
4. 在菌落总数的检验中，要注意哪些事项？

附：菌落总数的检验程序（图10-3）

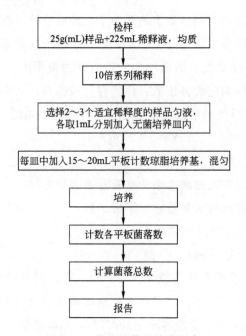

图 10-3　菌落总数的检验程序

实验十八　食品中大肠菌群计数（GB 4789.3—2012）

一、最可能数法

【目的】

1. 掌握大肠菌群的定义和卫生学意义。
2. 掌握食品大肠菌群的 MPN 测定方法。

【概述】

检验微生物的最可能数法是将不同稀释度的待测样品接种至月桂基硫酸盐胰蛋白胨

（LST）肉汤液体培养基中检测是否有气体产生，然后对有气体产生的发酵管，根据受检菌的特性选择适宜的方法以判断其生长，并经统计学处理进行计 IMViC（靛基质、甲基红、VP 试验、柠檬酸盐）生化试验，进而推断食品中肠道致病菌污染的可能性。

月桂基硫酸盐胰蛋白胨（LST）肉汤中蛋白胨提供碳源和氮源满足细菌生长的需求，氯化钠可维持均衡的渗透压，磷酸二氢钾和磷酸氢二钾是缓冲剂，月桂基硫酸钠可抑制革兰阳性细菌的生长，乳糖是大肠菌群可发酵的糖类，产生气体。

【设备与培养基】

1. 设备

恒温培养箱，冰箱，恒温水浴箱，天平（0.1g），均质器，振荡器，无菌吸管或微量移液器及吸头，无菌锥形瓶，pH 计或精密 pH 试纸。

2. 培养基

（1）月桂基硫酸盐胰蛋白胨（Lauryl Sulfate Tryptose，LST）肉汤

胰蛋白胨或胰酪胨 20.0g，氯化钠 5.0g，乳糖 5.0g，磷酸氢二钾（K_2HPO_4）2.75g，磷酸二氢钾（KH_2PO_4）2.75g，月桂基硫酸钠 0.1g，蒸馏水 1000mL，pH 6.8±0.2。

（2）EC 肉汤（*E. coli* broth）

① 成分 胰蛋白胨或胰酪胨 20.0g，3 号胆盐或混合胆盐 1.5g，乳糖 5.0g，磷酸氢二钾 4.0g，磷酸二氢钾 1.5g，氯化钠 5.0g，蒸馏水 1000mL，pH6.9±0.1。

② 制法 将上述成分溶解于蒸馏水中，调节 pH，分装到有玻璃小倒管的试管中，每管 8mL。121℃高压灭菌 15min。

（3）蛋白胨水

① 成分 胰胨或胰酪胨 10.0g，蒸馏水 1000mL；pH6.9±0.2。

② 制法 加热搅拌溶解胰胨或胰酪胨于蒸馏水中。分装试管，每管 5mL。121℃高压灭菌 15min。

（4）缓冲葡萄糖蛋白胨水 [甲基红（MR）和 V-P 试验用]

① 成分 多胨 7.0g，葡萄糖 5.0g，磷酸氢二钾 5.0g，蒸馏水 1000mL；pH7.0。

② 制法 溶化后调节 pH，分装试管，每管 1mL，121℃高压灭菌 15min，备用。

甲基红（MR）试验：

① 甲基红试剂的制法 10mg 甲基红溶于 30mL 95％乙醇中，然后加入 20mL 蒸馏水。

② 试验方法 取适量琼脂培养物接种于缓冲葡萄糖蛋白胨水培养基，36℃±1℃培养 2～5d。滴加甲基红试剂一滴，立即观察结果。鲜红色为阳性，黄色为阴性。

V-P试验：

① 6% α-萘酚-乙醇溶液的制法　取 α-萘酚 6.0g，加无水乙醇溶解，定容至 100mL。

② 试验方法　取适量琼脂培养物接种于缓冲葡萄糖蛋白胨水培养基，36℃±1℃培养 2～4d。加入 6%α-萘酚-乙醇溶液 0.5mL 和 40%氢氧化钾溶液 0.2mL，充分振摇试管，观察结果。阳性反应立刻或于数分钟内出现红色，如为阴性，应放在 36℃±1℃继续培养 4h 再进行观察。

（5）西蒙柠檬酸盐培养基

① 成分　柠檬酸钠 2.0g，氯化钠 5.0g，磷酸氢二钾 1.0g，磷酸二氢铵 1.0g，硫酸镁 0.2g，溴百里香酚蓝 0.08g，琼脂 8.0～18.0g，蒸馏水 1000mL；pH6.8±0.2。

② 制法　将各成分加热溶解，必要时调节 pH。每管分装 10mL，121℃高压灭菌 15min，制成斜面。

③ 试验方法　挑取培养物接种于整个培养基斜面，36℃±1℃培养 24h±2h，观察结果。阳性者培养基变为蓝色。

（6）伊红美蓝（EMB）琼脂

① 成分　蛋白胨 10g，乳糖 10g，磷酸氢二钾 2g，琼脂 17g，2%伊红 γ 溶液 20mL，0.65%美蓝溶液 10mL，蒸馏水 1000mL；pH7.1。

② 制法　在 1000mL 蒸馏水中煮沸溶解蛋白胨、磷酸盐和琼脂，加水补足。分装于三角烧瓶中。每瓶 100mL 或 200mL，调节 pH，121℃高压灭菌 15min。使用前将琼脂融化，于每 100mL 琼脂中加 5mL 灭菌的 20%乳糖溶液，2mL 的 2%的伊红 γ 水溶液和 1.3mL 0.5%的美蓝水溶液，摇匀，冷至 45～50℃倾注平皿。

（7）营养琼脂小斜面

① 成分　蛋白胨 10.0g，牛肉膏 3.0g，氯化钠 5.0g，琼脂 15.0g～20.0g，蒸馏水 1000mL；pH 7.2～7.4。

② 制法　将除琼脂以外的各成分溶解于蒸馏水内，加入 15%氢氧化钠溶液约 2mL 调节 pH 至 7.2～7.4。加入琼脂，加热煮沸，使琼脂溶化，分装 13mm×130mm 管，121℃高压灭菌 15min。

（8）Kovacs 靛基质试剂

① 成分　对二甲氨基苯甲醛 5.0g，戊醇 75.0mL，盐酸（浓）25.0mL。

② 制法　将对二甲氨基苯甲醛溶于戊醇中，然后慢慢加入浓盐酸即可。

③ 试验方法　将培养物接种蛋白胨水，36℃±1℃培养 24h±2h 后，加 Kovacs 靛基质试剂 0.2～0.3mL，上层出现红色为靛基质阳性反应。

（9）无菌 NaOH 和无菌 HCl

① 无菌 NaOH　称取 40g 氢氧化钠溶于 1000mL 蒸馏水中，121℃高压灭菌 15min。

② 无菌 HCl　移取浓盐酸 90mL，用蒸馏水稀释至 1000mL，121℃高压灭

菌 15min。

（10）其他

磷酸盐缓冲液，无菌生理盐水，革兰染液。

【方法与步骤】

1. 样品的制备

（1）固体和半固体样品

称取 25g 样品，放入盛有 225mL 磷酸盐缓冲液或生理盐水的无菌均质杯内，8000～10000r/min 均质 1～2min，或放入盛有 225mL 磷酸盐缓冲液或生理盐水的无菌均质袋中，用拍击式均质器拍打 1～2min，制成 1∶10 的样品匀液。

（2）液体样品

以无菌吸管吸取 25mL 样品置盛有 225mL 磷酸盐缓冲液或生理盐水的无菌锥形瓶（瓶内预置适当数量的无菌玻璃珠）中，充分混匀，制成 1∶10 的样品匀液。

（3）调节样品 pH

样品匀液的 pH 值应在 6.5～7.5 之间，必要时分别用 1mol/L NaOH 或 1mol/L HCl 调节。

2. 样品的稀释

用 1mL 无菌吸管或微量移液器吸取 1∶10 样品匀液 1mL，沿管壁缓缓注入 9mL 磷酸盐缓冲液或生理盐水的无菌试管中（注意吸管或吸头尖端不要触及稀释液面），振摇试管或换用 1 支 1mL 无菌吸管反复吹打，使其混合均匀，制成 1∶100 的样品匀液。根据对样品污染状况的估计，依次制成十倍递增系列稀释样品匀液，每递增稀释 1 次，换用 1 支 1mL 无菌吸管或吸头。从制备样品匀液至样品接种完毕，全过程不得超过 15min。

3. 初发酵试验

每个样品，选择 3 个适宜的连续稀释度的样品匀液（液体样品可以选择原液），每个稀释度接种 3 管月桂基硫酸盐胰蛋白胨（LST）肉汤，每管接种 1mL（如接种量超过 1mL，则用双料 LST 肉汤），36℃±1℃培养 24h±2h，观察小倒管内是否有气泡产生，24h±2h 产气者进行复发酵试验，未产气者继续培养 48h±2h。产气者进行复发酵试验。如所有 LST 肉汤管均未产气，即可报告大肠杆菌 MPN 结果。

4. 复发酵试验

用接种环从产气的 LST 肉汤管中分别取培养物 1 环，移种于已提前预温至 45℃ 的 EC 肉汤管中，放入带盖的 44.5℃±0.2℃水浴箱内。水浴的水面应高于肉汤培养基液面，培养 24h±2h，检查小倒管内是否有气泡产生，如未有产气，则继续培养至 48h±2h。记录在 24h 和 48h 内产气的 EC 肉汤管数。如所有 EC 肉汤管均未产气，即可报告大肠杆菌 MPN 结果；如有产气者，则进行 EMB 平板分离培养。

5. 伊红美蓝平板分离培养

轻轻振摇各产气管，用接种环取培养物分别划线接种于 EMB 平板，36℃±1℃培养 18～24h。观察平板上有无具黑色中心有光泽或无光泽的典型菌落。

6. 营养琼脂斜面或平板培养

从每个平板上挑 5 个典型菌落，如无典型菌落，则挑取可疑菌落。用接种针接触菌落中心部位，移种到营养琼脂斜面或平板上，36℃±1℃，培养 18～24h。取培养物进行革兰氏染色和生化试验。

7. 鉴定

取培养物进行靛基质试验、MR-VP 试验和柠檬酸盐利用试验。大肠杆菌与非大肠杆菌的生化鉴别见表 10-1。

表 10-1 大肠杆菌与非大肠杆菌的生化鉴别

靛基质(I)	甲基红(MR)	VP 试验(VP)	柠檬酸盐(C)	鉴定(型别)
+	+	−	−	典型大肠杆菌
−	+	−	−	非典型大肠杆菌
+	+	−	+	典型中间型
−	+	−	+	非典型中间型
−	−	+	+	典型产气肠杆菌
+	−	+	+	非典型产气肠杆菌

注：1. 如出现表以外的生化反应类型，表明培养物可能不纯，应重新划线分离，必要时做重复试验。
2. 生化试验也可以选用生化鉴定试剂盒或全自动微生物生化鉴定系统等方法，按照产品说明书进行操作。

【结果与报告】

大肠杆菌为革兰阴性无芽孢杆菌，发酵乳糖、产酸、产气，IMViC 生化试验为＋＋－－或－＋－－。只要有 1 个菌落鉴定为大肠杆菌，其所代表的 LST 肉汤管即为大肠杆菌阳性。

将各食品检样的初发酵试验结果记录在下表中，根据大肠菌群 LST 阳性管数，检索 MPN 表，报告每克或毫升样品中大肠菌群的 MPN 值。

阳性管数　　稀释度　样品	0.1	0.01	0.001	大肠菌群/(MNP/mL)
A				
B				
C				
D				

依据 LST 肉汤阳性管数查 MPN 表，报告每克或毫升样品中大肠杆菌 MPN 值。

【思考题】

1. MPN 检索表的使用方法是什么？
2. 初发酵和复发酵的目的分别是什么？

附：大肠菌群 MPN 计数的检验程序（图 10-4）

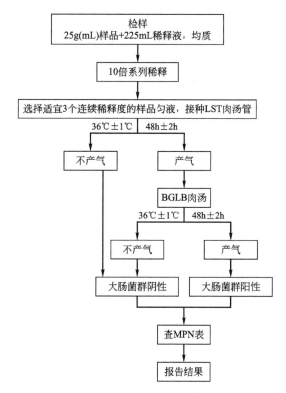

图 10-4　大肠菌群 MPN 计数的检验程序

二、平板计数法

【目的】

掌握食品大肠菌群的平板计数法的测定方法。

【概述】

结晶紫中性红胆盐-4-甲基伞形酮-β-D-葡萄糖苷琼脂中蛋白胨和酵母膏粉提供碳氮源和微量元素；乳糖是可发酵的糖类；氯化钠可维持均衡的渗透压；3 号胆盐和结晶紫抑制革兰阳性菌，特别抑制革兰阳性杆菌和粪链球菌；中性红为 pH 指示剂；琼脂为凝固剂；大肠杆菌含有的葡萄糖醛酸苷酶作用于 4-甲基伞形酮-β-D 葡萄糖醛酸苷（4-Methylumbellifery-β-D-Glucuronide 简称 MUG）的 β 糖醛酸苷键，使其水解，释放的

4-甲基伞形酮在 366nm 紫外灯下产生蓝白色荧光。97％的大肠杆菌、10％的沙门菌以及少量的志贺菌具有葡萄糖醛酸苷酶。

【设备与材料】

1. 设备

恒温培养箱，冰箱，恒温水浴箱，天平（0.1g），均质器，振荡器，无菌吸管或微量移液器及吸头，无菌锥形瓶，无菌培养皿，pH 计或精密 pH 试纸。

2. 培养基

（1）结晶紫中性红胆盐琼脂（VRBA）

① 成分　蛋白胨 7.0g，酵母膏 3.0g，乳糖 10.0g，氯化钠 5.0g，胆盐或 3 号胆盐 1.5g，中性红 0.03g，结晶紫 0.002g，琼脂 15～18g，蒸馏水 1000mL；pH 7.4±0.1。

② 制法　将上述成分溶于蒸馏水中，静置几分钟，充分搅拌，调节 pH。煮沸 2min，将培养基冷却至 45～50℃倾注平板。使用前临时制备，不得超过 3h。

（2）结晶紫中性红胆盐-4-甲基伞形酮-β-D-葡萄糖苷琼脂（VRBA-MUG）

① 成分　蛋白胨 7.0g，酵母膏 3.0g，乳糖 10.0g，氯化钠 5.0g，胆盐或 3 号胆盐 1.5g，中性红 0.03g，结晶紫 0.002g，琼脂 15～18g，蒸馏水 1000.0mL，4-甲基伞形酮-β-D-葡萄糖苷（MUG）0.1g，pH7.4±0.1。

② 制法　将上述成分溶于蒸馏水中，静置几分钟，充分搅拌，调节 pH。煮沸 2min，将培养基冷至 45～50℃使用。

（3）其他

无菌 NaOH，无菌 HCl，无菌磷酸盐缓冲液和生理盐水。

【方法与步骤】

1. 样品的制备和稀释

同大肠菌群的 MNP 法。

2. 接种

选取 2～3 个适宜的连续稀释度，每个稀释度接种 2 个无菌平皿，每皿 1mL。同时取 1mL 生理盐水加入无菌平皿作空白对照。及时将 15～20mL 冷至 46℃的结晶紫中性红胆盐琼脂（VRBA）约倾注于每个平皿中。小心旋转平皿，将培养基与样液充分混匀，待琼脂凝固后，再加 3～4mL VRBA-MUG 覆盖平板表层。翻转平板，置于36℃±1℃培养 18～24h。

3. 平板菌落数的选择

选择菌落数在 10～100CFU 之间的平板，暗室中 360～366nm 波长紫外灯照射下，计数平板上发浅蓝色荧光的菌落。

检验时用已知 MUG 阳性菌株（如大肠杆菌 ATCC 25922）和产气肠杆菌（如

ATCC 13048）做阳性和阴性对照。

【结果与报告】

两个平板上发荧光菌落数的平均数乘以稀释倍数，报告每克或毫升样品中大肠杆菌数，以 CFU/g（mL）表示。若所有稀释度（包括液体样品原液）平板均无菌落生长，则以小于 1 乘以最低稀释倍数报告。

【思考题】

1. 测定食品、饮料等产品的大肠菌群的卫生学意义？
2. 在大肠菌群的检验中，要注意哪些事项？

附：大肠菌群平板计数法的检验程序（图 10-5）

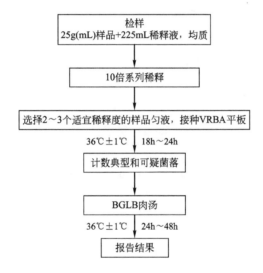

图 10-5　大肠菌群平板计数法的检验程序

实验十九　食品中沙门菌的检验（GB 4789.4—2010）

【目的】

1. 掌握沙门菌的生物学特性和病原特性。
2. 掌握食品沙门菌的检验方法。

【概述】

沙门菌分析的国家标准方法是食物样品分步增菌，以增加病原的可检出率。这种培养方法总体可分 4 个不同阶段或步骤。第一步（预增菌），将样品加到一种高营养、无选择性的培养基中，温度 37℃，使那些"致伤"的细菌复苏及使所有微生物生长。第二步是选择性增菌步骤,选择性培养基使沙门菌生长而使肉汤中其他微生物数量减少。目前应用的主要有如下 3 种类型:连四硫基盐肉汤(Tetrathionate broth)、硒酸盐胱氨酸肉汤(Selenitecystine broth)和 RV(Rappaport-Vassiliadis)培养基。由于没有任何一种培养基可以全面地保持所有食品基质或各种沙门菌血清型,所以较适当的做法就是使用两种培养基平行地进行试验。第三步是分离步骤,即选择性培养物在含一种或多种抑制非沙门菌生长制剂的琼脂平板上划线培养,然后对平板上肉眼可见的特征性菌落进行确认,并对该菌落分离物进行一系列生化和血清学检测,以做出鉴定。国标的沙门菌检测法全过程需时至少 4～7 天,才能得出明确的诊断结果。

【设备与培养基】

1. 设备

恒温培养箱,冰箱,恒温水浴箱,天平(0.01g),均质器,振荡器,无菌吸管或微量移液器及吸头,无菌锥形瓶,无菌培养皿,无菌毛细管,无菌试管,pH 计或精密 pH 试纸,全自动微生物生化鉴定系统。

2. 培养基和试剂

(1)缓冲蛋白胨水(BPW)

① 成分　蛋白胨 10.0g,氯化钠 5.0g,磷酸氢二钠(含 12 个结晶水)9.0g,磷酸二氢钾 1.5g,蒸馏水 1000mL,pH 7.2±0.2。

② 制法　将各成分加入蒸馏水中,搅混均匀,静置约 10min,煮沸溶解,调节 pH,121℃高压灭菌,15min。

(2)四硫磺酸钠煌绿(TTB)增菌液

① 基础液　蛋白胨 10.0g,牛肉膏 5.0g,氯化钠 3.0g,碳酸钙 45.0g,蒸馏水 1000mL,pH 7.0±0.2。

制法:除碳酸钙外,将各成分加入蒸馏水中,煮沸溶解,再加入碳酸钙,调节 pH,121℃高压灭菌,20min。

② 硫代硫酸钠溶液　硫代硫酸钠(含 5 个结晶水)50.0g,蒸馏水加至 100mL;121℃高压灭菌,20min。

③ 碘溶液　碘片 20.0g,碘化钾 25.0g,蒸馏水 100mL。

制法:将碘化钾充分溶解于少量的蒸馏水中,再投入碘片,振摇玻瓶至碘片全部溶解为止,然后加蒸馏水至 100mL,贮存于棕色瓶内,塞紧瓶盖备用。

④ 0.5%煌绿水溶液　煌绿 0.5g,蒸馏水 100mL;溶解后,存放暗处,不少于 1d,使其自然灭菌。

⑤ 牛胆盐溶液　牛胆盐 10.0g,蒸馏水 100mL;加热煮沸至完全溶解,121℃高压灭菌,20min。

⑥ 制法　临用前,取基础液 900mL,硫代硫酸钠溶液 100mL,碘溶液 20.0mL,

煌绿水溶液 2.0mL，牛胆盐溶液 50.0mL，按上列顺序，以无菌操作依次加入基础液中，每加入一种成分，均应摇匀后再加入另一种成分。

（3）亚硒酸盐胱氨酸（SC）增菌液

① 成分　蛋白胨 5.0g，乳糖 4.0g，磷酸氢二钠 10.0g，亚硒酸氢钠 4.0g，L-胱氨酸 0.01g，蒸馏水 1000mL，pH 7.0±0.2。

② 制法　除亚硒酸氢钠和 L-胱氨酸外，将各成分加入蒸馏水中，煮沸溶解，冷至 55℃以下，以无菌操作加入亚硒酸氢钠和 1g/L L-胱氨酸溶液 10mL（称取 0.1g L-胱氨酸，加 1mol/L 氢氧化钠溶液 15mL，使溶解，再加无菌蒸馏水至 100mL 即成。如为 DL-胱氨酸，用量应加倍）。摇匀，调节 pH。

（4）亚硫酸铋（BS）琼脂

① 成分　蛋白胨 10.0g，牛肉膏 5.0g，葡萄糖 5.0g，硫酸亚铁 0.3g，磷酸氢二钠 4.0g，煌绿 0.025g 或 5.0g/L 水溶液 5.0mL，柠檬酸铋铵 2.0g，亚硫酸钠 6.0g，琼脂 18.0～20g，蒸馏水 1000mL；pH 7.5±0.2。

② 制法　将蛋白胨、牛肉膏和葡萄糖加入 300mL 蒸馏水（制作基础液）；硫酸亚铁和磷酸氢二钠分别加入 20mL 和 30mL 蒸馏水中；柠檬酸铋铵和亚硫酸钠分别加入另一 20mL 和 30mL 蒸馏水中；琼脂加入 600mL 蒸馏水中。然后分别搅拌均匀，煮沸溶解。冷至 80℃左右时，先将硫酸亚铁和磷酸氢二钠混匀，倒入基础液中，混匀。将柠檬酸铋铵和亚硫酸钠混匀，倒入基础液中，再混匀。调节 pH，随即倾入琼脂液中，混合均匀，冷至 50～55℃。加入煌绿溶液，充分混匀后立即倾注平皿。（注：本培养基不需要高压灭菌，在制备过程中不宜过分加热，避免降低其选择性，贮于室温暗处，超过 48h 会降低其选择性，本培养基宜于当天制备，第二天使用。）

（5）HE 琼脂（Hektoen Enteric Agar）

① 成分　蛋白胨 12.0g，牛肉膏 3.0g，乳糖 12.0g，蔗糖 12.0g，水杨素 2.0g，胆盐 20.0g，氯化钠 5.0g，琼脂 18.0～20.0g，蒸馏水 1000mL，0.4%溴麝香草酚蓝溶液 16.0mL，Andrade 指示剂 20.0mL，甲液（硫代硫酸钠 34.0g，柠檬酸铁铵 4.0g，蒸馏水 100mL）20.0mL；乙液（去氧胆酸钠 10.0g，蒸馏水 100mL）20.0mL；pH 7.5±0.2。

② 制法　将成分中前七种溶解于 400mL 蒸馏水内作为基础液；将琼脂加入于 600mL 蒸馏水内。然后分别搅拌均匀，煮沸溶解。将甲液和乙液加入基础液内，调节 pH。再加入指示剂，并与琼脂液合并，待冷至 50～55℃倾注平皿。（注：①本培养基不需要高压灭菌，在制备过程中不宜过分加热，避免降低其选择性。②Andrade 指示剂的配制：将酸性复红 0.5g 溶解于蒸馏水中，加入 1mol/L 氢氧化钠溶液 16.0mL，定容至 100mL。若数小时后如复红褪色不全，再加氢氧化钠溶液 1～2mL。）

（6）木糖赖氨酸脱氧胆盐（XLD）琼脂

① 成分　酵母膏 3.0g，L-赖氨酸 5.0g，木糖 3.75g，乳糖 7.5g，蔗糖 7.5g，去氧

胆酸钠 2.5g，柠檬酸铁铵 0.8g，硫代硫酸钠 6.8g，氯化钠 5.0g，琼脂 15.0g，酚红 0.08g，蒸馏水 1000mL，pH 7.4±0.2。

② 制法 除酚红和琼脂外，将其他成分加入 400mL 蒸馏水中，煮沸溶解，调节 pH。另将琼脂加入 600mL 蒸馏水中，煮沸溶解。将上述两溶液混合均匀后，再加入指示剂，待冷至 50～55℃ 倾注平皿。（注：a. 本培养基不需要高压灭菌，在制备过程中不宜过分加热，避免降低其选择性，贮于室温暗处。b. 本培养基宜于当天制备，第二天使用。）

(7) 三糖铁（TSI）琼脂

① 成分 蛋白胨 20.0g，牛肉膏 5.0g，乳糖 10.0g，蔗糖 10.0g，葡萄糖 1.0g，硫酸亚铁铵（含 6 个结晶水）0.2g，酚红 0.025g 或 5.0g/L 溶液 5.0mL，氯化钠 5.0g，硫代硫酸钠 0.2g，琼脂 12.0g，蒸馏水 1000mL；pH 7.4±0.2。

② 制法 除酚红和琼脂外，将其他成分加入 400mL 蒸馏水中，煮沸溶解，调节 pH。另将琼脂加入 600mL 蒸馏水中，煮沸溶解。将上述两溶液混合均匀后，再加入指示剂，混匀，分装试管，每管 2～4mL，高压灭菌 121℃，10min，或 115℃，15min，灭菌后置成高层斜面，呈橘红色。

(8) 蛋白胨水、靛基质试剂

① 蛋白胨水 蛋白胨（或胰蛋白胨）20.0g，氯化钠 5.0g，蒸馏水 1000mL；pH 7.4±0.2。将各成分加入蒸馏水中，煮沸溶解，调节 pH，分装小试管，121℃ 高压灭菌 15min。

② 靛基质试剂 柯凡克试剂：将 5g 对二甲氨基甲醛溶解于 75mL 戊醇中，然后缓慢加入浓盐酸 25mL。

欧-波试剂：将 1g 对二甲氨基苯甲醛溶解于 95mL 95% 乙醇内。然后缓慢加入浓盐酸 20mL。

③ 试验方法 挑取小量培养物接种，在 36℃±1℃ 培养 1～2d，必要时可培养 4～5d。加入柯凡克试剂约 0.5mL，轻摇试管，阳性者于试剂层呈深红色；或加入欧-波试剂约 0.5mL，沿管壁流下，覆盖于培养液表面，阳性者于液面接触处呈玫瑰红色。（注：蛋白胨中应含有丰富的色氨酸。每批蛋白胨买来后，应先用已知菌种鉴定后方可使用。）

(9) 尿素琼脂

① 成分 蛋白胨 1.0g，氯化钠 5.0g，葡萄糖 1.0g，磷酸二氢钾 2.0g，0.4% 酚红 3.0mL，琼脂 20.0g，蒸馏水 1000mL，20% 尿素溶液 100mL；pH7.2±0.2。

② 制法 除尿素、琼脂和酚红外，将其他成分加入 400mL 蒸馏水中，煮沸溶解，调节 pH。另将琼脂加入 600mL 蒸馏水中，煮沸溶解。将上述两溶液混合均匀后，再加入指示剂后分装，121℃ 高压灭菌 15min。冷至 50～55℃，加入经除菌过滤的尿素溶液。尿素的最终浓度为 2%。分装于无菌试管内，放成斜面备用。

③ 试验方法 挑取琼脂培养物接种，在 36℃±1℃培养 24h，观察结果。尿素酶阳性者由于产碱而使培养基变为红色。

(10) 氰化钾（KCN）培养基

① 成分 蛋白胨 10.0g，氯化钠 5.0g，磷酸二氢钾 0.225g，磷酸氢二钠 5.64g，蒸馏水 1000mL，0.5%氰化钾 20.0mL。

② 制法 将除氰化钾以外的成分加入蒸馏水中，煮沸溶解，分装后 121℃高压灭菌 15min。放在冰箱内使其充分冷却。每 100mL 培养基加入 0.5%氰化钾溶液 2.0mL（最后浓度为 1:10000），分装于无菌试管内，每管约 4mL，立刻用无菌橡皮塞塞紧，放在 4℃冰箱内，至少可保存 2 个月。同时，将不加氰化钾的培养基作为对照培养基，分装试管备用。

③ 试验方法 将琼脂培养物接种于蛋白胨水内成为稀释菌液，挑取 1 环接种于氰化钾（KCN）培养基。并另挑取 1 环接种于对照培养基。在 36℃±1℃培养 1～2d，观察结果。如有细菌生长即为阳性（不抑制），经 2d 细菌不生长为阴性（抑制）。（注：氰化钾是剧毒药，使用时应小心，切勿沾染，以免中毒。夏天分装培养基应在冰箱内进行。试验失败的主要原因是封口不严，氰化钾逐渐分解，产生氢氰酸气体逸出，以致药物浓度降低，细菌生长，因而造成假阳性反应。试验时对每一环节都要特别注意。）

(11) 赖氨酸脱羧酶试验培养基

① 成分 蛋白胨 5.0g，酵母浸膏 3.0g，葡萄糖 1.0g，蒸馏水 1000mL，1.6%溴甲酚紫-乙醇溶液 1.0mL，L-赖氨酸或 DL-赖氨酸 0.5g/100mL 或 1.0g/100mL；pH 6.8±0.2。

② 制法 除赖氨酸以外的成分加热溶解后，分装每瓶 100mL，分别加入赖氨酸。L-赖氨酸按 0.5%加入，DL-赖氨酸按 1%加入。调节 pH。对照培养基不加赖氨酸。分装于无菌的小试管内，每管 0.5mL，上面滴加一层液体石蜡，115℃高压灭菌 10min。

③ 试验方法 从琼脂斜面上挑取培养物接种，于 36℃±1℃培养 18～24h，观察结果。氨基酸脱羧酶阳性者由于产碱，培养基应呈紫色。阴性者无碱性产物，但因葡萄糖产酸而使培养基变为黄色。对照管应为黄色。

(12) 糖发酵管

① 成分 牛肉膏 5.0g，蛋白胨 10.0g，氯化钠 3.0g，磷酸氢二钠（含 12 个结晶水）2.0g，0.2%溴麝香草酚蓝溶液 12.0mL，蒸馏水 1000mL；pH 7.4±0.2。

② 制法 葡萄糖发酵管按上述成分配好后，调节 pH。按 0.5%加入葡萄糖，分装于有一个倒置小管的小试管内，121℃高压灭菌 15min。其他各种糖发酵管可按上述成分配好后，分装每瓶 100mL，121℃高压灭菌 15min。另将各种糖类分别配好 10%溶液，同时高压灭菌。将 5mL 糖溶液加入于 100mL 培养基内，以无菌操作分装小试管。（注：蔗糖不纯，加热后会自行水解者，应采用过滤法除菌。）

③ 试验方法 从琼脂斜面上挑取小量培养物接种，于 36℃±1℃培养，一般 2～

3d。迟缓反应需观察 14~30d。

（13）ONPG 培养基

① 成分 邻硝基酚 β-D 半乳糖苷（ONPG）（*O*-Nitrophenyl-β-D-galactopyrano-side）60.0mg，0.01mol/L 磷酸钠缓冲液（pH7.5）10.0mL，1% 蛋白胨水（pH7.5）30.0mL。

② 制法 将 ONPG 溶于缓冲液内，加入蛋白胨水，以过滤法除菌，分装于无菌的小试管内，每管 0.5mL，用橡皮塞塞紧。

③ 试验方法 自琼脂斜面上挑取培养物 1 满环接种于 36℃±1℃培养 1~3h 和 24h 观察结果。如果 β-半乳糖苷酶产生，则于 1~3h 变黄色，如无此酶则 24h 不变色。

（14）半固体琼脂

① 成分 牛肉膏 0.3g，蛋白胨 1.0g，氯化钠 0.5g，琼脂 0.35~0.4g，蒸馏水 100mL；pH 7.4±0.2。

② 制法 按以上成分配好，煮沸溶解，调节 pH。分装小试管。121℃高压灭菌 15min。直立凝固备用。（注：供动力观察、菌种保存、H 抗原位相变异试验等用。）

（15）丙二酸钠培养基

① 成分 酵母浸膏 1.0g，硫酸铵 2.0g，磷酸氢二钾 0.6g，磷酸二氢钾 0.4g，氯化钠 2.0g，丙二酸钠 3.0g，0.2% 溴麝香草酚蓝溶液 12.0mL，蒸馏水 1000mL；pH6.8±0.2。

② 制法 除指示剂以外的成分溶解于水，调节 pH，再加入指示剂，分装试管，121℃高压灭菌 15min。

③ 试验方法 用新鲜的琼脂培养物接种，于 36℃±1℃培养 48h，观察结果。阳性者由绿色变为蓝色。

（16）沙门菌属显色培养基。

（17）沙门菌 O 和 H 诊断血清。

（18）生化鉴定试剂盒。

【方法与步骤】

1. 前增菌

称取 25g（mL）样品放入盛有 225mL BPW 的无菌均质杯中，以 8000~10000r/min 均质 1~2min，或置于盛有 225mL BPW 的无菌均质袋中，用拍击式均质器拍打 1~2min。若样品为液态，不需要均质，振荡混匀。若需要可用 1mol/mL 无菌 NaOH 或 HCl 调 pH 至 6.8±0.2。无菌操作将样品转至 500mL 锥形瓶中，如使用均质袋，可直接进行培养，于 36℃±1℃培养 8~18h。

如为冷冻产品，应在 45℃以下不超过 15min，或 2~5℃不超过 18h 解冻。

2. 增菌

轻轻摇动培养过的样品混合物，移取 1mL，转种于 10mL TTB 内，于 42℃±1℃培养 18～24h。同时，另取 1mL，转种于 10mL SC 内，于 36℃±1℃培养 18～24h。

3. 分离

分别用接种环取增菌液 1 环，划线接种于一个 BS 琼脂平板和一个 XLD 琼脂平板（或 HE 琼脂平板或沙门菌属显色培养基平板）。于 36℃±1℃分别培养 18～24h（XLD 琼脂平板、HE 琼脂平板、沙门菌属显色培养基平板）或 40～48h（BS 琼脂平板），观察各个平板上生长的菌落，各个平板上的菌落特征见表 10-2。

表 10-2 沙门菌属在不同选择性琼脂平板上的菌落特征

选择性琼脂平板	沙 门 菌
BS 琼脂	菌落为黑色有金属光泽、棕褐色或灰色，菌落周围培养基可呈黑色或棕色；有些菌株形成灰绿色的菌落，周围培养基不变
HE 琼脂	蓝绿色或蓝色，多数菌落中心黑色或几乎全黑色；有些菌株为黄色，中心黑色或几乎全黑色
XLD 琼脂	菌落呈粉红色，带或不带黑色中心，有些菌株可呈现大的带光泽的黑色中心，或呈现全部黑色的菌落；有些菌株为黄色菌落，带或不带黑色中心
沙门菌属显色培养基	按照显色培养基的说明进行判定

4. 生化试验

（1）三糖铁琼脂和赖氨酸脱羧酶试验

自选择性琼脂平板上分别挑取 2 个以上典型或可疑菌落，接种三糖铁琼脂，先在斜面划线，再于底层穿刺；接种针不要灭菌，直接接种赖氨酸脱羧酶试验培养基和营养琼脂平板，于 36℃±1℃培养 18～24h，必要时可延长至 48h。在三糖铁琼脂和赖氨酸脱羧酶试验培养基内，沙门菌属的反应结果见表 10-3。

表 10-3 沙门菌属在三糖铁琼脂和赖氨酸脱羧酶试验培养基内的反应结果

三糖铁琼脂				赖氨酸脱羧酶 试验培养基	初步判断
斜面	底层	产气	硫化氢		
K	A	+(−)	+(−)	+	可疑沙门菌属
K	A	+(−)	+(−)	−	可疑沙门菌属
A	A	+(−)	+(−)	+	可疑沙门菌属
A	A	+/−	+/−	−	非沙门菌
K	K	+/−	+/−	+/−	非沙门菌

注：K：产碱；A：产酸；+：阳性；−：阴性；+（−）：多数阳性，少数阴性；+/−：阳性或阴性。

（2）沙门菌属生化反应初步鉴别

接种三糖铁琼脂和赖氨酸脱羧酶试验培养基的同时，可直接接种蛋白胨水（供做靛基质试验）、尿素琼脂（pH7.2）、氰化钾（KCN）培养基，也可在初步判断结果后从营养琼脂平板上挑取可疑菌落接种。于 36℃±1℃培养 18～24h，必要时可延长至 48h，按表 10-4 判定结果。将已挑菌落的平板储存于 2～5℃或室温至少保留 24h，以备必要时复查。

表 10-4 沙门菌属生化反应初步鉴别表

反应序号	硫化氢（H2S）	靛基质	pH 7.2 尿素	氰化钾（KCN）	赖氨酸脱羧酶
A1	+	−	−	−	+
A2	+	+	−	−	+
A3	−	−	−	−	+/−

注：+阳性；−阴性；+/−阳性或阴性。

① 反应序号 A1 典型反应判定为沙门菌属。如尿素、KCN 和赖氨酸脱羧酶 3 项中有 1 项异常，按表 10-5 可判定为沙门菌。如有 2 项异常为非沙门菌。

表 10-5 沙门菌属生化反应初步鉴别表

pH 7.2 尿素	氰化钾（KCN）	赖氨酸脱羧酶	判定结果
−	−	−	甲型副伤寒沙门菌（要求血清学鉴定结果）
−	+	+	沙门菌IV或V（要求符合本群生化特性）
+	−	+	沙门菌个别变体（要求血清学鉴定结果）

注：+表示阳性；−表示阴性。

② 反应序号 A2 补做甘露醇和山梨醇试验，沙门菌靛基质阳性变体两项试验结果均为阳性，但需要结合血清学鉴定结果进行判定。

③ 反应序号 A3 补做 ONPG。ONPG 阴性为沙门菌，同时赖氨酸脱羧酶阳性，甲型副伤寒沙门菌为赖氨酸脱羧酶阴性。

④ 必要时按表 10-6 进行沙门菌生化群的鉴别。

表 10-6 沙门菌属各生化群的鉴别

项目	I	II	III	IV	V	VI
卫矛醇	+	+	−	−	+	−
山梨醇	+	+	+	+	+	−
水杨苷	−	−	−	+	−	+
ONPG	−	−	+	−	+	−
丙二酸盐	−	+	+	−	−	−
KCN	−	−	−	+	+	−

注：+表示阳性；−表示阴性。

（3）生化鉴定试剂盒或全自动微生物生化鉴定系统鉴定

如选择生化鉴定试剂盒或全自动微生物生化鉴定系统，可根据 4（1）的初步判断结果，从营养琼脂平板上挑取可疑菌落，用生理盐水制备成浊度适当的菌悬液，使用生化鉴定试剂盒或全自动微生物生化鉴定系统进行鉴定。

5. 血清学鉴定

（1）抗原的准备

一般采用 1.2%~1.5%琼脂培养物作为玻片凝集试验用的抗原。

O 血清不凝集时，将菌株接种在琼脂量较高的（如 2%~3%）培养基上再检查；如果是由于 Vi 抗原的存在而阻止了 O 凝集反应时，可挑取菌苔于 1mL 生理盐水中做成浓菌液，于酒精灯火焰上煮沸后再检查。H 抗原发育不良时，将菌株接种在 0.55%~0.65%半固体琼脂平板的中央，待菌落蔓延生长时，在其边缘部分取菌检查；或将菌株通过装有 0.3%~0.4%半固体琼脂的小玻管 1~2 次，自远端取菌培养后再检查。

（2）多价菌体抗原（O）鉴定

在玻片上划出 2 个约 1cm×2cm 的区域，挑取 1 环待测菌，各放 1/2 环于玻片上的每一区域上部，在其中一个区域下部加 1 滴多价菌体（O）抗血清，在另一区域下部加入 1 滴生理盐水，作为对照。再用无菌的接种环或针分别将两个区域内的菌落研成乳状液。将玻片倾斜摇动混合 1min，并对着黑暗背景进行观察，任何程度的凝集现象皆为阳性反应。

（3）多价鞭毛抗原（H）鉴定

同（2）。

（4）血清学分型（选做项目）

① O 抗原的鉴定　用 A~F 多价 O 血清做玻片凝集试验，同时用生理盐水做对照。在生理盐水中自凝者为粗糙形菌株，不能分型。

被 A~F 多价 O 血清凝集者，依次用 O4，O3、O10，O7，O8，O9，O2 和 O11 因子血清做凝集试验。根据试验结果，判定 O 群。被 O3、O10 血清凝集的菌株，再用 O10、O15、O34、O19 单因子血清做凝集试验，判定 E1、E2、E3、E4 各亚群，每一个 O 抗原成分的最后确定均应根据 O 单因子血清的检查结果，没有 O 单因子血清的要用两个 O 复合因子血清进行核对。

不被 A~F 多价 O 血清凝集者，先用 9 种多价 O 血清检查，如有其中一种血清凝集，则用这种血清所包括的 O 群血清逐一检查，以确定 O 群。每种多价 O 血清所包括的 O 因子如下：

O 多价 1　A，B，C，D，E，F，群（并包括 6，14 群）

O 多价 2　13，16，17，18，21 群

O 多价 3　28，30，35，38，39 群

O 多价 4　40，41，42，43 群

O 多价 5　44，45，47，48 群

O 多价 6　50，51，52，53 群

O 多价 7　55，56，57，58 群

O 多价 8　59，60，61，62 群

O 多价 9　63，65，66，67 群

②　H 抗原的鉴定　属于 A~F 各 O 群的常见菌型，依次用表10-7 所述 H 因子血清检查第 1 相和第 2 相的 H 抗原。

表 10-7　A~F 群常见菌型 H 抗原表

O 群	第 1 相	第 2 相
A	a	无
B	g,f,s	无
B	i,b,d	2
C1	k,v,r,c	5,z15
C2	b,d,r	2,5
D(不产气的)	d	无
D(产气的)	g,m,p,q	无
E1	h,v	6,w,x
E4	g,s,t	无
E4	i	

不常见的菌型，先用 8 种多价 H 血清检查，如有其中一种或两种血清凝集，则再用这一种或两种血清所包括的各种 H 因子血清逐一检查，以第 1 相和第 2 项的 H 抗原。8 种多价 H 血清所包括的 H 因子如下：

H 多价 1　a, b, c, d, i

H 多价 2　eh, enx, enz15, fg, gms, gpu, gp, gq, mt, gz51

H 多价 3　k, r, y, z, z10, lv, lw, lz13, lz28, lz40

H 多价 4　1, 2；1, 5；1, 6；1, 7；z6

H 多价 5　z4z23, z4z24, z4z32, z29, z35, z36, z38

H 多价 6　z39, z41, z42, z44

H 多价 7　z52, z53, z54, z55

H 多价 8　z56, z57, z60, z61, z62

每一个 H 抗原成分的最后确定均应根据 H 单因子血清的检查结果，没有 H 单因子血清的要用两个 H 复合因子血清进行核对。

检出第 1 相 H 抗原而未检出第 2 相 H 抗原的或检出第 2 相 H 抗原而未检出第 1 相 H 抗原的，可在琼脂斜面上移种 1~2 代后再检查。如仍只检出一个相的 H 抗原，要用位相变异的方法检查其另一个相。单相菌不必做位相变异检查。

位相变异试验方法如下：

a. 小玻管法：将半固体管（每管 1~2mL）在酒精灯上溶化并冷至 50℃，取已知相的 H 因子血清 0.05~0.1mL，加入于溶化的半固体内，混匀后，用毛细吸管吸取分装于供位相变异试验的小玻管内，待凝固后，用接种针挑取待检菌，接种于一端。将小玻管平放在平皿内，并在其旁放一团湿棉花，以防琼脂中水分蒸发而干缩，每天检查结果，待另一相细菌解离后，可以从另一端挑取细菌进行检查。培养基内血清的浓度应有适当的比例，过高时细菌不能生长，过低时同一相细菌的动力不能抑制。一般按原血清1∶20～1∶800的量加入。

b. 小倒管法：将两端开口的小玻管（下端开口要留一个缺口，不要平齐）放在半固体管内，小玻管的上端应高出于培养基的表面，灭菌后备用。临用时在酒精灯上加热溶化，冷至50℃，挑取因子血清1环，加入小套管中的半固体内，略加搅动，使其混匀，俟凝固后，将待检菌株接种于小套管中的半固体表层内，每天检查结果，待另一相细菌解离后，可从套管外的半固体表面取菌检查，或转种1％软琼脂斜面，于37℃培养后再做凝集试验。

c. 简易平板法：将0.35％～0.4％半固体琼脂平板烘干表面水分，挑取因子血清1环，滴在半固体平板表面，放置片刻，待血清吸收到琼脂内，在血清部位的中央点种待检菌株，培养后，在形成蔓延生长的菌苔边缘取菌检查。

③ Vi抗原的鉴定　用Vi因子血清检查。已知具有Vi抗原的菌型有伤寒沙门菌、丙型副伤寒沙门菌、都柏林沙门菌。

④ 菌型的判定　根据血清学分型鉴定的结果，按照常见沙门菌抗原表（附录四）

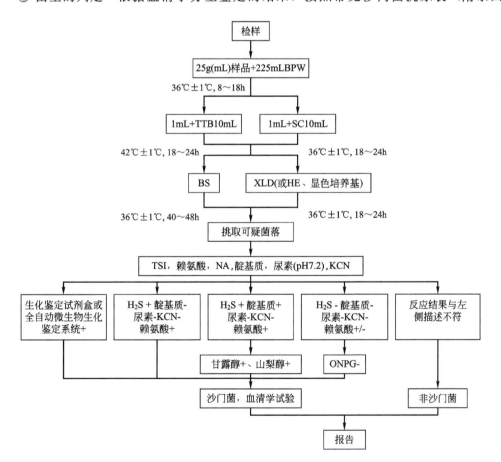

图10-6　沙门菌检验程序

或有关沙门菌属抗原表判定菌型。

【结果与报告】

综合以上生化试验和血清学鉴定的结果，报告 25g（mL）样品中检出或未检出沙门菌。

【思考题】

1. 检测沙门菌时，前增菌和增菌的目的是什么？
2. 描述沙门菌在 HE 琼脂、BS 琼脂平板和 XLD 琼脂平板上的菌落形态特征。

附：沙门菌检验程序（图 10-6）

实验二十　食品中金黄色葡萄球菌检验（GB 4789.10—2010）

金黄色葡萄球菌（*Staphylococcus aureus*）无芽孢、鞭毛，大多数无荚膜，革兰染色阳性。金黄色葡萄球菌营养要求不高，在普通培养基上生长良好，需氧或兼性厌氧，最适生长温度 37℃，最适生长 pH7.4，干燥环境下可存活数周。平板上菌落厚、有光泽、圆形凸起，直径 $0.5\sim1.0\mu m$。血平板菌落周围形成透明的溶血环。金黄色葡萄球菌有高度的耐盐性，可在 $10\%\sim15\%$ NaCl 肉汤中生长；可分解葡萄糖、麦芽糖、乳糖、蔗糖，产酸不产气；甲基红反应阳性，VP 反应弱阳性，等生化特性。

金黄色葡萄球菌是人类的一种重要病原菌，隶属于葡萄球菌属（*Staphylococcus*），有"嗜肉菌"的别称，是革兰阳性菌的代表，可引起许多严重感染。国标法检验食品中金黄色葡萄球菌分别是定性检验、平板计数和 MPN 法。定性检验是通过金黄色葡萄球菌的生化特性检验食品中是否存在金黄色葡萄球菌。平板计数适用于金黄色葡萄球菌含量较高的食品中金黄色葡萄球菌的计数。MPN 法适用于金黄色葡萄球菌含量较低而杂菌含量较高的食品中金黄色葡萄球菌的计数。

一、金黄色葡萄球菌的定性检验

【目的】

1. 熟知金黄色葡萄球菌的生物学特性。
2. 掌握食品中金黄色葡萄球菌的定性检验方法。

【设备与培养基】

1. 设备

恒温培养箱，冰箱，恒温水浴箱，天平（0.1g），均质器，振荡器，无菌吸管或微

量移液器及吸头，无菌锥形瓶，无菌培养皿，无菌毛细管，无菌试管，pH 计或精密
pH 试纸，无菌锥形瓶，注射器。

2. 培养基和试剂

(1) 10％氯化钠胰酪胨大豆肉汤

① 成分　胰酪胨（或胰蛋白胨）17.0g，植物蛋白胨（或大豆蛋白胨）3.0g，氯化
钠 100.0g，磷酸氢二钾 2.5g，丙酮酸钠 10.0g，葡萄糖 2.5g，蒸馏水 1000mL；pH
7.3±0.2。

② 制法　将上述成分混合，加热，轻轻搅拌并溶解，调节 pH，分装，每瓶
225mL，121℃高压灭菌 15min。

(2) 7.5％氯化钠肉汤

① 成分　蛋白胨 10.0g，牛肉膏 5.0g，氯化钠 75g，蒸馏水 1000mL；pH 7.4。

② 制法　将上述成分加热溶解，调节 pH，分装，每瓶 225mL，121℃高压灭
菌 15min。

(3) 血琼脂平板

① 成分　豆粉琼脂（pH7.4～7.6）100mL，脱纤维羊血（或兔血）5～10mL。

② 制法　加热溶化琼脂，冷却至50℃，以无菌操作加入脱纤维羊血，摇匀，倾注
平板。

(4) Baird-Parker 琼脂平板

① 成分　胰蛋白胨 10.0g，牛肉膏 5.0g，酵母膏 1.0g，丙酮酸钠 10.0g，甘氨酸
12.0g，氯化锂（LiCl·6H$_2$O）5.0g，琼脂 20.0g，蒸馏水 950mL；pH 7.0±0.2。

② 增菌剂的配法　30％卵黄盐水 50mL 与经过除菌过滤的 1％亚碲酸钾溶液 10mL
混合，保存于冰箱内。

③ 制法　将各成分加到蒸馏水中，加热煮沸至完全溶解，调节 pH。分装每瓶
95mL，121℃高压灭菌 15min。临用时加热溶化琼脂，冷至50℃，每95mL加入预热至
50℃的卵黄亚碲酸钾增菌剂5mL摇匀后倾注平板。培养基应是致密不透明的。使用前
在冰箱储存不得超过 48h。

(5) 脑心浸出液肉汤（BHI）

① 成分　胰蛋白质胨 10.0g，氯化钠 5.0g，磷酸氢二钠（Na$_2$HPO$_4$·12H$_2$O）
2.5g，葡萄糖 2.0g，牛心浸出液 500mL；pH 7.4±0.2。

② 制法　加热溶解，调节 pH，分装 16mm×160mm 试管，每管 5mL 置 121℃，
15min 灭菌。

(6) 营养琼脂小斜面

① 成分　蛋白胨 10.0g，牛肉膏 3.0g，氯化钠 5.0g，琼脂 15.0～20.0g，蒸馏水
1000mL；pH 7.2～7.4。

② 制法　将除琼脂以外的各成分溶解于蒸馏水内，加入 15％氢氧化钠溶液约 2mL

调节 pH 至 7.2～7.4。加入琼脂,加热煮沸,使琼脂溶化,分装 13mm×130mm 管,121℃高压灭菌 15min。

(7) 兔血浆

取柠檬酸钠 3.8g,加蒸馏水 100mL,溶解后过滤,装瓶,121℃高压灭菌 15min。

兔血浆制备:取 3.8%柠檬酸钠溶液 1 份,加兔血 4 份,混好静置(或以 3000r/min 离心 30min),使血液细胞下降,即可得血浆。

(8) 磷酸盐缓冲液

① 成分 磷酸二氢钾 34.0g,蒸馏水 500mL;pH 7.2。

② 制法 贮存液:称取 34.0g 的磷酸二氢钾溶于 500mL 蒸馏水中,用大约 175mL 的 1mol/L 氢氧化钠溶液调节 pH 至 7.2,用蒸馏水稀释至 1000mL 后贮存于冰箱。

稀释液:取贮存液 1.25mL,用蒸馏水稀释至 1000mL,分装于适宜容器中,121℃高压灭菌 15min。

【方法与步骤】

1. 样品的处理

(1) 固体样品的处理

称取 25g 样品至盛有 225mL7.5%氯化钠肉汤或 10%氯化钠胰酪胨大豆肉汤的无菌均质杯内,8000～10000r/min 均质 1～2min,或放入盛有 225mL 7.5%氯化钠肉汤或 10%氯化钠胰酪胨大豆肉汤的无菌均质袋中,用拍击式均质器拍打 1～2min。

(2) 液体样品的处理

若样品为液态,吸取 25mL 样品至盛有 225mL 7.5%氯化钠肉汤或 10%氯化钠胰酪胨大豆肉汤的无菌锥形瓶(瓶内可预置适当数量的无菌玻璃珠)中,振荡混匀。

2. 增菌和分离培养

将样品匀液于 36℃±1℃培养 18～24h。金黄色葡萄球菌在 7.5%氯化钠肉汤中呈混浊生长,污染严重时在 10%氯化钠胰酪胨大豆肉汤内呈混浊生长。将其培养物,分别划线接种到 Baird-Parker 平板和血平板,血平板 36℃±1℃培养 18～24h,Baird-Parker 平板 36℃±1℃培养 18～24h 或 45～48h。金黄色葡萄球菌在 Baird-Parker 平板上,菌落直径为 2～3mm,颜色呈灰色到黑色,边缘为淡色,周围为一混浊带,在其外层有一透明圈。用接种针接触菌落有似奶油至树胶样的硬度,偶然会遇到非脂肪溶解的类似菌落;但无混浊带及透明圈。长期保存的冷冻或干燥食品中所分离的菌落比典型菌落所产生的黑色较淡些,外观可能粗糙并干燥。在血平板上,形成菌落较大,圆形、光滑凸起、湿润、金黄色(有时为白色),菌落周围可见完全透明溶血圈。

3. 鉴定

(1) 染色镜检

对分离的菌落进行革兰染色。金黄色葡萄球菌为革兰阳性球菌,排列呈葡萄球状,无芽孢，无荚膜，直径为 $0.5\sim1\mu m$。

（2）血浆凝固酶试验

挑取 Baird-Parker 平板或血平板上可疑菌落 1 个或 1 个以上，分别接种到 5mL BHI 和营养琼脂小斜面，36℃±1℃培养 18～24h。取新鲜配制兔血浆 0.5mL，放入小试管中，再加入 BHI 培养物 0.2～0.3mL，振荡摇匀，置 36℃±1℃温箱或水浴箱内，每半小时观察一次，观察 6h，如呈现凝固（即将试管倾斜或倒置时，呈现凝块）或凝固体积大于原体积的一半，被判定为阳性结果。同时以血浆凝固酶试验阳性和阴性葡萄球菌菌株的肉汤培养物作为对照。也可用商品化的试剂，按说明书操作，进行血浆凝固酶试验。结果如可疑，挑取营养琼脂小斜面的菌落到 5mL BHI，36℃±1℃培养 18～48h，重复试验。

4. 葡萄球菌肠毒素的检验

可疑食物中毒样品或产生葡萄球菌肠毒素的金黄色葡萄球菌菌株的鉴定，应进行检测葡萄球菌肠毒素（见金黄色葡萄球菌检验的第四部分）。

【结果与报告】

1. 将检测结果记录在下表中。

样品	Baird-Parker 平板的菌落形态	血平板的菌落形态	菌体形态	血浆凝固酶试验	结果判定
A					
B					
C					

2. 结果与报告

在 25g（mL）样品中检出或未检出金黄色葡萄球菌。

【思考题】

1. 简述金黄色葡萄球菌在 Baird-Parker 平板和血平板的菌落形态特征？
2. 进行血浆凝固酶试验的意义？

附：金黄色葡萄球菌定性检验程序（图 10-7）

二、金黄色葡萄球菌 Baird-Parker 平板计数

【目的】

1. 掌握食品中金黄色葡萄球菌的 Baird-Parker 平板计数法。
2. 熟知金黄色葡萄球菌在 Baird-Parker 平板上的菌落形态。
3. 学会金黄色葡萄球菌平板计数的计数方法。

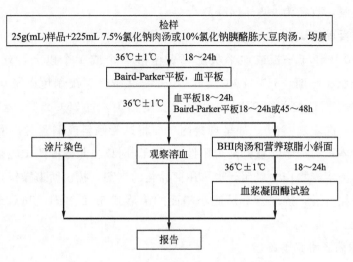

图 10-7　金黄色葡萄球菌定性检验程序

【设备与培养基】

1. 设备

恒温培养箱，冰箱，恒温水浴箱，天平（0.1g），均质器，振荡器，无菌吸管或微量移液器及吸头，无菌锥形瓶，无菌培养皿，无菌毛细管，无菌试管，pH 计或精密 pH 试纸，无菌锥形瓶。

2. 培养基和试剂

Baird-Parker 琼脂平板，营养琼脂小斜面，脑心浸出液肉汤（BHI），兔血浆，磷酸盐缓冲液。

【方法与步骤】

1. 样品的制备

（1）固体和半固体样品

称取 25g 样品置盛有 225mL 磷酸盐缓冲液或生理盐水的无菌均质杯内，8000～10000r/min 均质 1～2min，或置盛有 225mL 稀释液的无菌均质袋中，用拍击式均质器拍打 1～2min，制成 1∶10 的样品匀液。

（2）液体样品

以无菌吸管吸取 25mL 样品置盛有 225mL 磷酸盐缓冲液或生理盐水的无菌锥形瓶（瓶内预置适当数量的无菌玻璃珠）中，充分混匀，制成 1∶10 的样品匀液。

2. 样品的稀释

用 1mL 无菌吸管或微量移液器吸取 1∶10 样品匀液 1mL，沿管壁缓慢注于盛有 9mL 稀释液的无菌试管中（注意吸管或吸头尖端不要触及稀释液面），振摇试管或换用 1 支 1mL 无菌吸管反复吹打使其混合均匀，制成 1∶100 的样品匀液。依次制成 1∶

1000，1：10000……每递增稀释一次，换用 1 次 1mL 无菌吸管或吸头。

3. 样品的接种

根据对样品污染状况的估计，选择 2～3 个适宜稀释度的样品匀液（液体样品可包括原液），在进行 10 倍递增稀释时，每个稀释度分别吸取 1mL 样品匀液以 0.3mL、0.3mL、0.4mL 接种量分别接种入三块 Baird-Parker 平板，然后用无菌涂布棒整个平板，注意不要触及平板边缘。（注：使用前，如 Baird-Parker 平板表面有水珠，可放在 25～50℃的培养箱里干燥，直到平板表面的水珠消失。）

4. 培养

在通常情况下，涂布后，将平板静置 10min，如样液不易吸收，可将平板放在培养箱 36℃±1℃培养 1h；等样品匀液吸收后翻转平皿，倒置于培养箱，36℃±1℃培养，45～48h。

5. 典型菌落的确认

金黄色葡萄球菌在 Baird-Parker 平板上，菌落直径为 2～3mm，颜色呈灰色到黑色，边缘为淡色，周围为一混浊带，在其外层有一透明圈。用接种针接触菌落有似奶油至树胶样的硬度，偶然会遇到非脂肪溶解的类似菌落；但无混浊带及透明圈。长期保存的冷冻或干燥食品中所分离的菌落比典型菌落所产生的黑色较淡些，外观可能粗糙并干燥。

6. 血浆凝固酶试验

从典型菌落中任选 5 个菌落（小于 5 个全选），分别做血浆凝固酶试验。

【结果与报告】

将平板上菌落数结果记录在下表中，并按下述方法计算结果。

菌落数　　稀释　样品	10^{-1} (1)(2)平均值	10^{-2} (1)(2)平均值	10^{-3} (1)(2)平均值	菌落总数 /(cfu/mL)
A				
B				
C				
D				

注：如 T 值为 0，则以小于 1 乘以最低稀释倍数报告。

选择有典型的金黄色葡萄球菌菌落的平板，且同一稀释度 3 个平板所有菌落数合计在 20～200CFU 之间的平板，计数典型菌落数。如果：

a. 只有一个稀释度平板的菌落数在 20～200CFU 之间且有典型菌落，计数该稀释度平板上的典型菌落；

b. 最低稀释度平板的菌落数小于 20CFU 且有典型菌落，计数该稀释度平板上的典型菌落；

c. 某一稀释度平板的菌落数大于 200CFU 且有典型菌落，但下一稀释度平板上没有典型菌落，应计数该稀释度平板上的典型菌落；

d. 某一稀释度平板的菌落数大于 200CFU 且有典型菌落，且下一稀释度平板上有典型菌落，但其平板上的菌落数不在 20～200CFU 之间，应计数该稀释度平板上的典型菌落。

以上按公式(1) 计算。

$$T = \frac{Cd}{AB} \tag{1}$$

式中　T——样品中金黄色葡萄球菌菌落数；

　　　A——某一稀释度典型菌落的总数；

　　　B——某一稀释度血浆凝固酶阳性的菌落数；

　　　C——某一稀释度用于血浆凝固酶试验的菌落数；

　　　d——稀释因子。

e. 2 个连续稀释度的平板菌落数均在 20～200CFU 之间，按公式(2) 计算。

$$T = \frac{A_1 B_1 / C_1 + A_2 B_2 / C_2}{1.1d} \tag{2}$$

式中　T——样品中金黄色葡萄球菌菌落数；

　　　A_1——第一稀释度（低稀释倍数）典型菌落的总数；

　　　A_2——第二稀释度（高稀释倍数）典型菌落的总数；

　　　B_1——第一稀释度（低稀释倍数）血浆凝固酶阳性的菌落数；

　　　B_2——第二稀释度（高稀释倍数）血浆凝固酶阳性的菌落数；

　　　C_1——第一稀释度（低稀释倍数）用于血浆凝固酶试验的菌落数；

　　　C_2——第二稀释度（高稀释倍数）用于血浆凝固酶试验的菌落数；

　　1.1——计算系数；

　　　d——稀释因子（第一稀释度）。

【思考题】

1. 金黄色葡萄球菌平板计数法为何要进行血浆凝固酶试验？

2. 金黄色葡萄球菌平板计数法的结果计算与大肠杆菌平板计数法的结果计算有何不同？

附：金黄色葡萄球菌平板计数程序（图 10-8）

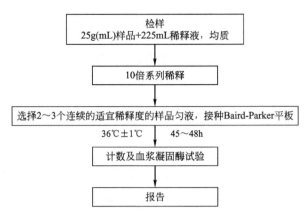

图 10-8 金黄色葡萄球菌平板计数程序

三、金黄色葡萄球菌 MPN 计数

【目的】

掌握食品中金黄色葡萄球菌的 MPN 计数法。

【设备与培养基】

1. 设备

恒温培养箱,冰箱,恒温水浴箱,天平(0.1g),均质器,振荡器,无菌吸管或微量移液器及吸头,无菌锥形瓶,无菌培养皿,无菌毛细管,无菌试管,pH 计或精密 pH 试纸,无菌锥形瓶,注射器,等。

2. 培养基和试剂

Baird-Parker 琼脂平板,营养琼脂小斜面,脑心浸出液肉汤(BHI),兔血浆,磷酸盐缓冲液。

【方法与步骤】

1. 样品的制备与稀释

同 Baird-Parker 平板计数。

2. 接种和培养

根据对样品污染状况的估计,选择 3 个适宜稀释度的样品匀液(液体样品可包括原液),在进行 10 倍递增稀释时,每个稀释度分别吸取 1mL 样品匀液接种到 10% 氯化钠胰酪胨大豆肉汤管,每个稀释度接种 3 管,将上述接种物于 36℃±1℃ 培养 45～48h。用接种环从有细菌生长的各管中,移取 1 环,分别接种 Baird-Parker 平板,36℃±1℃ 培养 45～48h。

3. 典型菌落确认

同 Baird-Parker 平板计数。

4. 血浆凝固酶试验

从典型菌落中至少挑取 1 个菌落接种到 BHI 肉汤和营养琼脂斜面，36℃±1℃培养18～24h。进行血浆凝固酶试验，见金黄色葡萄球菌的定性检验。

【结果与报告】

计算各样品血浆凝固酶试验阳性菌落对应的管数，并记录在下表中，检索 MPN表，报告每克或毫升样品中金黄色葡萄球菌的最可能数，以 MPN/g（mL）表示。

样品 \ 阳性管数 稀释度	0.1	0.01	0.001	大肠菌群/(MPN/mL)
A				
B				
C				
D				

【思考题】

1. 金黄色葡萄球菌 MPN 计数的意义？

2. 在食品金黄色葡萄球菌检测中定性检验、平板计数和 MPN 计数均要进行吗？为什么？

附：金黄色葡萄球菌 MPN 计数程序（图 10-9）

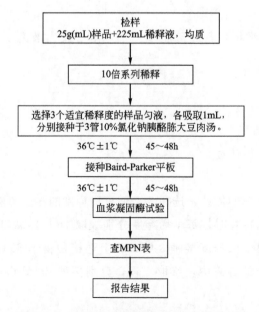

图 10-9 金黄色葡萄球菌 MPN 计数程序

四、葡萄球菌肠毒素检验

【目的】

1. 了解和掌握葡萄球菌肠毒素检验的实验原理。
2. 掌握葡萄球菌肠毒素检验的国标方法。

【概述】

本方法可用 A、B、C、D、E 型金黄色葡萄球菌肠毒素分型酶联免疫吸附试剂盒完成。国标法测定的基础是酶联免疫吸附反应（ELISA）。96 孔酶标板的每一个微孔条的 A～E 孔分别包被了 A、B、C、D、E 型葡萄球菌肠毒素抗体，H 孔为阳性质控，已包被混合型葡萄球菌肠毒素抗体，F 和 G 孔为阴性质控，包被了非免疫动物的抗体。样品中如果有葡萄球菌肠毒素，游离的葡萄球菌肠毒素则与各微孔中包被的特定抗体结合，形成抗原抗体复合物，其余未结合的成分在洗板过程中被洗掉；抗原抗体复合物再与过氧化物酶标记物（二抗）结合，未结合上的酶标记物在洗板过程中被洗掉；加入酶底物和显色剂并孵育，酶标记物上的酶催化底物分解，使无色的显色剂变为蓝色；加入反应终止液可使颜色由蓝变黄，并终止了酶反应；以 450nm 波长的酶标仪测量微孔溶液的吸光度值，样品中的葡萄球菌肠毒素与吸光度值成正比。

【设备与培养基】

1. 试剂

除另有规定外，所用试剂均为分析纯，试验用水应符合 GB/T6682 对一级水的规定。

（1）A、B、C、D、E 型金黄色葡萄球菌肠毒素分型 ELISA 检测试剂盒。

（2）pH 试纸，范围在 3.5～8.0，精度 0.1。

（3）0.25mol/L、pH8.0 的 Tris 缓冲液。

将 121.1g 的 Tris 溶解到 800mL 的去离子水中，待温度冷至室温后，加 42mL 浓 HCl，调 pH 值至 8.0。

（4）pH7.4 的磷酸盐缓冲液

称取 $NaH_2PO_4 \cdot H_2O$ 0.55g（或 $NaH_2PO_4 \cdot 2H_2O$ 0.62g）、$Na_2HPO_4 \cdot 2H_2O$ 2.85g（或 $Na_2HPO_4 \cdot 12H_2O$ 5.73g）、NaCl 8.7g 溶于 1000mL 蒸馏水中，充分混匀即可。

（5）肠毒素产毒培养基

① 成分　蛋白胨 20.0g，胰消化酪蛋白 200mg（氨基酸），氯化钠 5.0g，磷酸氢二钾 1.0g，磷酸二氢钾 1.0g，氯化钙 0.1g，硫酸镁 0.2g，苯酸 0.01g，蒸馏水 1000mL；pH7.2～7.4。

② 制法　将所有成分混于水中，溶解后调节 pH，121℃高压灭菌 30min。

（6）营养琼脂

① 成分 蛋白胨 10.0g，牛肉膏 3.0g，氯化钠 5.0g，琼脂 15.0～20.0g，蒸馏水 1000mL。

② 制法 将除琼脂以外的各成分溶解于蒸馏水内，加入 15％氢氧化钠溶液约 2mL，校正 pH 至 7.2～7.4。加入琼脂，加热煮沸，使琼脂溶化。分装烧瓶，121℃高压灭菌 15min。

（7）庚烷和 10％次氯酸钠溶液。

2. 仪器设备

电子天平（0.01g），均质器，离心机，滤器（滤膜孔径 0.2μm），微量加样器，微量多通道加样器，自动洗板机（可选择使用），酶标仪（波长 450nm）。

【方法与步骤】

1. 从分离菌株培养物中检测葡萄球菌肠毒素方法

待测菌株接种营养琼脂斜面（试管 18mm×180mm）37℃培养 24h，用 5mL 生理盐水洗下菌落，倾入 60mL 肠毒素产毒培养基中，每个菌种接种一瓶，37℃振荡培养 48h，振速为 100 次/min，吸出菌液离心，8000r/min，20min，加热 100℃，10min，取上清液，取 100μL 稀释后的样液进行试验。

2. 从食品中提取和检测葡萄球菌毒素方法

（1）乳和乳粉

将 25g 乳粉溶解到 125mL、0.25mol/L、pH8.0 的 Tris 缓冲液中，混匀后同液体乳一样按以下步骤制备。将乳于 15℃，3500r/min 离心 10min。将表面形成的一层脂肪层移走，变成脱脂乳。用蒸馏水对其进行稀释（1∶20）。取 100μL 稀释后的样液进行试验。

（2）脂肪含量不超过 40％的食品

称取 10g 样品绞碎，加入 pH7.4 的 PBS 液 15mL 进行均质。振摇 15min。于 15℃，3500r/min 离心 10min。必要时，移去上面脂肪层。取上清液进行过滤除菌。取 100μL 的滤出液进行试验。

（3）脂肪含量超过 40％的食品

称取 10g 样品绞碎，加入 pH7.4 的 PBS 液 15mL 进行均质。振摇 15min。于 15℃，3500r/min 离心 10min。吸取 5mL 上层悬浮液，转移到另外一个离心管中，再加入 5mL 的庚烷，充分混匀 5min。于 15℃，3500r/min 离心 5min。将上部有机相（庚烷层）全部弃去，注意该过程中不要残留庚烷。将下部水相层进行过滤除菌。取 100μL 滤出液进行试验。

（4）其他食品可酌情参考上述食品处理方法。

3. 检测

（1）所有操作均应在室温（20～25℃）下进行，A、B、C、D、E 型金黄色葡萄球菌肠毒素分型 ELISA 检测试剂盒中所有试剂的温度均应回升至室温方可使用。测定中吸取不同的试剂和样品溶液时应更换吸头，用过的吸头以及废液要浸泡到 10％次氯酸钠溶液中过夜。

（2）将所需数量的微孔条插入框架中（一个样品需要一个微孔条）。将样品液加入微孔条的 A～G 孔，每孔 100μL。H 孔加 100μL 的阳性对照，用手轻拍微孔板充分混匀，用黏胶纸封住微孔以防溶液挥发，置室温下孵育 1h。

（3）将孔中液体倾倒至含 10％次氯酸钠溶液的容器中，并在吸水纸上拍打几次以确保孔内不残留液体。每孔用多通道加样器注入 250μL 的洗液，再倾倒掉并在吸水纸上拍干。重复以上洗板操作 4 次。本步骤也可由自动洗板机完成。

（4）每孔加入 100μL 的酶标抗体，用手轻拍微孔板充分混匀，置室温下孵育 1h。

（5）重复 3.3 的洗板程序。

（6）加 50μL 的 TMB 底物和 50μL 的发色剂至每个微孔中，轻拍混匀，室温黑暗避光处孵育 30min。

（7）加入 100μL 的 2mol/L 硫酸终止液，轻拍混匀，30min 内用酶标仪在 450nm 波长条件下测量每个微孔溶液的 OD 值。

【结果与报告】

1. 质量控制

测试结果阳性质控的 OD 值要大于 0.5，阴性质控的 OD 值要小于 0.3，如果不能同时满足以上要求，测试的结果不被认可。对阳性结果要排除内源性过氧化物酶的干扰。

2. 临界值的计算

每一个微孔条的 F 孔和 G 孔为阴性质控，两个阴性质控 OD 值的平均值加上 0.15 为临界值。

示例：阴性质控 1＝0.08

阴性质控 2＝0.10

平均值＝0.09

临界值＝0.09＋0.15＝0.24

3. 结果表述

OD 值小于临界值的样品孔判为阴性，表述为样品中未检出某型金黄色葡萄球菌肠毒素；OD 值大于或等于临界值的样品孔判为阳性，表述为样品中检出某型金黄色葡萄球菌肠毒素。

【生物安全】

因样品中不排除有其他潜在的传染性物质存在，所以要严格按照 GB 19489 对废弃物进行处理。

实验二十一 食品中副溶血性弧菌检验 (GB/T 4789.7—2008)

【目的】

1. 掌握副溶血性弧菌的生物学特性。
2. 掌握食品中副溶血性弧菌的检验方法。

【概述】

典型的副溶血性弧菌在 TCBSL 呈圆形、半透明、表而光滑的绿色菌落，用接种环轻触，有类似口香糖的质感，直径 2~3mm；在弧菌显色培养基上呈圆形、半透明、表面光滑的粉紫色菌落，直径 2~3mm。国标法通过增菌，划线分离出典型的副溶血性弧菌，然后进行定性和定量检验。定性检验是通过氧化酶、革兰染色、嗜盐性试验等生化试验，鉴定是否副溶血性弧菌（表 10-8）。副溶血性弧菌主要性状与其他弧菌的鉴别见表 10-9。定量检验是通过副溶血性弧菌阳性管数，查 MPN 表，计算每克（毫升）副溶血性弧菌的 MPN 值。

表 10-8　副溶血性弧菌的生化性状

试 验 项 目	结　果
革兰染色镜检	阴性,无芽孢
氧化酶	+
动力	+
蔗糖	-
葡萄糖	+
甘露醇	+
分解葡萄糖产气	-
乳糖	-
硫化氢	-
赖氨酸脱羧酶	+
V-P	-
ONPG	-

注：＋阳性；－阴性。

【设备与培养基】

1. 设备

恒温培养箱，冰箱，恒温水浴箱，天平（0.01g），均质器，振荡器，无菌吸管或

表 10-9　副溶血性弧菌主要性状与其他弧菌的鉴别

名称	氧化酶	赖氨酸	精氨酸	鸟氨酸	明胶	脲酶	V-P	42℃生长	蔗糖	D-纤维二糖	乳糖	阿拉伯糖	D-甘露糖	D-甘露醇	ONPG	嗜盐性试验 氯化钠含量/%				
																0	3	6	8	10
副溶血性弧菌 V. parahaemolyticus	+	+	-	+	+	V	-	+	-	V	-	+	+	+	-	-	+	+	+	-
创伤弧菌 V. vulnificus	+	+	-	+	+	+	-	+	+	+	+	-	+	V	+	-	+	+	-	-
溶藻弧菌 V. alginolyticus	+	+	-	+	+	+	+	+	+	-	+	-	+	+	-	-	+	+	+	+
霍乱弧菌 V. cholerae	+	+	-	+	+	-	V	+	+	-	+	-	+	+	+	+	+	+	-	-
拟态弧菌 V. mimicus	+	+	-	+	+	-	+	+	-	-	+	-	+	+	+	+	+	+	-	-
河弧菌 V. fluvialis	+	-	+	-	+	+	V	+	+	+	+	+	+	+	-	-	+	+	V	-
弗氏弧菌 V. furnissii	+	-	+	-	+	+	+	+	+	+	+	+	+	+	-	-	+	+	-	-
梅氏弧菌 V. metschnikovii	-	+	+	-	+	+	V	+	+	-	+	+	+	+	-	+	+	+	V	-
霍利斯弧菌 V. hollisae	+	-	-	-	+	+	nd	-	-	+	+	+	+	-	-	+	+	+	-	-

注：nd 表示未试验；V 表示可变。

微量移液器及吸头，无菌锥形瓶，无菌培养皿，无菌毛细管，无菌试管，pH 计或精密 pH 试纸，无菌锥形瓶，全自动微生物鉴定系统（VITEK）。

2. 培养基

（1）3%氯化钠碱性蛋白胨水（APW）

① 成分　蛋白胨 10.0g，氯化钠 30.0g，蒸馏水 1000mL；pH 8.5±0.2。

② 制法　将上述成分混合，121℃高压灭菌 10min。

（2）硫代硫酸盐柠檬酸盐-胆盐-蔗糖（TCBS）

① 成分　多价蛋白胨 10.0g，酵母浸膏 5.0g，柠檬酸钠 10.0g，硫代硫酸钠 10.0g，氯化钠 10.0g，牛胆汁粉 5.0g，柠檬酸铁 1.0g，胆酸钠 3.0g，蔗糖 20g，溴麝香草酚蓝 0.04g，麝香草酚蓝 0.04g，琼脂 15.0g，蒸馏水 1000mL。

② 制法　加热煮沸至完全溶解，最终的 pH 应为 8.6±0.2。冷至 50℃倾注平板，备用。

（3）3%氯化钠胰蛋白胨大豆（TSA）琼脂

① 成分　胰蛋白胨 15.0g，大豆蛋白胨 5.0g，氯化钠 30.0g，琼脂 15.0g，蒸馏水 1000mL。

② 制法　将上述成分混合，加热并轻轻搅拌至溶解，121℃高压灭菌 15min，调节 pH 至 7.3±0.2。

（4）3％氯化钠三糖铁（TSI）琼脂

① 成分　蛋白胨 15.0g，胨蛋白胨 5.0g，牛肉膏 3.0g，酵母浸膏 3.0g，氯化钠 30.0g，乳糖 10.0g，蔗糖 10.0g，葡萄糖 1.0g，硫酸亚铁 0.2g，苯酚红 0.024g，硫代硫酸钠 0.3g，琼脂 12.0g，蒸馏水 1000mL。

② 制法　调节 pH，使灭菌后为 7.4±0.2。分装到适当容量的试管中。121℃高压灭菌 15min，制成斜面，斜面长 4～5cm。

（5）嗜盐性试验培养基

① 成分　胰蛋白胨 10.0g，氯化钠按不同量加入，蒸馏水 1000mL；pH 7.2±0.2。

② 制法　配制胰蛋白胨水，校正 pH，共配制 4 瓶，每瓶 100mL。每瓶分别加入不同量的氯化钠：不加；3g；6g；10g。121℃高压灭菌 15min，在无菌条件下分装试管。

（6）3％氯化钠甘露醇试验培养基

① 成分　牛肉膏 5.0g，蛋白胨 3.0g，氯化钠 3.0g，磷酸二氢钠 2.0g，0.2％溴麝香草酚蓝溶液 12.0mL，蒸馏水 1000mL；pH7.4。

② 制法　将上述成分配好后，分装每瓶 100mL，121℃高压灭菌 15min。另配 10％甘露醇溶液，同时高压灭菌。将 5mL 糖溶液加入于 10mL 培养基内，以无菌操作分装小试管。

③ 试验方法　从琼脂斜面上挑去培养物接种，于 36℃±1℃培养不少于 24h，观察结果。甘露醇阳性者培养物呈黄色，阴性者为紫色。

（7）3％氯化钠赖氨酸脱羧酶试验培养基

① 成分　蛋白胨 5.0g，酵母浸膏 3.0g，葡萄糖 1.0g，蒸馏水 1000mL，1.6％溴甲酚紫-乙醇溶液 1.0mL，L-赖氨酸 0.5g/100mL 或 1.0g/100mL，氯化钠 30.0g，蒸馏水 1000mL。

② 制法　除赖氨酸以外的成分加热熔解后，分装每瓶 100mL，校正 pH 6.8。再按 0.5％的比例加入赖氨酸，对照培养基不加赖氨酸。分装于灭菌的小试管内，每管 0.5mL，上面滴加一层液体石蜡，115℃高压灭菌 10min。

③ 试验方法　从琼脂斜面上挑取培养物接种，36℃±1℃培养不少于 24h，观察结果。赖氨酸脱羧酶阳性者由于碱中和葡萄糖产酸，故培养基仍应呈紫色。阳性者无碱性产物，但因葡萄糖产酸而使培养基变为黄色。对照管应为黄色。

（8）3％氯化钠 MR-VP 培养基

① 成分　多胨 7.0g，葡萄糖 5.0g，磷酸二氢钾 5.0g，氯化钠 30.0g，蒸馏水 1000mL；pH6.9±0.2。

② 制法　将各成分溶于蒸馏水中，分装试管，121℃高压灭菌 15min。

（9）我妻血琼脂

① 成分　酵母浸膏 3.0g，蛋白胨 10.g，氯化钠 70.0g，磷酸二氢钾 5.0g，甘露醇 10.0g，结晶紫 0.001g，琼脂 15.0g，蒸馏水 1000mL。

② 制法　将上述成分混合，加热至100℃保持30min，冷至46~50℃，与50mL预先洗涤的新鲜人或兔红细胞（含抗凝血剂）混合，倾注平板。彻底干燥平板，尽快使用。

（10）氧化酶试剂

① 试剂　1%盐酸二甲基对苯二胺溶液（少量新鲜配制，于冰箱内避光保存）；1%α-苯酚-乙醇溶液。

② 试验方法　取白色洁净滤纸沾取菌落，加盐酸二甲基对苯二胺溶液一滴，阳性者呈现粉红色，并逐渐加深；再加α-苯酚-乙醇溶液一滴，阳性者于0.5min内呈现鲜蓝色。阴性于2min内不变色。

以毛细吸管吸取试剂，直接滴加于菌落上，其显色反应与以上相同。

（11）ONPG试剂

缓冲液：称取磷酸二氢钠6.9g溶于蒸馏水，调节pH至7.0，定容至50.0mL。

ONPG溶液：

① 成分　邻硝基酚-β-D-半乳糖苷（ONPG）0.08g，蒸馏水15.0mL，缓冲液5.0mL。

② 制法　将ONPG在37℃的蒸馏水中溶解，加入缓冲液。ONPG溶液置冰箱保存，试验前，将所需用量的ONPG溶液加热至37℃。

（12）Voges-Proskauer（V-P）试剂

① 成分　甲液：α-苯酚5.0g，无水乙醇100mL。

乙液：氢氧化钾40.0g，蒸馏水100mL。

② 试验方法　将3%氯化钠胰蛋白胨大豆琼脂生长物接种3%氯化钠MR-VP培养基，36℃±1℃培养48h。取1mL培养物，转放到一个试管内，加0.6mL甲液，摇动；加0.2mL乙液，摇动。随意加一点肌酸结晶，4h后观察结果，阳性结果呈现伊红的粉红色。

（13）其他

弧菌显色培养基，API20E生化鉴定试剂盒或VITEK NFC生化鉴定卡，革兰染色液。

【方法与步骤】

1. 样品制备

（1）冷冻样品应在45℃以下不超过15min或在2~5℃不超过18h解冻，若不能及时检验，应放于-15℃左右保存；非冷冻而易腐蚀的样品应尽可能及时检验，若不能及时检验，应置2~5℃冰箱保存，在24h内检验。

（2）鱼类和头足类动物取表面组织、肠或鳃。贝类取全部内容物，包括贝肉和体液；甲壳类取整个动物，或者动物的中心部分，包括肠和鳃，如为带壳贝类或甲壳类，应先在自来水中洗刷外壳并甩干表面水分，然后以无菌操作打开外壳，按上述要求取相应部分。

（3）以无菌操作取检样 25g（mL），加入 3％氯化钠碱性蛋白胨水 225mL，用旋转刀片式均质器以 8000r/min 均质 1min，或拍击式均质器拍击 2min，制备成 1∶10 的均匀稀释液。如无均质器，则将样品放入无菌乳钵中磨碎，然后放在 500mL 的灭菌容器内，加 225mL 3％氯化钠碱性蛋白胨水，并充分振荡。

2. 增菌

（1）定性检测

将上述 1∶10 稀释液于 36℃±1℃培养 8～18h。

（2）定量检测

用灭菌吸管吸取 1∶10 稀释液 1mL，注入含有 9mL 3％氯化钠碱性蛋白胨水的试管内，振摇试管混匀，制备 1∶100 的稀释液。依次制备 1∶1000，1∶10000……每递增稀释一次，换用一支 1mL 灭菌吸管。根据对检样污染情况的估计，选择三个连续的适宜稀释度，每个稀释度接种三支含有 9mL 3％氯化钠碱性蛋白胨水的试管，每管接种 1mL。置 36℃±1℃恒温箱内，培养 8～18h。

3. 分离

在所有显示生长的试管或增菌液中用接种环沾取一环，于 TCBS 平板或弧菌显色培养基平板上划线分离。一支试管划线一块平板，于 36℃±1℃培养 18～24h。典型的副溶血性弧菌在 TCBSL 呈圆形、半透明、表而光滑的绿色菌落，用接种环轻触，有类似口香糖的质感，直径 2～3mm。从培养箱取出 TCBS 平板后，应尽快（不超过 1h）挑取菌落或标记要挑取的菌落。典型的副溶血性弧菌在弧菌显色培养基上呈圆形、半透明、表面光滑的粉紫色菌落，直径 2～3mm。

4. 纯培养

挑取 3 个或以上可疑菌落，划线 3％氯化钠胰蛋白胨大豆琼脂平板，36℃±1℃培养 18～24h。

5. 初步鉴定

（1）氧化酶试验

挑选纯培养的单个菌落进行氧化酶试验，副溶血性弧菌为氧化酶阳性。

（2）涂片镜检

将可疑菌落涂片，进行革兰染色，镜检观察形态。副溶血性弧菌为革兰阴性，呈棒状、弧状、卵圆状等多形态，无芽孢，有鞭毛。

（3）3％氯化钠三糖铁试验

挑取纯培养的单个可疑菌落，接种 3％氯化钠三糖铁琼脂斜面并穿刺底层，35℃±1℃培养 24h 观察结果。副溶血性弧菌在 3％氯化钠三糖铁琼脂中的反应为底层变黄不变黑，无气泡，斜面颜色不变或红色加深，有动力。

（4）嗜盐性试验

挑取纯培养的单个可疑菌落，分别接种于不同氯化钠浓度的胰胨水，36℃±1℃培养24h观察液体混浊情况。副溶血性弧菌在无氯化钠和10%氯化钠的胰胨水中不生长或微弱生长，在7%氯化钠的胰胨水中生长旺盛。

6．确定鉴定

（1）生化试验

取纯培养物分别接种含3%氯化钠的甘露醇、赖氨酸、MR-VP培养基，36℃±1℃培养24~48h后观察结果。隔夜培养物进行ONPG试验。

（2）API 20E生化鉴定试剂盒或VITEK

刮取3%氯化钠胰蛋白胨大豆琼脂平板上的单个菌落，用生理盐水制备成浊度适当的细胞悬浮液。使用API 20E生化鉴定试剂盒或VITEK鉴定。

7．血清学分型（可选择）

（1）制备

接种两管3%氯化钠胰蛋白胨大豆琼脂试管斜面36℃±1℃培养18~24h。用含3%氯化钠的5%甘油溶液冲洗3%氯化钠胰蛋白胨大豆琼脂斜面培养物，获得浓厚的菌悬液。

（2）K抗原的鉴定

取一管上述制备好的菌悬液，首先用多价K抗血清进行检测，出现凝集反应时再用单个的抗血清进行检测。用蜡笔在一张玻片上划出适当数量的间隔和一个对照间隔。在每个间隔内各滴加一滴菌悬液并加一滴相当的K血清。在对照间隔内加一滴3%氯化钠溶液。轻微倾斜玻片，使各成分相混合，再前后倾动玻片1min。阳性凝集反应应可以立即观察到。

（3）O抗原的鉴定

将另外一管的菌悬液转移到离心管内，121℃灭菌1h。灭菌后4000r/min离心15min，弃去上层液体，沉淀用生理盐水洗3次，每次4000r/min离心15min，最后一次离心后留少许上层液体，将细胞浆弹起制成菌悬液。用蜡笔将玻片划分成相等的间隔。在每个间隔内加入一滴菌悬液，将O群血清分别加一滴到间隔内，最后一个间隔加一滴生理盐水作为自凝对照。轻微倾斜玻片，使各成分相混合，再前后倾动玻片1min。阳性凝集反应应可以立即观察到，如果未见到与O群血清的凝集反应，将菌悬液121℃再次高压灭菌后，重新检测。如果仍旧为阳性，则培养物的O抗原属于未知。根据表10-10报告学清学分型结果。

8．神奈川试验

神奈川试验是在我妻琼脂上测试是否存特定溶血素。神奈川试验阳性结果与副溶血性弧菌分离株的致病性显著相关。

用接种环将测试菌株的3%氯化钠胰蛋白胨大豆琼脂18h培养物点种表面干燥的我妻血琼脂平板。每个平板可以环状点种几个菌。35℃±1℃培养不超过24h，并立即观察。阳性结果为菌落周围呈半透明环的β溶血。

表 10-10 副溶血性弧菌的抗原

O 群	K 型
1	1,5,20,25,26,32,38,41,56,58,60,64,69
2	3,28
3	4,5,6,7,25,29,30,31,33,37,43,45,48,54,56,57,58,59,72,75
4	4,8,9,10,11,12,13,34,42,49,53,55,63,67,68,73
5	15,17,30,47,60,61,68
6	18,46
7	19
8	20,21,22,39,41,70,74
9	23,44
10	24,71
11	19,36,40,46,50,51,61
12	19,52,61,66
13	65

【结果与报告】

1. 定性检验结果记录

将各样品中检出的可疑菌落的各项检验结果记录在下表，并综合生化性状，报告 25g（mL）样品中检出副溶血性弧菌。

检验项目 ＼ 样品	A	B	C
革兰染色镜检			
氧化酶			
动力			
蔗糖			
葡萄糖			
甘露醇			
分解葡萄糖产气			
乳糖			
硫化氢			
赖氨酸脱羧酶			
V-P			
ONPG			
检验结果			

2.定量检验结果记录

计算各样品副溶血性弧菌阳性的试管管数，并记录在下表中，检索 MPN 表，报告每克或毫升样品中副溶血性弧菌阳性的可能数，以 MPN/g（mL）表示。

阳性管数 / 稀释度 ⟍ 样品	0.1	0.01	0.001	副溶血性弧菌/（MPN/mL）
A				
B				
C				

【思考题】

1.副溶血性弧菌的形态与染色特点是什么？

2.副溶血性弧菌的生化特性中最有特点的是哪个项目，如何利用这个项目，诊断某细菌是否是副溶血性弧菌？

3.副溶血性弧菌在氯化钠三糖铁和嗜盐选择性平板上培养特征如何？

附：副溶血性弧菌检验程序（图 10-10）

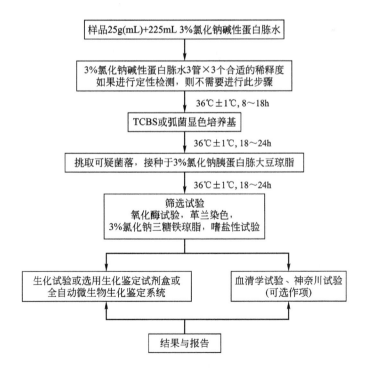

图 10-10 副溶血性弧菌检验程序

实验二十二 食品中单核细胞增生李斯特菌的检验 (GB 4789.30—2010)

【目的】

1. 掌握单核细胞增生李斯特菌的生物学特性。

2. 掌握食品中单核细胞增生李斯特菌的检验方法。

【概述】

单核细胞增生李斯特菌菌落在 PALCAM 琼脂平板上为小的圆形灰绿色菌落，周围有棕黑色水解圈，有些菌落有黑色凹陷。国标法通过增菌、划线，初筛出典型的单核细胞增生李斯特菌，然后进行染色镜检，动力试验，生化鉴定，协同溶血试验，鉴定是否是单核细胞增生李斯特菌（表 10-11）。

表 10-11 单核细胞增生李斯特菌生化特征与其他李斯特菌的区别

菌 种	溶血反应	葡萄糖	麦芽糖	MR-VP	甘露醇	鼠李糖	木糖	七叶苷
单核细胞增生李斯特菌 (L. monocytogenes)	+	+	+	+/+	−	+	−	+
格氏李斯特菌 (L. grayi)	−	+	+	+/+	+	−	−	+
斯氏李斯特菌 (L. seeligeri)	+	+	+	+/+	−	−	+	+
威氏李斯特菌 (L. welshimeri)	−	+	+	+/+	−	V	+	+
伊氏李斯特菌 (L. ivanovii)	+	+	+	+/+	−	−	+	+
英诺克李斯特菌 (L. innocua)	−	+	+	+/+	−	V	−	+

注：＋阳性；−阴性；V 反应不定。

【设备与培养基】

1. 设备

除微生物实验室常规无菌及培养设备外，其他设备如下：

冰箱，天平（0.1g），均质器，离心管，无菌注射器，pH 计或精密 pH 试纸，无菌锥形瓶，全自动微生物鉴定系统（VITEK）。

2. 材料

金黄色葡萄球菌（ATCC25923），马红球菌（Rhodococcus equi），小白鼠。

3. 培养基和试剂

（1）含 0.6％酵母浸膏的胰酪胨大豆肉汤（TSB-YE）

① 成分　胰胨 17.0g，多价胨 3.0g，酵母膏 6.0g，氯化钠 5.0g，磷酸氢二钾 2.5g，葡萄糖 2.5g，蒸馏水 1000mL；pH 7.2～7.4。

② 制法　将上述各成分加热搅拌溶解，调节 pH，分装，121℃高压灭菌 15min，备用。

（2）含 0.6％酵母浸膏的胰酪胨大豆琼脂（TSA-YE）

① 成分　胰胨 17.0g，多价胨 3.0g，酵母膏 6.0g，氯化钠 5.0g，磷酸氢二钾 2.5g，葡萄糖 2.5g，琼脂 15.0g，蒸馏水 1000mL；pH 7.2～7.4。

② 制法　将上述各成分加热搅拌溶解，调节 pH，分装，121℃高压灭菌 15min，备用。

（3）李氏增菌肉汤 LB（LB1，LB2）

① 李氏增菌肉汤基础培养基　胰胨 5.0g，多价胨 5.0g，酵母膏 5.0g，氯化钠 20.0g，磷酸二氢钾 1.4g，磷酸氢二钠 12.0g，七叶苷 1.0g，蒸馏水 1000mL；pH 7.2～7.4；121℃高压灭菌 15min，备用。

② 李氏Ⅰ液（LB1）制法　量取 225mL 李氏增菌肉汤 LB（灭菌），加入 0.5mL 1％萘啶酮酸（用 0.05mol/L 氢氧化钠溶液配制），再加入 0.3mL 1％吖啶黄（用无菌蒸馏水配制），制成李氏Ⅰ液（LB1）。

③ 李氏Ⅱ液（LB2）制法　量取 200mL 李氏增菌肉汤 LB（灭菌），加入 0.4mL 1％萘啶酮酸，再加入 0.5mL 1％吖啶黄。

（4）PALCAM 琼脂

① PALCAM 基础培养基　酵母膏 8.0g，葡萄糖 0.5g，七叶苷 0.8g，柠檬酸铁铵 0.5g，甘露醇 10.0g，酚红 0.1g，氯化锂 15.0g，酪蛋白胰酶消化物 10.0g，心胰酶消化物 3.0g，玉米淀粉 1.0g，肉胃酶消化物 5.0g，氯化钠 5.0g，琼脂 15.0g，蒸馏水 1000mL；pH7.2～7.4；121℃高压灭菌 15min，备用。

② PALCAM 选择性添加剂　多黏菌素 B5.0mg，盐酸吖啶黄 2.5mg，头孢他啶 10.0mg，无菌蒸馏水 500mL。

③ 制法　将 PALCAM 基础培养基溶化后冷却到 50℃，加入 2mL PALCAM 选择性添加剂，混匀后倾倒在无菌的平皿中，备用。

（5）SIM 动力培养基

① 成分　胰胨 20.0g，多价胨 6.0g，硫酸铁铵 0.2g，硫代硫酸钠 0.2g，琼脂 3.5g，蒸馏水 1000mL；pH7.2。

② 制法 将上述各成分加热混匀，调节 pH，分装小试管，121℃高压灭菌 15min，备用。

③ 试验方法 挑取纯培养的单个可疑菌落穿刺接种到 SIM 培养基中，于 30℃培养 24～48h，观察结果。

（6）缓冲葡萄糖蛋白胨水［甲基红（MR）和 V-P 试验用］

① 成分 多胨 7.0g，葡萄糖 5.0g，磷酸氢二钾 5.0g，蒸馏水 1000mL；pH7.0。

② 制法 溶化后调节 pH，分装试管，每管 1mL，121℃高压灭菌 15min，备用。

（7）甲基红（MR）试验

① 甲基红试剂的制法 10mg 甲基红溶于 30mL 95％乙醇中，然后加入 20mL 蒸馏水。

② 试验方法 取适量琼脂培养物接种于缓冲葡萄糖蛋白胨水培养基，36℃±1℃培养 2～5d。滴加甲基红试剂一滴，立即观察结果。鲜红色为阳性，黄色为阴性。

（8）V-P 试验

① 6％ α-萘酚-乙醇溶液的制法 取 α-萘酚 6.0g，加无水乙醇溶解，定容至 100mL。

② 试验方法 取适量琼脂培养物接种于缓冲葡萄糖蛋白胨水培养基，36℃±1℃培养 2～4d。加入 6％ α-萘酚-乙醇溶液 0.5mL 和 40％氢氧化钾溶液 0.2mL，充分振摇试管，观察结果。阳性反应立刻或于数分钟内出现红色，如为阴性，应放在 36℃±1℃继续培养 4h 再进行观察。

（9）5％～8％羊血琼脂

① 成分 蛋白胨 1.0g；牛肉膏 0.3g；氯化钠 0.5g；琼脂 1.5g；蒸馏水 100mL；脱纤维羊血 5～10mL。

② 制法 除新鲜脱纤维羊血外，加热溶化上述各组分，121℃高压灭菌 15min，冷却到 50℃，以无菌操作加入新鲜脱纤维羊血，摇匀，倾注平板。

（10）糖发酵管

① 成分 牛肉膏 5.0g，蛋白胨 10.0g，氯化钠 3.0g，磷酸氢二钠 2.0g，0.2％溴麝香草酚蓝溶液 12.0mL，蒸馏水 1000mL。

② 制法 葡萄糖发酵管按上述成分配好后，按 0.5％加入葡萄糖，分装于有一个倒置小管的小试管内，调节 pH 至 7.4，115℃高压灭菌 15min，备用。其他各种糖发酵管可按上述成分配好后，分装每瓶 100mL，115℃高压灭菌 15min。另将各种糖类分别配好 10％溶液，同时高压灭菌。将 5mL 糖溶液加入于 100mL 培养基内，以无菌操作分装小试管。

③ 试验方法 取适量纯培养物接种于糖发酵管，36℃±1℃培养 24～48h，观察结果，蓝色为阴性，黄色为阳性。

（11）过氧化氢酶试验

① 试剂　3%过氧化氢溶液，临用时配制。

② 试验方法　用细玻璃棒或一次性接种针挑取单个菌落，置于洁净试管内，滴加3%过氧化氢溶液2mL，观察结果。30s内发生气泡者为阳性，不发生气泡者为阴性。

（12）其他

李斯特菌显色培养基，生化鉴定试剂盒，革兰染液。

【方法与步骤】

1. 增菌

以无菌操作取样品25g（mL）加入到含有225mL LB1增菌液的均质袋中，在拍击式均质器上连续均质1～2min；或放入盛有225mL LB1增菌液的均质杯中，8000～10000r/min均质1～2min。于30℃±1℃培养24h，移取0.1mL，转种于10mL LB2增菌液内，于30℃±1℃培养18～24h。

2. 分离

取LB2二次增菌液划线接种于PALCAM琼脂平板和李斯特菌显色培养基上，于36℃±1℃培养24～48h，观察各个平板上生长的菌落。典型菌落在PALCAM琼脂平板上为小的圆形灰绿色菌落，周围有棕黑色水解圈，有些菌落有黑色凹陷；典型菌落在李斯特菌显色培养基上的特征按照产品说明进行判定。

3. 初筛

自选择性琼脂平板上分别挑取5个以上典型或可疑菌落，分别接种在木糖、鼠李糖发酵管，于36℃±1℃培养24h；同时在TSA-YE平板上划线纯化，于30℃±1℃培养24～48h。选择木糖阴性、鼠李糖阳性的纯培养物继续进行鉴定。

4. 鉴定

（1）染色镜检

李斯特菌为革兰阳性短杆菌，大小为(0.4～0.5)μm×(0.5～2.0)μm；用生理盐水制成菌悬液，在油镜或相差显微镜下观察，该菌出现轻微旋转或翻滚样的运动。

（2）动力试验

李斯特菌有动力，呈伞状生长或月牙状生长。

（3）生化鉴定

挑取纯培养的单个可疑菌落，进行过氧化氢酶试验，过氧化氢酶阳性反应的菌落继续进行糖发酵试验和MR-VP试验。单核细胞增生李斯特菌的主要生化特征见表10-11。

（4）溶血试验

将羊血琼脂平板底面划分为20～25个小格，挑取纯培养的单个可疑菌落刺种到血平板上，每格刺种一个菌落，并刺种阳性对照菌（单增李斯特菌和伊氏李斯特菌）和阴性对照菌（英诺克李斯特菌），穿刺时尽量接近底部，但不要触到底面，同时避免琼脂破裂，36℃±1℃培养24～48h，于明亮处观察，单增李斯特菌和斯氏李斯特菌在刺种点周围产生狭小的透明溶血环，英诺克李斯特菌无溶血环，伊氏李斯特菌产生大的透明溶血环。

（5）协同溶血试验（cAMP）

在羊血琼脂平板上平行划线接种金黄色葡萄球菌和马红球菌，挑取纯培养的单个可疑菌落垂直划线接种于平行线之间，垂直线两端不要触及平行线，于30℃±1℃培养24～48h。单核细胞增生李斯特菌在靠近金黄色葡萄球菌的接种端溶血增强，斯氏李斯特菌的溶血也增强，而伊氏李斯特菌在靠近马红球菌的接种端溶血增强。

5. 可选择生化鉴定试剂盒或全自动微生物生化鉴定系统等对初筛中3～5个纯培养的可疑菌落进行鉴定。

6. 小鼠毒力试验（可选择）

将符合上述特性的纯培养物接种于TSB-YE中，于30℃±1℃培养24h，4000r/min离心5min，弃上清液，用无菌生理盐水制备成浓度为1010CFU/mL的菌悬液，取此菌悬液进行小鼠腹腔注射3～5只，每只0.5mL，观察小鼠死亡情况。致病株于2～5d内死亡。试验时可用已知菌作对照。单核细胞增生李斯特菌、伊氏李斯特菌对小鼠有致病性。

【结果与报告】

将各样品的各项检验结果记录在下表，并综合生化试验和溶血试验结果，报告25g（mL）样品中检出或未检出单核细胞增生李斯特菌。

检验项目 ＼ 样品	A		
	重复1	重复2	重复3
溶血反应			
葡萄糖			
麦芽糖			
MR-VP			
甘露醇			
鼠李糖			
木糖			
七叶苷			
革兰染色			
动力试验			
小鼠毒力试验			
检验结果			

【思考题】

1. 在 PALCAM 琼脂培养基中加入七叶苷和柠檬酸铁铵的作用是什么？

2. 在李斯特菌属中为何只检测单核细胞增生李斯特菌？

3. 单核细胞增生李斯特菌的国际标准检测中用的是哪一种选择培养基，其原理是什么？

附：单核细胞增生李斯特菌检验程序（图 10-11）

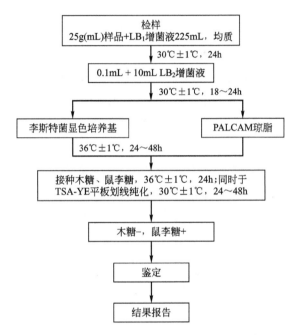

图 10-11　单核细胞增生李斯特菌检验程序

实验二十三　食品中乳酸菌检验（GB 4789.35—2010）

【目的】

1. 了解乳酸菌的作用机理和类型。

2. 掌握食品乳酸菌的检验方法。

【概述】

本标准中乳酸菌主要为乳杆菌属（*Lactobacillus*）、双歧杆菌属（*Bifidobacterium*）和链球菌属（*Streptococcus*）。同一样品，根据微生物生长需求采用不同的选择性培养基培养不同的微生物，MRS 琼脂平板培养乳酸菌，莫匹罗星锂盐（Li-Mupirocin）改良 MRS 琼脂平板培养双歧杆菌，MC 琼脂平板培养嗜热链球菌，并分别计数，然后乳酸菌总数减去双歧杆菌与嗜热链球菌之和即得乳杆菌数。

【设备与培养基】

1. 设备

恒温培养箱，冰箱，天平（0.1g），均质器，振荡器，无菌吸管或微量移液器及吸头，无菌锥形瓶，无菌培养皿，无菌试管，pH 计或精密 pH 试纸，无菌锥形瓶。

2. 培养基

（1）MRS（Man Rogosa Sharpe）培养基

① 成分 蛋白胨 10.0g，牛肉粉 5.0g，酵母粉 4.0g，葡萄糖 20.0g，吐温 80 1.0mL，$K_2HPO_4 \cdot 7H_2O$ 2.0g，乙酸钠 $\cdot 3H_2O$ 5.0g，柠檬酸三铵 2.0g，$MgSO_4 \cdot 7H_2O$ 0.2g，$MnSO_4 \cdot 4H_2O$ 0.05g，琼脂粉 15.0g，pH6.2。

② 制法 将上述成分加入到 1000mL 蒸馏水中，加热溶解，调节 pH，分装后 121℃高压灭菌 15～20min。

（2）莫匹罗星锂盐（Li-Mupirocin）改良 MRS 培养基

① 莫匹罗星锂盐（Li-Mupirocin）储备液制备 称取 50mg 莫匹罗星锂盐（Li-Mupirocin）加入到 50mL 蒸馏水中，用 0.22μm 微孔滤膜过滤除菌。

② 制法 将 MRS（Man Rogosa Sharpe）培养基的各成分加入到 950mL 蒸馏水中，加热溶解，调节 pH，分装后于 121℃高压灭菌 15～20min。临用时加热熔化琼脂，在水浴中冷至 48℃，用带有 0.22μm 微孔滤膜的注射器将莫匹罗星锂盐（Li-Mupirocin）储备液加入到熔化琼脂中，使培养基中莫匹罗星锂盐（Li-Mupirocin）的浓度为 50μg/mL。

（3）MC 培养基（Modified Chalmers 培养基）

① 成分 大豆蛋白胨 5.0g，牛肉粉 3.0g，酵母粉 3.0g，葡萄糖 20.0g，乳糖 20.0g，碳酸钙 10.0g，琼脂 15.0g，蒸馏水 1000mL，1%中性红溶液 5.0mL，pH6.0。

② 制法 将前面 7 种成分加入蒸馏水中，加热溶解，调节 pH，加入中性红溶液。分装后 121℃高压灭菌 15～20min。

（4）乳酸杆菌糖发酵管

① 基础成分 牛肉膏 5.0g，蛋白胨 5.0g，酵母浸膏 5.0g，吐温 800.5mL，琼脂 1.5g，1.6%溴甲酚紫酒精溶液 1.4mL，蒸馏水 1000mL。

② 制法 按 0.5%加入所需糖类（蔗糖、纤维二糖、麦芽糖、甘露醇、水杨苷、山梨醇和乳糖），并分装小试管，制备成 0.5%蔗糖发酵管，0.5%纤维二糖发酵管，0.5%麦芽糖发酵管，0.5%甘露醇发酵管，0.5%水杨苷发酵管，0.5%山梨醇发酵管，0.5%乳糖发酵管，121℃高压灭菌 15～20min。

（5）七叶苷发酵管

① 成分　蛋白胨 5.0g，磷酸氢二钾 1.0g，七叶苷 3.0g，柠檬酸铁 0.5g，1.6% 溴甲酚紫酒精溶液 1.4mL，蒸馏水 100mL。

② 制法　将上述成分加入蒸馏水中，加热溶解，121℃高压灭菌 15～20min。

（6）其他

革兰染色液，莫匹罗星锂盐（Li-Mupirocin）。

【方法与步骤】

1. 样品制备

（1）固体和半固体食品

以无菌操作称取 25g 样品，置于装有 225mL 生理盐水的无菌均质杯内，于 8000～10000r/min 均质 1～2min，制成 1∶10 样品匀液；或置于 225mL 生理盐水的无菌均质袋中，用拍击式均质器拍打 1～2min 制成 1∶10 的样品匀液。

（2）液体样品

液体样品应先将其充分摇匀后以无菌吸管吸取样品 25mL 放入装有 225mL 生理盐水的无菌锥形瓶（瓶内预置适当数量的无菌玻璃珠）中，充分振荡，制成 1∶10 的样品匀液。

若是冷冻样品可先使其在 2～5℃条件下解冻，时间不超过 18h，也可在温度不超过 45℃的条件解冻，时间不超过 15min。

2. 检验步骤

（1）样品的稀释

用 1mL 无菌吸管或微量移液器吸取 1∶10 样品匀液 1mL，沿管壁缓慢注于盛有 9mL 稀释液的无菌试管中（注意吸管或吸头尖端不要触及稀释液面），振摇试管或换用 1 支无菌吸管反复吹打使其混合均匀，制成 1∶100 的样品匀液。依次制成 1∶1000，1∶10000……每递增稀释一次，换用 1 次 1mL 无菌吸管或吸头。

（2）乳酸菌计数

① 乳酸菌总数　根据待检样品活菌总数的估计，选择 2～3 个连续的适宜稀释度，每个稀释度吸取 0.1mL 样品匀液分别置于 2 个 MRS 琼脂平板，使用 L 形棒进行表面涂布。36℃±1℃，厌氧培养 48h±2h 后计数平板上的所有菌落数。从样品稀释到平板涂布要求在 15min 内完成。

② 双歧杆菌计数　根据对待检样品双歧杆菌含量的估计，选择 2～3 个连续的适宜稀释度，每个稀释度吸取 0.1mL 样品匀液于莫匹罗星锂盐（Li-Mupirocin）改良 MRS 琼脂平板，使用灭菌 L 形棒进行表面涂布，每个稀释度作两个平板。36℃±1℃，厌氧培养 48h±2h 后计数平板上的所有菌落数。从样品稀释到平板涂布要求在 15min 内完成。

③ 嗜热链球菌计数　根据待检样品嗜热链球菌活菌数的估计，选择 2～3 个连续的

适宜稀释度，每个稀释度吸取 0.1mL 样品匀液分别置于 2 个 MC 琼脂平板，使用 L 形棒进行表面涂布。36℃±1℃，需氧培养 48h±2h 后计数。嗜热链球菌在 MC 琼脂平板上的菌落特征为：菌落中等偏小，边缘整齐光滑的红色菌落，直径 2mm±1mm，菌落背面为粉红色。从样品稀释到平板涂布要求在 15min 内完成。

④ 乳杆菌计数　乳酸菌总数减去双歧杆菌与嗜热链球菌之和即得乳杆菌计数。

（3）乳酸菌的鉴定（可选做）

① 纯培养　挑取 3 个或以上单个菌落，嗜热链球菌接种于 MC 琼脂平板，乳杆菌属接种于 MRS 琼脂平板，置 36℃±1℃厌氧培养 48h。

② 鉴定

a. 双歧杆菌的鉴定按 GB 4789.34—2012 的规定操作。

b. 涂片镜检。乳杆菌属菌体形态多样，呈长杆状、弯曲杆状或短杆状。无芽孢，革兰染色阳性。嗜热链球菌菌体呈球形或球杆状，直径为 0.5～2.0μm，成对或成链排列，无芽孢，革兰染色阳性。

c. 乳酸菌菌种主要生化反应见表 10-12 和表 10-13。

表 10-12　常见乳杆菌属内种的碳水化合物反应

菌种	七叶苷	纤维二糖	麦芽糖	甘露醇	水杨苷	山梨醇	蔗糖	棉子糖
干酪乳杆菌干酪亚种（L. casei subsp. casei）	+	+	+	+	+	+	+	−
德氏乳杆菌保加利亚种（L. delbrueckii subsp. bulgaricus）	−	−	−	−	−	−	−	−
嗜酸乳杆菌（L. acidophilus）	+	+	+	−	+	−	+	d
罗伊乳杆菌（L. reuteri）	ND	−	+	−	−	−	+	+
鼠李糖乳杆菌（L. rhamnosus）	+	+	+	+	+	+	+	+
植物乳杆菌（L. plantarum）	+	+	+	+	+	+	+	+

注：+表示 90% 以上菌株阳性；−表示 90% 以上菌株阴性；d 表示 11%～89% 菌株阳性；ND 表示未测定。

表 10-13　嗜热链球菌的主要生化反应

菌种	菊糖	乳糖	甘露醇	水杨苷	山梨醇	马尿酸	七叶苷
嗜热链球菌（S. thermophilus）	−	+	−	−	−	−	−

注：+表示 90% 以上菌株阳性；−表示 90% 以上菌株阴性。

【结果与报告】

1. 菌落计数

菌落的计数同食品中菌落总数测定。

2. 结果记录

将各皿计数结果记录在下表中，并计算结果。

稀释度 菌落数	10^{-1} (1)(2)平均值	10^{-2} (1)(2)平均值	10^{-3} (1)(2)平均值
乳酸菌/(cfu/mL)			
双歧杆菌/(cfu/mL)			
嗜热链球菌/(cfu/mL)			
乳杆菌/(cfu/mL)			

3. 菌落总数的报告

(1) 菌落数小于 100CFU 时，按"四舍五入"原则修约，以整数报告。

(2) 菌落数大于或等于 100CFU 时，第 3 位数字采用"四舍五入"原则修约后，取前 2 位数字，后面用 0 代替位数；也可用 10 的指数形式来表示，按"四舍五入"原则修约后，采用两位有效数字。

(3) 称重取样以 CFU/g 为单位报告，体积取样以 CFU/mL 为单位报告。

【思考题】

1. 乳酸菌中厌氧菌和好氧菌的代谢途径有何不同？

2. 通过查阅资料，比较不同菌落计数方法及优缺点，选择一种方法设计乳酸菌计数的方案。

附：乳酸菌检验程序（图 10-12）

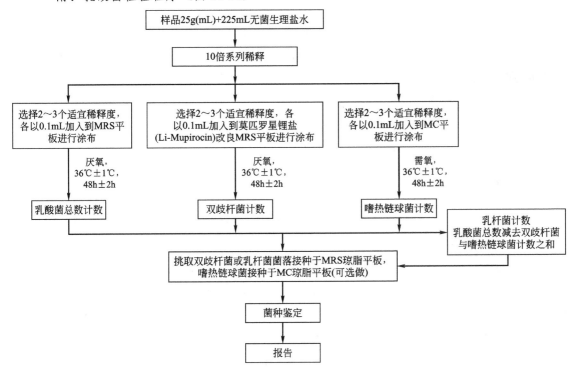

图 10-12 乳酸菌检验程序

实验二十四 食品中双歧杆菌的鉴定（GB 4789.34—2012）

【目的】

1. 学习掌握食品中双歧杆菌的鉴定方法。
2. 学习双歧杆菌的有机酸代谢产物的测定。

【概述】

双歧杆菌 *Bifidobacterium* 是 1899 年由法国学者 Tissier 从母乳营养儿的粪便中分离出的一种厌氧的革兰阳性杆菌，末端常常分叉，故名双歧杆菌。双歧杆菌属革兰阳性、厌氧、不运动、无芽孢、形态多变的杆菌，其染色不规则，过氧化氢酶呈阴性。菌落光滑，凸圆边缘完整，乳脂呈白色，闪光并有柔软质地。葡萄糖代谢属异型发酵，具有磷酸转酮酶活性，可将 2mol 葡萄糖酵解为 3mol 乙酸和 2mol 乳酸。广泛存在于人和动物的肠道、反刍动物的瘤胃以及人的齿缝中。

目前双歧杆菌已被公认为对人体健康有益的代表性菌种。双歧杆菌是对人类健康有贡献的细菌，与牛乳制品一起摄食在维持健康方面具有非常重要的意义。

【设备与培养基】

1. 设备

除微生物实验室常规灭菌及培养设备外，其他设备和材料如下：

恒温培养箱，气相色谱仪配 FID 检测器，冰箱，天平，无菌试管，无菌吸管，无菌锥形瓶，等。

2. 培养基和试剂

（1）双歧杆菌琼脂培养基

① 成分 蛋白胨 15.0g，酵母浸膏 2.0g，葡萄糖 20.0g，可溶性淀粉 0.5g，氯化钠 5.0g，西红柿浸出液 400.0mL，吐温 80 1.0mL，肝粉 0.3g，琼脂粉 15.0～20.0g，加至蒸馏水 1000.0mL。

② 半胱氨酸盐溶液 称取半胱氨酸 0.5g，加入 1.0mL 盐酸，使半胱氨酸全部溶解，配制成半胱氨酸盐溶液。

③ 西红柿浸出液 将新鲜的西红柿洗净后称重切碎，加等量的蒸馏水在 100℃ 水浴中加热，搅拌 90min，然后用纱布过滤，校正 pH7.0，将浸出液分装后，121℃ 高压灭菌 15～20min。

④ 制法培养基 将所有成分加入蒸馏水中，加热溶解，然后加入半胱氨酸盐溶液，校正 pH 6.8±0.2。分装后，121℃ 高压灭菌 15～20min。临用时加热熔化琼脂，冷至 50℃ 时使用。

（2）PYG 液体培养基

① 成分　蛋白胨 10.0g，葡萄糖 2.5g，酵母粉 5.0g，半胱氨酸-HCl 0.25g，盐溶液 20.0mL，维生素 K_1 溶液 0.5mL，氯化血红素溶液 5mg/mL 2.5mL，加蒸馏水至 500.0mL。

② 盐溶液　称取无水氯化钙 0.2g，硫酸镁 0.2g，磷酸氢二钾 1.0g，磷酸二氢钾 1.0g，碳酸氢钠 10.0g，氯化钠 2.0g，加蒸馏水至 1000mL。

③ 氯化血红素溶液（5mg/mL）　称取氯化血红素 0.5g 溶于 1mol/L 氢氧化钠 1.0mL 中，加蒸馏水至 1000mL，121℃高压灭菌 15～20min。

④ 维生素 KI 溶液　称取维生素 KI 1.0g，加无水乙醇 99mL，过滤除菌，冷藏保存。

⑤ 制法　除氯化血红素溶液和维生素 KI 溶液外，①中其余成分加入蒸馏水中，加热溶解，校正 pH6.0，加入中性红溶液。分装后，121℃高压灭菌 15～20min。临用时加热熔化琼脂，加入氯化血红素溶液和维生素 KI 溶液，冷却至 50℃使用。

（3）乙酸标准溶液

吸取分析纯冰乙酸 5.7mL，移入 100mL 容量瓶中，加水至刻度，标定，标定方法见附 1，此溶液浓度约为 1mol/L。

（4）乙酸标准使用液

将经标定的乙酸标准溶液用水稀释至 0.01mol/L。

（5）乳酸标准溶液

吸取分析纯乳酸 8.4mL，移入 100mL 容量瓶中，加水至刻度，标定，标定方法见附 1，此溶液浓度约为 1mol/L。

（6）乳酸标准使用液

将经标定的乳酸标准溶液用水稀释至 0.01mol/L。

（7）其他

甲醇，三氯甲烷，硫酸，冰乙酸，乳酸。

【方法与步骤】

1. 样品制备

以无菌操作称取 25g（mL）样品，置于装有 225mL 生理盐水的灭菌锥形瓶内，制成 1∶10 的样品匀液。（注：样品的全部制备过程均应遵循无菌操作程序。）

2. 稀释及涂布培养步骤

（1）用 1mL 无菌吸管或微量移液器吸取 1∶10 样品匀液 1.0mL，沿管壁缓慢注于装有 9mL 生理盐水的无菌试管中（注意吸管尖端不要触及稀释液），振摇试管或换用 1 支无菌吸管反复吹打使其混合均匀，制成 1∶100 的样品匀液。

（2）另取 1mL 无菌吸管或微量移液器吸头，按样品稀释操作顺序，做 10 倍递增样品匀液,每递增稀释一次,即换用 1 次 1mL 灭菌吸管或吸头。

(3)根据待鉴定菌种的活菌数,选择三个连续的适宜稀释度,每个稀释度吸取 0.1mL 稀释液,用 L 形棒在双歧杆菌琼脂平板进行表面涂布,每个稀释度作两个平皿。置 36℃±1℃ 温箱内培养 48h±2h,培养后选取单个菌落进行纯培养。

3. 纯培养

挑取 3 个或以上的菌落接种于双歧杆菌琼脂平板,厌氧,36℃±1℃ 培养 48h。

4. 镜检及生化鉴定

(1)涂片镜检

双歧杆菌菌体为革兰染色阳性,不抗酸,无芽孢,无动力,菌体形态多样,呈短杆状、纤细杆状或球形,可形成各种分支或分叉形态。

(2)生化鉴定

过氧化氢酶试验为阴性。选取纯培养平板上的三个单个菌落,分别进行生化反应检测,不同双歧杆菌菌种主要生化反应见表 10-14。

表 10-14 双歧杆菌菌种主要生化反应

编号	项目	两歧双歧杆菌 (B. bifidum)	婴儿双歧杆菌 (B. infantis)	长双歧杆菌 (B. longum)	青春双歧杆菌 (B. adolescentis)	动物双歧杆菌 (B. animalis)	短双歧杆菌 (B. breve)
1	甘油	—	—	—	—	—	—
2	赤藓醇	—	—	—	—	—	—
3	D-阿拉伯糖	—	—	—	—	—	—
4	L-阿拉伯糖	—	—	+	+	+	—
5	D-核糖	—	+	—	+	+	+
6	D-木糖	—	+	+	d	+	+
7	L-木糖	—	—	—	—	—	—
8	阿东醇	—	—	—	—	—	—
9	β-甲基-D-木糖甙	—	—	—	—	—	—
10	D-半乳糖	d	+	+	+	d	+
11	D-葡萄糖	+	+	+	+	+	+
12	D-果糖	d	+	+	d	d	+
13	D-甘露糖	—	+	+	—	—	—
14	L-山梨糖	—	—	—	—	—	—
15	L-鼠李糖	—	—	—	—	—	—
16	卫矛醇	—	—	—	—	—	—
17	肌醇	—	—	—	—	—	+
18	甘露醇	—	—	—	—	—	—
19	山梨醇	—	—	—	—	—	—
20	α-甲基-D-甘露糖甙	—	—	—	—	—	—

续表

编号	项目	两歧双歧杆菌(B. bifidum)	婴儿双歧杆菌(B. infantis)	长双歧杆菌(B. longum)	青春双歧杆菌(B. adolescentis)	动物双歧杆菌(B. animalis)	短双歧杆菌(B. breve)
21	α-甲基-D-葡萄糖甙	−	−	+	−	−	−
22	N-乙酰-葡萄糖胺	−	−	−	−	−	+
23	苦杏仁甙(扁桃甙)	−	−	−	+	+	−
24	熊果甙	−	−	−	−	−	−
25	七叶灵	−	−	+	+	+	−
26	水杨甙(柳醇)	−	+	−	+	+	−
27	D-纤维二糖	−	+	−	d	−	−
28	D-麦芽糖	−	+	+	+	+	+
29	D-乳糖	+	+	+	+	+	+
30	D-蜜二糖	−	+	−	+	+	+
31	D-蔗糖	−	+	+	+	+	+
32	D-海藻糖(覃糖)	−	−	−	−	−	−
33	菊糖(菊根粉)	−	−	−	−	−	−
34	D-松三糖	−	−	+	+	−	−
35	D-棉籽糖	−	+	+	+	+	+
36	淀粉	−	−	−	+	−	−
37	肝糖(糖原)	−	−	−	−	−	−
38	木糖醇	−	−	−	−	−	−
39	龙胆二糖	−	+	−	+	+	+
40	D-松二糖	−	−	−	−	−	−
41	D-来苏糖	−	−	−	−	−	−
42	D-塔格糖	−	−	−	−	−	−
43	D-岩糖	−	−	−	−	−	−
44	L-岩糖	−	−	−	−	−	−
45	D-阿糖醇	−	−	−	−	−	−
46	L-阿糖醇	−	−	−	−	−	−
47	葡萄糖酸钠	−	−	−	+	−	−
48	2-酮基-葡萄糖酸钠	−	−	−	−	−	−
49	5-酮基-葡萄糖酸钠	−	−	−	−	−	−

注：＋表示90％以上菌株阳性；－表示90％以上菌株阴性；d表示11％～89％以上菌株阳性。

5. 有机酸代谢产物测定

气相色谱法测定双歧杆菌的有机酸代谢产物，见附1。

6. 报告

根据镜检及生化鉴定的结果、双歧杆菌的有机酸代谢产物乙酸与乳酸微摩尔之比大于 1，报告双歧杆菌属的种名；并将结果记录在下表。

菌种	生化鉴定的结果	乙酸/乳酸	双歧杆菌属的种名
A			
B			
C			

【思考题】

1. 双歧杆菌鉴定试验中为何选择过氧化氢酶试验为阴性的菌落进行生化检测？

2. 乙酸和乳酸标准液的配制过程中，应该注意哪些方面？

附 1：气相色谱法测定双歧杆菌的有机酸代谢产物

1. 双歧杆菌培养液制备

挑取双歧杆菌琼脂平板上纯培养的双歧杆菌接种于 PYG 液体培养基，同时用未接种菌的 PYG 液体培养基做空白对照，厌氧，36℃±1℃培养 48h。

2. 标准液的配制

（1）乙酸标准溶液

准确吸取乙酸 5.70mL 加水稀释至 100.0mL，摇匀，进行标定，配成约 1.0mol/L 的乙酸标准溶液。标定方法为：准确称取乙酸 3g，加水 15mL，酚酞指示液 2 滴，用 1mol/mL 氢氧化钠溶液滴定，并将滴定结果用空白试验校正。1mL 1mol/mL 氢氧化钠溶液相当于 60.05mg 的乙酸。

（2）乙酸使用液

将经标定的乙酸标准溶液用水稀释至 20.0mmol/L。

（3）乳酸标准溶液

准确吸取含量为 85%～90% 的乳酸 0.84mL，加水稀释至 100.0mL，摇匀，配成 1.0mol/L 的乳酸标准溶液。标定方法为：准确称取乳酸 1g，加水 50mL，加入 1mol/mL 氢氧化钠滴定液 25mL，煮沸 5min，加入酚酞指示液 2 滴，同时用 0.5mol/mL 或 1mol/mL 硫酸滴定液滴定，并将滴定结果用空白试验校正。1mL 1mol/mL 氢氧化钠溶液相当于 90.08mg 的乳酸。

（4）乳酸使用液

将乳酸标准溶液用水稀释至 20.0mmol/L。

3. 方法

（1）乙酸的处理

取双歧杆菌培养液 2.0～3.0mL 放入 10mL 离心管中，加入 0.2mL 50%（体积比）硫酸溶液，混匀，加入 2.0mL 丙酮，混匀后加过量氯化钠，剧烈振摇 1min，再加入 2.0mL 乙醚，振摇 1min 后，于 3000r/min 离心 5min，将上清液转入另一试管中，下层溶液用 2.0mL 丙酮和 2.0mL 乙醚重复提取 2 次，合并有机相，于 40℃水浴中用氮气吹至少量溶液存在，用丙酮定容至 1.0mL，混匀后备用。同样操作步骤处理乙酸标准和空白培养液。

（2）乳酸的处理

取双歧杆菌培养液 2.0～3.0mL 放入 10mL 比色管中，100℃水浴 10min，加入 0.2mL 50%（体积比）硫酸溶液，混匀，加入 1.0mL 甲醇，于 58℃水浴 30min 后加水 1.0mL，加三氯甲烷 1.0mL，振摇 3min，3000r/min 离心 5min，取三氯甲烷层分析。同样操作步骤处理乳酸标准和空白培养液。

（3）气相色谱条件

色谱柱：长 2m，内径 4mm 的玻璃柱，填装涂有 20% DNP ＋ 7% 吐温 60（Tween60）的 chromosorbwHP（80～100 目）；柱温：110℃；汽化室：150℃；检测器：150℃；载气：（N2）50mL/min；进样量 1.0μL；外标法峰面积定量。乳酸标准溶液的气相色谱见图 10-13，乙酸标准溶液的气相色谱见图 10-14。

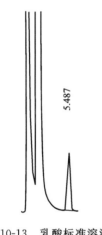

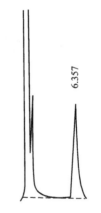

图 10-13　乳酸标准溶液　　　　　图 10-14　乙酸标准溶液
　　　的气相色谱　　　　　　　　　　的气相色谱

4. 结果计算

样品培养液中乙酸或乳酸的含量按下式计算：

$$X=(A_{样}-A_{空})/(A_{标}\times C)$$

式中　X——样品培养液中乙酸或乳酸的含量，单位为微摩尔每毫升（μmol/mL）；

　　　$A_{样}$——样品培养液中乙酸或乳酸的峰面积；

　　　$A_{空}$——空白培养液中乙酸或乳酸的峰面积；

　　　$A_{标}$——乙酸标准或乳酸标准的峰面积；

　　　C——乙酸标准或乳酸标准的浓度，单位为微摩尔每毫升（μmol/mL）。

5. 允许差

相对相差≤15%。

6. 结果判定

如果乙酸（μmol/mL）与乳酸（μmol/mL）比值大于1，可判定为是双歧杆菌的有机酸代谢产物。

附2：双歧杆菌鉴定程序见图10-15。

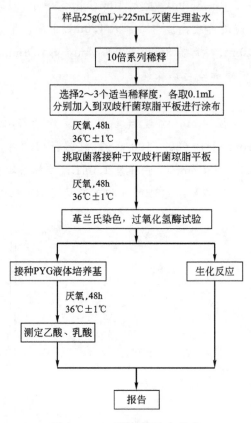

图 10-15 双歧杆菌鉴定程序

实验二十五 食品中阪崎肠杆菌检验（GB 4789.40—2010）

【目的】

1. 掌握阪崎肠杆菌的生物学特性。
2. 掌握食品中阪崎肠杆菌的检验方法。

【概述】

阪崎肠杆菌兼性厌氧，营养要求不高，能在营养琼脂、血平板麦康凯琼脂、伊红美蓝琼脂、脱氧胆酸琼脂等多种培养基上繁殖。所有的阪崎肠杆菌能在胰蛋白酶大豆琼脂

(trypticase soy agar，TSA）上 25℃快速生长 24h 后形成直径为 1～1.5mm 菌落，48h 后形成 2～3mm 菌落。本检验方法分为定性检验和定量检验两部分。定性检验是通过增菌后对 TSA 培养基上黄色可疑菌落，进行生化试验（表 10-15），鉴定是否是阪崎肠杆菌。定量检验是综合菌落形态、生化特征，证实为阪崎肠杆菌的阳性管数，查 MPN 检索表，计算每 100g（mL）样品中阪崎肠杆菌的 MPN 值。

表 10-15　阪崎肠杆菌的主要生化特征

生化试验		特征
黄色素产生		＋
氧化酶		－
L-赖氨酸脱羧酶		－
L-鸟氨酸脱羧酶		（＋）
L-精氨酸双水解酶		＋
柠檬酸水解		（＋）
发酵	D-山梨醇	（－）
	L-鼠李糖	＋
	D-蔗糖	＋
	D-蜜二糖	＋
	苦杏仁甙	＋

注：＋＞99％阳性；－＞99％阴性；（＋）90％～99％阳性；（－）90％～99％阴性。

【设备与培养基】

1. 设备

除微生物实验室常规无菌及培养设备外，其他设备如下：

冰箱，均质器，离心管，无菌注射器，pH 计或精密 pH 试纸，无菌锥形瓶，全自动微生物鉴定系统（VITEK）。

2. 培养基

（1）缓冲蛋白胨水（buffer peptone water，BPW）

① 成分　蛋白胨 10.0g，氯化钠 5.0g，磷酸氢二钠 9.0g，磷酸二氢钾 1.5g，蒸馏水 1000mL，pH7.2。

② 制法　加热搅拌至溶解，调节 pH，121℃高压灭菌 15min。

（2）改良月桂基硫酸盐胰蛋白胨肉汤-万古霉素（modified lauryl sulfate tryptose broth-vancomycinmedium，mLST-Vm）

① 改良月桂基硫酸盐胰蛋白胨（mLST）肉汤　氯化钠 34.0g，胰蛋白胨 20.0g，乳糖 5.0g，磷酸二氢钾 2.75g，磷酸氢二钾 2.75g，十二烷基硫酸钠 0.1g，蒸馏水 1000mL，pH6.8±0.2，加热搅拌至溶解，调节 pH。分装每管 10mL，121℃高压灭菌 15min。

② 万古霉素溶液　10.0mg 万古霉素溶解于 10.0mL 蒸馏水，过滤除菌。万古霉素

溶液可以在 0～5℃保存 15d。

③ 改良月桂基硫酸盐胰蛋白胨肉汤-万古霉素（Modified lauryl sulfate tryptose broth-vancomycinmedium，mLST-Vm）每 10mL mLST 加入万古霉素溶液 0.1mL，混合液中万古霉素的终浓度为 10μg/mL。（注：mLST-Vm 必须在 24h 之内使用。）

（3）**胰蛋白胨大豆琼脂**（trypticase soy agar，TSA）

① **成分** 胰蛋白胨 15.0g，植物蛋白胨 5.0g，氯化钠 5.0g，琼脂 15.0g，蒸馏水 1000mL，pH7.3±0.2。

② **制法** 加热搅拌至溶解，煮沸 1min，调节 pH，121℃高压灭菌 15min。

（4）**氧化酶试剂**

① **成分** N,N,N',N'-四甲基对苯二胺盐酸盐 1.0g，蒸馏水 100mL。

② **制法** 少量新鲜配制，于冰箱内避光保存，在 7d 之内使用。

③ **试验方法** 用玻璃棒或一次性接种针挑取单个特征性菌落，涂布在氧化酶试剂湿润的滤纸平板上。如果滤纸在 10s 之内未变为紫红色、紫色或深蓝色，则为氧化酶试验阴性，否则即为氧化酶实验阳性。（注：实验中切勿使用镍/铬材料。）

（5）**L-赖氨酸脱羧酶培养基**

① **成分** L-赖氨酸盐酸盐（L-lysine monohydrochloride）5.0g，酵母浸膏 3.0g，葡萄糖 1.0g，溴甲酚紫 0.015g，蒸馏水 1000mL，pH6.8±0.2。

② **制法** 将各成分加热溶解，必要时调节 pH。每管分装 5mL，121℃高压灭菌 15min。

③ **试验方法** 挑取培养物接种于 L-赖氨酸脱羧酶培养基，刚好在液体培养基的液面下。30℃±1℃培养 24h±2h，观察结果。L-赖氨酸脱羧酶试验阳性者，培养基呈紫色，阴性者为黄色。

（6）**L-鸟氨酸脱羧酶培养基**

① **成分** L-鸟氨酸盐酸盐（L-ornithine monohydrochloride）5.0g，酵母浸膏 3.0g，葡萄糖 1.0g，溴甲酚紫 0.015g，蒸馏水 1000mL，pH6.8±0.2。

② **制法** 将各成分加热溶解，必要时调节 pH。每管分装 5mL。121℃高压灭菌 15min。

③ **试验方法** 挑取培养物接种于 L-鸟氨酸脱羧酶培养基，刚好在液体培养基的液面下。30℃±1℃培养 24h±2h，观察结果。L-鸟氨酸脱羧酶试验阳性者，培养基呈紫色，阴性者为黄色。

（7）**L-精氨酸双水解酶培养基**

① **成分** L-精氨酸盐酸盐（L-arginine monohydrochloride）5.0g，酵母浸膏 3.0g，葡萄糖 1.0g，溴甲酚紫 0.015g，蒸馏水 1000mL，pH6.8±0.2。

② **制法** 将各成分加热溶解，必要时调节 pH。每管分装 5mL。121℃高压灭菌 15min。

③ 试验方法 挑取培养物接种于 L-精氨酸脱羧酶培养基，刚好在液体培养基的液面下。30℃±1℃培养 24h±2h，观察结果。L-精氨酸脱羧酶试验阳性者，培养基呈紫色，阴性者为黄色。

（8）糖类发酵培养基

① 基础培养基 酪蛋白（酶消化）10.0g，氯化钠 5.0g，酚红 0.02g，蒸馏水1000mL，pH6.8±0.2，将各成分加热溶解，必要时调节 pH。每管分装 5mL。121℃高压灭菌 15min。

② 糖类溶液（D-山梨醇、L-鼠李糖、D-蔗糖、D-蜜二糖、苦杏仁甙） 分别称取D-山梨醇、L-鼠李糖、D-蔗糖、D-蜜二糖、苦杏仁甙等糖类成分各 8g，溶于 100mL 蒸馏水中，过滤除菌，制成 80mg/mL 的糖类溶液。

③ 完全培养基 无菌操作，将每种糖类溶液 125mL 加入基础培养基 875mL，混匀；分装到无菌试管中，每管 10mL。

④ 试验方法 挑取培养物接种于各种糖类发酵培养基，刚好在液体培养基的液面下。30℃±1℃培养 24h±2h，观察结果。糖类发酵试验阳性者，培养基呈黄色，阴性者为红色。

（9）西蒙柠檬酸盐培养基

① 成分 柠檬酸钠 2.0g，氯化钠 5.0g，磷酸氢二钾 1.0g，磷酸二氢铵 1.0g，硫酸镁 0.2g，溴百里香酚蓝 0.08g，琼脂 8.0g～18.0g，蒸馏水 1000mL，pH6.8±0.2。

② 制法 将各成分加热溶解，必要时调节 pH。每管分装 10mL，121℃高压灭菌15min，制成斜面。

③ 试验方法 挑取培养物接种于整个培养基斜面，36℃±1℃培养 24h±2h，观察结果。阳性者培养基变为蓝色。

（10）其他

阪崎肠杆菌显色培养基，生化鉴定试剂盒。

【方法与步骤】

1. 定性检验

（1）前增菌和增菌

取检样 100g（mL）加入已预热至 44℃装有 900mL 缓冲蛋白胨水的锥形瓶中，用手缓缓地摇动至充分溶解，36℃±1℃培养 18h±2h。移取 1mL 转种于 10mL mLST-Vm 肉汤，44℃±0.5℃培养 24h±2h。

（2）分离

轻轻混匀 mLST-Vm 肉汤培养物，各取增菌培养物 1 环，分别划线接种于两个阪崎肠杆菌显色培养基平板，36℃±1℃培养 24h±2h。挑取 1～5 个可疑菌落，划线接种于 TSA 平板。25℃±1℃培养 48h±4h。

（3）鉴定

自 TSA 平板上直接挑取黄色可疑菌落，进行生化鉴定。阪崎肠杆菌的主要生化特征见表 10-14。可选择生化鉴定试剂盒或全自动微生物生化鉴定系统。

2. 定量检验

（1）样品的稀释

① 固体和半固体样品　无菌称取样品 100g、10g、1g 各三份，加入已预热至 44℃分别盛有 900mL、90mL、9mL BPW 中，轻轻振摇使充分溶解，制成 1∶10 样品匀液，置 36℃±1℃培养 18h±2h。分别移取 1mL 转种于 10mL mLST-Vm 肉汤，44℃±0.5℃培养 24h±2h。

② 液体样品　以无菌吸管分别取样品 100mL、10mL、1mL 各三份，加入已预热至 44℃分别盛有 900mL、90mL、9mL BPW 中，轻轻振摇使充分混匀，制成 1∶10 样品匀液，置 36℃±1℃培养 18h±2h。分别移取 1mL 转种于 10mL mLST-Vm 肉汤，44℃±0.5℃培养 24h±2h。

（2）分离、鉴定

同 1（2），1（3）。

【结果与报告】

1. 定性检验的结果

将样品定性检验结果记录在下表。

样品	生化试验	重复 1	重复 2	重复 3	阳性管数所占的百分率/%
A	黄色素产生				
	氧化酶				
	L-赖氨酸脱羧酶				
	L-鸟氨酸脱羧酶				
	L-精氨酸双水解酶				
	柠檬酸水解				
	D-山梨醇				
	L-鼠李糖				
	D-蔗糖				
	D-蜜二糖				
	苦杏仁甙				
	菌落特征				
	结果				

2. 定量检验的结果

综合菌落形态、生化特征，根据证实为阪崎肠杆菌的阳性管数，并记录在下表中，查 MPN 检索表，报告每 100g（mL）样品中阪崎肠杆菌的 MPN 值。

检样量 阳性管数 样品	1g(mL)	10g(mL)	100g(mL)	阪崎肠杆菌 /(MNP/mL)
A				
B				
C				

【思考题】

1. 简要归纳阪崎肠杆菌的代谢特点。

2. 设计用于食品中阪崎肠杆菌鉴定的试剂盒及生产工艺流程。

附：阪崎肠杆菌检验程序（图 10-16）

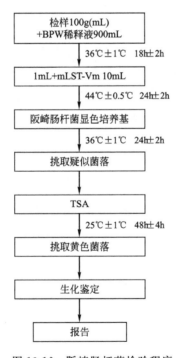

图 10-16 阪崎肠杆菌检验程序

实验二十六 食品中志贺菌的检验（GB 4789.5—2012）

【目的】

1. 掌握食品中志贺菌检验方法。

2. 了解志贺菌的抗原分类及其监测。

【概述】

志贺菌是一类兼性厌氧、不产生芽孢的革兰阴性杆菌。长 $2\sim3\mu m$，宽 $0.5\sim0.7\mu m$，杆状或短杆状，不形成荚膜，无鞭毛，多数有菌毛；营养要求不高，能在普通培养基上生长；最适生长温度为 37℃，最适 pH 值为 $6.4\sim7.8$。志贺菌可分解葡萄糖，产酸不产气。VP 实验阴性，不分解尿素，不形成硫化氢，不能利用柠檬酸盐或丙二酸盐作为唯一碳源。

志贺菌属细菌的抗原由菌体抗原（O）及表面抗原（K）组成。O 抗原可分为群特异性抗原和型特异性抗原，型特异性抗原可用于区别菌型。K 抗原可以阻止 O 抗原与相应抗血清的凝集反应。

【设备与培养基】

1. 设备

除微生物实验室常规灭菌及培养设备外，其他设备和材料如下：

恒温培养箱，膜过滤系统，厌氧培养装置，电子天平（0.1g），均质器，振荡器，无菌吸管，微量移液器及吸头，无菌均质杯或无菌均质袋，无菌培养皿，pH 计或精密 pH 试纸，全自动微生物生化鉴定系统。

2. 培养基

（1）志贺菌增菌肉汤-新生霉素

志贺菌增菌肉汤：

① 成分　胰蛋白胨 20.0g，葡萄糖 1.0g，磷酸氢二钾 2.0g，磷酸二氢钾 2.0g，氯化钠 5.0g，吐温 80（Tween 80）1.5mL，蒸馏水 1000.0mL。

② 制法　将以上成分混合加热溶解，冷却至 25℃ 左右校正 pH 至 7.0 ± 0.2，分装适当的容器，121℃ 灭菌 15min。取出后冷却至 50℃～55℃，加入除菌过滤的新生霉素溶液（0.5μg/mL），分装 225mL 备用。（注：如不立即使用，在 2～8℃ 条件下可储存一个月。）

新生霉素溶液：

① 成分　新生霉素 25.0mg，蒸馏水 1000.0mL。

② 制法　将新生霉素溶解于蒸馏水中，用 0.22μm 过滤膜除菌，如不立即使用，在 2～8℃ 条件下可储存一个月。

临用时每 225mL 志贺菌增菌肉汤（A.1.1）加入 5mL 新生霉素溶液（A.1.2），混匀。

（2）麦康凯（MAC）琼脂

① 成分　蛋白胨 20.0g，乳糖 10.0g，3 号胆盐 1.5g，氯化钠 5.0g，中性红

0.03g，结晶紫 0.001g，琼脂 15.0g，蒸馏水 1000.0mL。

② 制法 将以上成分混合加热溶解，冷却至 25℃左右校正 pH 至 7.2±0.2，分装，121℃高压灭菌 15min。冷却至 45～50℃，倾注平板。（注：如不立即使用，在 2～8℃条件下可储存 2 周。）

（3）木糖赖氨酸脱氧胆酸盐（XLD）琼脂

① 成分 酵母膏 3.0g，L-赖氨酸 5.0g，木糖 3.75g，乳糖 7.5g，蔗糖 7.5g，脱氧胆酸钠 1.0g，氯化钠 5.0g，硫代硫酸钠 6.8g，柠檬酸铁铵 0.8g，酚红 0.08g，琼脂 15.0g，蒸馏水 1000.0mL。

② 制法 除酚红和琼脂外，将其他成分加入 400mL 蒸馏水中，煮沸溶解，校正 pH 至 7.4±0.2。另将琼脂加入 600mL 蒸馏水中，煮沸溶解。

将上述两溶液混合均匀后，再加入指示剂，待冷至 50～55℃倾注平皿。（注：本培养基不需要高压灭菌，在制备过程中不宜过分加热，避免降低其选择性，贮于室温暗处。本培养基宜于当天制备，第二天使用。使用前必须去除平板表面上的水珠，在37～55℃下，琼脂面向下、平板盖亦向下烘干。配制好的培养基如不立即使用，在 2～8℃条件下可储存 2 周。）

（4）三糖铁（TSI）琼脂

① 成分 蛋白胨 20.0g，牛肉膏 5.0g，乳糖 10.0g，蔗糖 10.0g，葡萄糖 1.0g，硫酸亚铁铵（含 6 个结晶水）0.2g，酚红 0.025g 或 5.0g/L 溶液 5.0mL，氯化钠 5.0g，硫代硫酸钠 0.2g，琼脂 12.0g，蒸馏水 1000mL，pH7.4±0.2。

② 制法 除酚红和琼脂外，将其他成分加入 400mL 蒸馏水中，煮沸溶解，调节 pH。另将琼脂加入 600mL 蒸馏水中，煮沸溶解。将上述两溶液混合均匀后，再加入指示剂，混匀，分装试管，每管 2～4mL，高压灭菌 121℃，10min 或 115℃，15min，灭菌后置成高层斜面，呈橘红色。（注：如不立即使用，在 2～8℃条件下可储存一个月。）

（5）营养琼脂斜面

① 成分 蛋白胨 10.0g，牛肉膏 3.0g，氯化钠 5.0g，琼脂 15.0g～20.0g，蒸馏水 1000mL，pH7.2～7.4。

② 制法 将除琼脂以外的各成分溶解于蒸馏水内，加入 15%氢氧化钠溶液约 2mL 调节 pH 至 7.2～7.4。加入琼脂，加热煮沸，使琼脂溶化，分装 13mm×130mm 管，121℃高压灭菌 15min。

（6）半固体琼脂

① 成分 牛肉膏 0.3g，蛋白胨 1.0g，氯化钠 0.5g，琼脂 0.35g～0.4g，蒸馏水 100mL，pH7.4±0.2。

② 制法 按以上成分配好，煮沸溶解，调节 pH。分装小试管。121℃高压灭菌 15min。直立凝固，备用。

（7）葡萄糖铵培养基

① 成分 氯化钠 5.0g，硫酸镁 0.2g，磷酸二氢铵 1.0g，磷酸氢二钾 1.0g，葡萄糖 2.0g，琼脂 20.0g，0.2%溴麝香草酚蓝水溶液 40.0mL，蒸馏水 1000.0mL。

② 制法 先将盐类和糖溶解于水内，校正 pH 至 6.8±0.2，再加琼脂加热溶解，然后加入指示剂。混合均匀后分装试管，121℃高压灭菌 15min。制成斜面备用。

③ 试验方法 用接种针轻轻触及培养物的表面，在盐水管内做成极稀的悬液，肉眼观察不到混浊，以每一接种环内含菌数在 20～100 之间为宜。将接种环灭菌后挑取菌液接种，同时以同法接种普通斜面一支作为对照。于 36℃±1℃培养 24h。阳性者葡萄糖铵斜面上有正常大小的菌落生长；阴性者不生长，但在对照培养基上生长良好。如在葡萄糖铵斜面生长极微小的菌落可视为阴性结果。（注：容器使用前应用清洁液浸泡，再用清水、蒸馏水冲洗干净，并用新棉花做成棉塞，干热灭菌后使用。如果操作时不注意，有杂质污染时，易造成假阳性的结果。）

（8）尿素琼脂

① 成分 蛋白胨 1.0g，氯化钠 5.0g，葡萄糖 1.0g，磷酸二氢钾 2.0g，0.4%酚红 3.0mL，琼脂 20.0g，蒸馏水 1000mL，20%尿素溶液 100mL，pH7.2±0.2。

② 制法 除尿素、琼脂和酚红外，将其他成分加入 400mL 蒸馏水中，煮沸溶解，调节 pH。另将琼脂加入 600mL 蒸馏水中，煮沸溶解。将上述两溶液混合均匀后，再加入指示剂后分装，121℃高压灭菌 15min。冷至 50～55℃，加入经除菌过滤的尿素溶液。尿素的最终浓度为 2%。分装于无菌试管内，放成斜面备用。

③ 试验方法 挑取琼脂培养物接种，36℃±1℃培养 24h，观察结果。尿素酶阳性者由于产碱而使培养基变为红色。

（9）β-半乳糖苷酶培养基

液体法（ONPG 法）：

① 成分 邻硝基苯 β-D-半乳糖苷（ONPG）60.0mg，0.01mol/L 磷酸钠缓冲液（pH7.5±0.2）10.0mL，1%蛋白胨水（pH7.5±0.2）30.0mL。

② 制法 将 ONPG 溶于缓冲液内，加入蛋白胨水，以过滤法除菌，分装于 10mm×75mm 试管内，每管 0.5mL，用橡皮塞塞紧。

③ 试验方法 自琼脂斜面挑取培养物一满环接种，于 36℃±1℃培养 1～3h 和 24h 观察结果。如果 β-D-半乳糖苷酶产生，则 1～3h 变黄色；如无此酶，则 24h 不变色

平板法（X-Gal 法）：

① 成分 蛋白胨 20.0g，氯化钠 3.0g，5-溴-4-氯-3-吲哚-β-D-半乳糖苷（X-Gal）200.0mg，琼脂 15.0g，蒸馏水 1 000.0mL。

② 制法 将各成分加热煮沸于 1L 水中，冷却至 25℃左右校正 pH 至 7.2±0.2，115℃高压灭菌 10min。倾注平板避光冷藏备用。

③ 试验方法 挑取琼脂斜面培养物接种于平板，划线和点种均可，于 36℃±1℃培养 18～24h 观察结果。如果 β-D-半乳糖苷酶产生，则平板上培养物颜色变蓝色，如无此

酶则培养物为无色或不透明色，培养 48～72h 后有部分转为淡粉红色。

（10）氨基酸脱羧酶试验培养基

① 成分　蛋白胨 5.0g，酵母浸膏 3.0g，葡萄糖 1.0g，1.6％溴甲酚紫-乙醇溶液 1.0mL，L 型或 DL 型赖氨酸和鸟氨酸 0.5g/100mL 或 1.0g/100mL，蒸馏水 1000.0mL。

② 制法　除氨基酸以外的成分加热溶解后，分装每瓶 100mL，分别加入赖氨酸和鸟氨酸。L-氨基酸按 0.5％加入，DL-氨基酸按 1％加入，再校正 pH 至 6.8±0.2。对照培养基不加氨基酸。分装于灭菌的小试管内，每管 0.5mL，上面滴加一层石蜡油，115℃高压灭菌 10min。

③ 试验方法　从琼脂斜面上挑取培养物接种，于 36℃±1℃培养 18～24h，观察结果。氨基酸脱羧酶阳性者由于产碱，培养基应呈紫色。阴性者无碱性产物，但因葡萄糖产酸而使培养基变为黄色。阴性对照管应为黄色，空白对照管为紫色。

（11）糖发酵管

① 成分　牛肉膏 5.0g，蛋白胨 10.0g，氯化钠 3.0g，磷酸氢二钠（含 12 个结晶水）2.0g，0.2％溴麝香草酚蓝溶液 12.0mL，蒸馏水 1000mL，pH7.4±0.2。

② 制法　葡萄糖发酵管按上述成分配好后，调节 pH。按 0.5％加入葡萄糖，分装于有一个倒置小管的小试管内，121℃高压灭菌 15min。其他各种糖发酵管可按上述成分配好后，分装每瓶 100mL，121℃高压灭菌 15min。另将各种糖类分别配好 10％溶液，同时高压灭菌。将 5mL 糖溶液加入于 100mL 培养基内，以无菌操作分装小试管。（注：蔗糖不纯，加热后会自行水解者，应采用过滤法除菌。）

③ 试验方法　从琼脂斜面上挑取小量培养物接种，于 36℃±1℃培养，一般 2～3d。迟缓反应需观察 14～30d。

（12）西蒙柠檬酸盐培养基

① 成分　柠檬酸钠 2.0g，氯化钠 5.0g，磷酸氢二钾 1.0g，磷酸二氢铵 1.0g，硫酸镁 0.2g，溴百里香酚蓝 0.08g，琼脂 8.0～18.0g，蒸馏水 1000mL，pH6.8±0.2。

② 制法　将各成分加热溶解，必要时调节 pH。每管分装 10mL，121℃高压灭菌 15min，制成斜面。

③ 试验方法　挑取培养物接种于整个培养基斜面，36℃±1℃培养 24h±2h，观察结果。阳性者培养基变为蓝色。

（13）黏液酸盐培养基

测试肉汤：

① 成分　酪蛋白胨 10.0g，溴麝香草酚蓝溶液 0.024g，蒸馏水 1000.0mL，黏液酸 10.0g。

② 制法　慢慢加入 5N 氢氧化钠以溶解黏液酸，混匀。其余成分加热溶解，加入上述黏液酸，冷却至 25℃左右校正 pH 至 7.4±0.2，分装试管，每管约 5mL，于 121℃高压灭菌 10min。

质控肉汤：

① 成分　酪蛋白胨 10.0g，溴麝香草酚蓝溶液 0.024g，蒸馏水 1000.0mL。

② 制法　所有成分加热溶解，冷却至 25℃左右校正 pH 至 7.4±0.2，分装试管，每管约 5mL，于 121℃高压灭菌 10min。

③ 试验方法　将待测新鲜培养物接种测试肉汤和质控肉汤，于 36℃±1℃培养 48h 观察结果，肉汤颜色蓝色不变则为阴性结果，黄色或稻草黄色为阳性结果。

（14）蛋白胨水、靛基质试剂

蛋白胨水：

① 成分　蛋白胨（或胰蛋白胨）20.0g，氯化钠 5.0g，蒸馏水 1000.0mL，pH7.4。

② 制法　按上述成分配制，分装小试管，121℃高压灭菌 15min。（注：此试剂在 2～8℃条件下可储存一个月。）

靛基质试剂：

① 柯凡克试剂：将 5g 对二甲氨基苯甲醛溶解于 75mL 戊醇中。然后缓慢加入浓盐酸 25mL。

② 欧-波试剂：将 1g 对二甲氨基苯甲醛溶解于 95mL 95％乙醇内。然后缓慢加入浓盐酸 20mL。

试验方法：

挑取少量培养物接种，在 36℃±1℃培养 1～2d，必要时可培养 4～5d。加入柯凡克试剂约 0.5mL，轻摇试管，阳性者于试剂层呈深红色；或加入欧-波试剂约 0.5mL，沿管壁流下，覆盖于培养液表面，阳性者于液面接触处呈玫瑰红色。（注：蛋白胨中应含有丰富的色氨酸。每批蛋白胨买来后，应先用已知菌种鉴定后方可使用，此试剂在 2～8℃条件下可储存一个月。）

（15）其他

志贺菌显色培养基，志贺菌属诊断血清和生化鉴定试剂盒。

【方法与步骤】

1. 增菌

以无菌操作取检样 25g（mL），加入装有灭菌 225mL 志贺菌增菌肉汤的均质杯，用旋转刀片式均质器以 8000～10000r/min 均质；或加入装有 225mL 志贺菌增菌肉汤的均质袋中，用拍击式均质器连续均质 1～2min，液体样品振荡混匀即可。于 41.5℃±1℃厌氧培养 16～20h。

2. 分离

取增菌后的志贺菌液分别划线接种于 XLD 琼脂平板和 MAC 琼脂平板或志贺菌显色培养基平板上，于 36℃±1℃培养 20～24h，观察各个平板上生长的菌落形态。宋内志贺菌的单个菌落直径大于其他志贺菌。若出现的菌落不典型或菌落较小不易观察，则继续培养至 48h 再进行观察。志贺菌在不同选择性琼脂平板上的菌落特征见表 10-16。

表 10-16 选择志贺菌在不同选择性琼脂平板上的菌落特征

选择性琼脂平板	志贺菌的菌落特征
MAC 琼脂	无色至浅粉红色,半透明、光滑、湿润、圆形、边缘整齐或不齐
XLD 琼脂	无色至浅粉红色,半透明、光滑、湿润、圆形、边缘整齐或不齐
志贺菌显色培养基	按照显色培养基的说明进行判定

3. 初步生化试验

(1) 自选择性琼脂平板上分别挑取 2 个以上典型或可疑菌落,分别接种 TSI、半固体和营养琼脂斜面各一管,置 36℃±1℃培养 20～24h,分别观察结果。

(2) 凡是三糖铁琼脂中斜面产碱、底层产酸(发酵葡萄糖,不发酵乳糖,蔗糖)、不产气(福氏志贺菌 6 型可产生少量气体)、不产硫化氢、半固体管中无动力的菌株,挑取已培养的营养琼脂斜面上生长的菌苔,进行生化试验和血清学分型。

4. 生化试验及附加生化试验

(1) 生化试验

用 3 (1) 中已培养的营养琼脂斜面上生长的菌苔,进行生化试验,即 β-半乳糖苷酶、尿素、赖氨酸脱羧酶、鸟氨酸脱羧酶以及水杨苷和七叶苷的分解试验。除宋内志贺菌、鲍氏志贺菌 13 型的鸟氨酸阳性;宋内菌和痢疾志贺菌 1 型,鲍氏志贺菌 13 型的 β-半乳糖苷酶为阳性以外,其余生化试验志贺菌属的培养物均为阴性结果。另外,由于福氏志贺菌 6 型的生化特性和痢疾志贺菌或鲍氏志贺菌相似,必要时需加做靛基质、甘露醇、棉子糖、甘油试验,也可做革兰染色检查和氧化酶试验,应为氧化酶阴性的革兰阴性杆菌。生化反应不符合的菌株,即使能与某种志贺菌分型血清发生凝集,仍不得判定为志贺菌属。志贺菌属生化特性见表 10-17。

表 10-17 志贺菌属四个群的生化特征

生化反应	A 群:痢疾志贺菌	B 群:福氏志贺菌	C 群:鲍氏志贺菌	D 群:宋内志贺菌
β-半乳糖苷酶	—①	—	—①	+
尿素	—	—	—	—
赖氨酸脱羧酶	—	—	—	—
鸟氨酸脱羧酶	—	—	—②	+
水杨苷	—	—	—	—
七叶苷	—	—	—	—
靛基质	—/+	(+)	—/+	—
甘露醇	—	+③	+	+
棉子糖	—	+	—	+
甘油	(+)	—	(+)	d

① 痢疾志贺 1 型和鲍氏 13 型为阳性。

② 鲍氏 13 型为鸟氨酸阳性。

③ 福氏 4 型和 6 型常见甘露醇阴性变种。

注:＋表示阳性;—表示阴性;—/＋表示多数阴性;＋/—表示多数阳性;(＋)表示迟缓阳性;d 表示有不同生化型。

（2）附加生化实验

由于某些不活泼的大肠杆菌（anaerogenic *E. coli*）、A-D（Alkalescens-D isparbio-types 碱性-异型）菌的部分生化特征与志贺菌相似，并能与某种志贺菌分型血清发生凝集；前面生化实验符合志贺菌属生化特性的培养物还需另加葡萄糖胺、西蒙柠檬酸盐、黏液酸盐试验（36℃培养 24～48h）。志贺菌属和不活泼大肠杆菌、A-D 菌的生化特性区别见表 10-18。

表 10-18　志贺菌属和不活泼大肠杆菌、A-D 菌的生化特性区别

生化反应	A 群：痢疾志贺菌	B 群：福氏志贺菌	C 群：鲍氏志贺菌	D 群：宋内志贺菌	大肠杆菌	A-D 菌
葡萄糖铵	−	−	−	−	＋	＋
西蒙柠檬酸盐	−	−	−	−	d	d
黏液酸盐	−	−	−	d	＋	d

注：1. ＋表示阳性；−表示阴性；d 表示有不同生化型。
　2. 在葡萄糖铵、西蒙柠檬酸盐、黏液酸盐试验三项反应中志贺菌一般为阴性，而不活泼的大肠杆菌、A-D（碱性-异型）菌至少有一项反应为阳性。

（3）如选择生化鉴定试剂盒或全自动微生物生化鉴定系统，可根据 3.2 的初步判断结果，用 3（1）中已培养的营养琼脂斜面上生长的菌苔，使用生化鉴定试剂盒或全自动微生物生化鉴定系统进行鉴定。

5. 血清学鉴定

（1）抗原的准备

志贺菌属没有动力，所以没有鞭毛抗原。志贺菌属主要有菌体（O）抗原。菌体 O 抗原又可分为型和群的特异性抗原。

一般采用 1.2％～1.5％琼脂培养物作为玻片凝集试验用的抗原。

注 1：一些志贺菌如果因为 K 抗原的存在而不出现凝集反应时，可挑取菌苔于 1mL 生理盐水做成浓菌液，100℃煮沸 15～60min 去除 K 抗原后再检查。

注 2：D 群志贺菌既可能是光滑型菌株也可能是粗糙型菌株，与其他志贺菌群抗原不存在交叉反应。与肠杆菌科不同，宋内志贺菌粗糙型菌株不一定会自凝。宋内志贺菌没有 K 抗原。

（2）凝集反应

在玻片上划出 2 个约 1cm×2cm 的区域，挑取一环待测菌，各放 1/2 环于玻片上的每一区域上部，在其中一个区域下部加 1 滴抗血清，在另一区域下部加入 1 滴生理盐水，作为对照。再用无菌的接种环或针分别将两个区域内的菌落研成乳状液。将玻片倾斜摇动混合 1min，并对着黑色背景进行观察，如果抗血清中出现凝结成块的颗粒，而且生理盐水中没有发生自凝现象，那么凝集反应为阳性。如果生理盐水中出现凝集，视作为自凝。这时，应挑取同一培养基上的其他菌落继续进行试验。

如果待测菌的生化特征符合志贺菌属生化特征，而其血清学试验为阴性的话，则按

5（1）注 1 进行试验。

（3）血清学分型（选做项目）

先用 4 种志贺菌多价血清检查，如果呈现凝集，则再用相应各群多价血清分别试验。先用 B 群福氏志贺菌多价血清进行实验，如呈现凝集，再用其群和型因子血清分别检查。如果 B 群多价血清不凝集，则用 D 群宋内志贺菌血清进行实验，如呈现凝集，则用其 I 相和 II 相血清检查；如果 B、D 群多价血清都不凝集，则用 A 群痢疾志贺菌多价血清及 1～12 各型因子血清检查，如果上述三种多价血清都不凝集，可用 C 群鲍氏志贺菌多价检查，并进一步用 1～18 各型因子血清检查。福氏志贺菌各型和亚型的型抗原和群抗原鉴别见表 10-19。

表 10-19　福氏志贺菌各型和亚型的型抗原和群抗原的鉴别表

型和亚型	型抗原	群抗原	在群因子血清中的凝集		
			3,4	6	7,8
1a	I	4	+	−	−
1b	I	(4),6	(+)	+	−
2a	II	3,4	+	−	−
2b	II	7,8	−	−	+
3a	III	(3,4),6,7,8	(+)	+	+
3b	III	(3,4),6	(+)	+	−
4a	IV	3,4	+	−	−
4b	IV	6	−	+	−
4c	IV	7,8	−	−	+
5a	V	(3,4)	(+)	−	−
5b	V	7,8	−	−	+
6	VI	4	+	−	−
X	−	7,8	−	−	+
Y	−	3,4	+	−	−

注：＋表示凝集；－表示不凝集；（）表示有或无。

【结果与报告】

将各样品中检出的可疑菌落的各项检验结果记录在下表，并综合生化试验和血清学鉴定的结果，报告 25g（mL）样品中检出或未检出志贺菌。

检验项目	样品 A	样品 B	样品 C
β-半乳糖苷酶			
尿素			
赖氨酸脱羧酶			
鸟氨酸脱羧酶			
水杨苷			

续表

检验项目	样品 A	样品 B	样品 C
七叶苷			
靛基质			
甘露醇			
棉子糖			
甘油			
血清鉴定			
检验结果			

【思考题】

1. 根据乳糖操纵子学说，解释不同志贺菌利用乳糖的分子机制。

2. 查阅资料，了解食物中毒中涉及肠杆菌科微生物的类型及区别。

附：志贺菌检验程序（图 10-17）

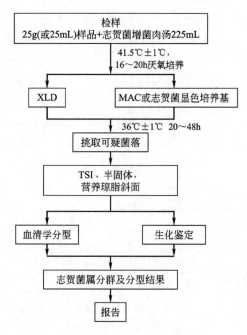

图 10-17 志贺菌检验程序

实验二十七 罐头食品商业无菌检验 (GB/T 4789.26—2003)

【目的】

1. 熟悉罐头食品商业无菌的操作过程。

2. GB/T 4789.26—2003 工作原理。

3. 罐头食品腐败变质的微生物原因。

【概述】

罐头食品的商业无菌（commercial sterilization of canned food）是指罐头食品经过适度的热杀菌以后，不含有致病的微生物，也不含有在通常温度下能在其中繁殖的非致病性微生物，这种状态称为商业无菌。对罐头食品的商业无菌的检验必须理解以下的术语的含义。

密封（hermatical seal）是指食品容器经密闭后能阻止微生物进入的状态。

胖听（swell）是指由于罐头内微生物活动或化学作用产生气体，形成正压，使一端或两端外凸的现象。

泄漏（leakage）是指罐头密封结构有缺陷，或由于撞击而破坏密封，或罐壁腐蚀而穿孔致使微生物侵入的现象。

低酸性罐头食品（low acid canned food）是指除酒精饮料以外，凡杀菌后平衡 pH 值大于 4.6、水活性值大于 0.85 的罐头食品，原来是低酸性的水果、蔬菜或蔬菜制品，为加热杀菌的需要而加酸降低 pH 值的，属于酸化的低酸性罐头食品。

酸性罐头食品（acid canned food）指杀菌后平衡 pH 值等于或小于 4.6 的罐头食品。pH 值小于 4.7 的番茄、梨和菠萝以及由其制成的汁，pH 值小于 4.9 的无花果，都为酸性食品。

国标检验方法是对保温期间罐头食品是否有胖听，泄漏，开罐后 pH、感官质量异常，腐败变质以及其密封性进行检验；对罐头食品内容物进行后续的微生物接种培养，分析出现异常现象的原因。该方法的优点是检验结果准确，稳定；缺点是检验时间长。

【设备与培养基】

1. 设备

超净工作台，冰箱，恒温箱，显微镜，电子天平，接种环，灭菌剪刀，试管，吸管，平皿，镊子，白色搪瓷盘，pH 计，酒精灯。

2. 培养基和试剂

（1）庖肉培养基

① 成分　牛肉浸液 1000mL，蛋白胨 30g，酵母膏 5g，磷酸二氢钠 5g，葡萄糖 3g，可溶性淀粉 2g，碎肉渣适量，pH7.8。

② 制法

a. 称取新鲜除脂肪和筋膜的碎牛肉 500g，加蒸馏水 1000mL 和 1mol/L 氢氧化钠溶液 25mL，搅拌煮沸 15min，充分冷却，除去表层脂肪，澄清，过滤，加水补足至1000mL。加入除碎肉渣外的各种成分，校正 pH。

b. 碎肉渣经水洗后晾至半干，分装 15mm×150mm 试管 2~3cm 高，每管加入还原铁粉 0.1~0.2g 或铁屑少许。将上述液体培养基分装至每管内超过肉渣表面约 1cm。上面覆盖溶化的凡士林或液体石蜡 0.3~0.4cm。121℃高压灭菌 15min。

（2）溴甲酚紫葡萄糖肉汤

① 成分　蛋白胨 10g，牛肉浸膏 3g，葡萄糖 10g，氯化钠 5g，溴甲酚紫 0.04g（或 1.6%酒精溶液 2mL），蒸馏水 1000mL。

② 制法　将上述各成分（溴甲酚紫除外）加热搅拌溶解，调至 pH7.0±0.2，加入溴甲酚紫，分装于带有小倒置管的中号试管中，每管 10mL，121℃灭菌 10min。

（3）酸性肉汤

① 成分　多价蛋白胨 5g，酵母浸膏 5g，葡萄糖 5g，磷酸氢二钾 4g，蒸馏水 1000mL。

② 制法　将以上各成分加热搅拌溶解，调至 pH5.0±0.2，121℃灭菌 15min，勿过分加热。

（4）麦芽浸膏汤

① 成分　麦芽浸膏 15g，蒸馏水 1000mL。

② 制法　将麦芽浸膏在蒸馏水中充分溶解，滤纸过滤，调至 pH4.7±0.2，分装，121℃灭菌 15min。

如无麦芽浸膏，可按下法制备；用饱满健壮大麦粒在温水中浸透，置温暖处发芽，幼芽长达到 2cm 时，沥干余水，干透，磨细使成麦芽粉。制备培养基时，取麦芽粉 30g 加水 300mL，混匀，在 60~70℃浸渍 1h，吸出上层水。再同样加水浸渍一次，取上层水，合并两次上层水，并补加水至 1000mL，滤纸过滤。调至 pH4.7±0.2，分装，121℃灭菌 15min。

（5）锰盐营养琼脂

首先配制营养琼脂（蛋白胨 10g，牛肉膏 3g，氯化钠 5g，琼脂 15~20g，蒸馏水 1000mL），每 1000mL 营养琼脂加硫酸锰水溶液 1mL（100mL 蒸馏水溶解 3.08g 硫酸锰）。观察芽孢形成情况，最长不超过 10d。

（6）其他

革兰染色液，血琼脂，卵黄琼脂，75%酒精溶液。

【方法与步骤】

1. 审查生产操作记录

工厂检验部门对送检产品的下述操作记录应认真进行审阅。妥善保存至少 3 年备查。

（1）杀菌记录

杀菌记录包括自动记录仪的记录纸和相应的手记记录。记录纸上要标明产品品名、规格、生产日期和杀菌锅号。每一项图表记录都必须由杀菌锅操作者亲自记录和签字，由车间专人审核签字，最后由工厂检验部门审定后签字。

（2）杀菌后的冷却水有效氯含量测定的记录。

（3）罐头密封性检验记录

罐头密封性检验的全部记录应包括空罐和实罐卷边封口质量和焊缝质量的常规检查记录，记录上应明确标记批号和罐数等，并由检验人员和主管人员签字。

2. 抽样方法

可采用下述方法之一。

（1）杀菌锅抽样

低酸性食品罐头在杀菌冷却完毕后每杀菌锅抽样 2 罐，3kg 以上的大罐每锅抽 1 罐，酸性食品罐头每锅抽 1 罐，一般一个班的产品组成一个检验批，将各锅的样罐组成一个样批送检，每批每个品种取样基数不得少于 3 罐。产品如按锅划分堆放，在遇到由于杀菌操作不当引起问题时，也可以按锅处理。

（2）按生产班（批）次抽样

取样数为 1/6000，尾数超过 2000 者增取 1 罐，每班（批）每个品种不得少于 3 罐。某些产品班产量较大，则以 30000 罐为基数，其取样数按 1/6000；超过 30000 罐以上的按 1/20000 计，尾数超过 4000 罐者增取 1 罐。个别产品产量过小，同品种同规格可合并班次为一批取样，但并班总数不超过 5000 罐，每个批次取样数不得少于 3 罐。

3. 称重

用电子秤或台天平称重，1kg 及以下的罐头精确到 1g，1kg 以上的罐头精确到 2g。各罐头的重量减去空罐的平均重量即为该罐头的净重。称重前对样品进行记录编号。

4. 保温

将全部样罐按下述分类在规定温度下按规定时间进行保温见表 10-20。保温过程中应每天检查，如有胖听或泄漏等现象，立即剔出作开罐检查。

表 10-20 样品保温时间和温度

罐头种类	温度/℃	时间/d
低酸性罐头食品	36±1	10
酸性罐头食品	30±1	10
预定要输往热带地区（40℃以上）的低酸性食品	55±1	5～7

5. 开罐

取保温过的全部罐头，冷却到常温后，按无菌操作开罐检验。将样罐用温水和洗涤剂洗刷干净，用自来水冲洗后擦干。放入无菌室，以紫外光杀菌灯照射 30min。将样罐移置于超净工作台上，用 75%酒精棉球擦拭无代号端，并点燃灭菌（胖听不能烧）。用灭菌的卫生开罐刀或罐头打孔器开启（带汤汁的罐头开罐前适当振摇），开罐时不能伤及卷边结构。

6. 留样

开罐后，用灭菌吸管或其他适当工具以无菌操作取出内容物 10～20mL（g），移入灭菌容器内，保存于冰箱中。待该批罐头检验得出结论后可随之弃去。

7. pH 测定

取样测定 pH 值，与同批中正常罐相比，看是否有显著的差异。

8. 感官检查

在光线充足、空气清洁无异味的检验室中将罐头内容物倾入白色搪瓷盘内，由有经验的检验人员对产品的外观、色泽、状态和气味等进行观察和嗅闻，用餐具按压食品或戴薄指套以手指进行触感，鉴别食品有无腐败变质的迹象。

9. 涂片染色镜检

（1）涂片

对感官或 pH 检查结果认为可疑的以及腐败时 pH 反应不灵敏的（如肉、禽、鱼类等）罐头样品，均应进行涂片染色镜检。带汤汁的罐头样品可用接种环挑取汤汁涂于载玻片上，固态食品可以直接涂片或用少量灭菌生理盐水稀释后涂片。待干后用火焰固定。油脂性食品涂片自然干燥并火焰固定后，用二甲苯流洗，自然干燥。

（2）染色镜检

用革兰染色法染色，镜检，至少观察 5 个视野，记录细菌的染色反应、形态特征以及每个视野的菌数。与同批的正常样品进行对比，判断是否有明显的微生物增殖现象。

10. 接种培养

保温期间出现的胖听、泄漏，或开罐检查发现 pH、感官质量异常、腐败变质，进一步镜检发现有异常数量细菌的样罐，均应及时进行微生物接种培养。对需要接种培养的样罐（或留样），用灭菌的适当工具移出约 1mL（g）内容物，分别接种培养。接种量约为培养基的 1/10。要求在 55℃培养基管，在接种前应在 55℃水浴中预热至该温度，接种后立即放入 55℃温箱培养。

低酸性罐头食品（每罐）接种培养基、管数及培养条件见表 10-21。

表 10-21 低酸性罐头食品的检验

培养基	管数	培养条件/℃	时间/h
庖肉培养基	2	36±1(厌氧)	96～120
庖肉培养基	2	55±1(厌氧)	24～72
溴甲酚紫葡萄糖肉汤(待倒管)	2	36±1(需氧)	96～120
溴甲酚紫葡萄糖肉汤(待倒管)	2	55±1(需氧)	24～72

酸性罐头食品（每罐）接种培养基、管数及培养条件见表 10-22。

表 10-22　酸性罐头食品的检验

培养基	管数	培养条件/℃	时间/h
酸性肉汤	2	55±1(需氧)	48
酸性肉汤	2	30±1(需氧)	96
麦芽膏汤	2	30±1(需氧)	96

11. 微生物培养检验程序及判定

将按表 10-21 或表 10-22 接种的培养基管分别放入规定温度的恒温箱进行培养，每天观察培养生长情况（见图 10-18）。

对在 36℃培养有菌生长的溴甲酚紫肉汤管，观察产酸产气情况，并涂片染色镜检。如果是含杆菌的混合培养物或球菌、酵母菌或霉菌的纯培养物，不再往下检验；如仅有芽孢杆菌则判为嗜温性需氧芽孢杆菌；如仅有杆菌无芽孢则为嗜温性需氧杆菌，如需进一步证实是否是芽孢杆菌，可转接于锰盐营养琼脂平板在 36℃培养后再作判定。

对在 55℃培养有菌生长的溴甲酚紫肉汤管，观察产酸产气情况，并涂片染色镜检。如有芽孢杆菌，则判为嗜热性需氧芽孢杆菌；如仅有杆菌而无芽孢则判为嗜热性需氧杆菌。如需要进一步证实是否是芽孢杆菌，可转接于锰盐营养琼脂平板，在 55℃培养后再作判定。

对在 36℃培养有菌生长的庖肉培养基管，涂片染色镜检，如为不含杆菌的混合菌相，不再往下进行；如有杆菌，带或不带芽孢，都要转接于 2 个血琼脂平板（或卵黄琼脂平板），在 36℃分别进行需氧和厌氧培养。在需氧平板上有芽孢生长，则为嗜温性兼性厌氧芽孢杆菌；在厌氧平板上生长为一般芽孢则为嗜温性厌氧芽孢杆菌，如为梭状芽孢杆菌，应用庖肉培养基原培养液进行肉毒梭菌及肉毒毒素检验。

对在 55℃培养有菌生长的庖肉培养基管，涂片染色镜检。如有芽孢，则为嗜热性厌氧芽孢杆菌或硫化腐败性芽孢杆菌；如无芽孢仅有杆菌，转接于锰盐营养琼脂平板，在 55℃厌氧培养，如有芽孢则为嗜热性厌氧芽孢杆菌，如无芽孢则为嗜热性厌氧杆菌。

对有微生物生长的酸性肉汤和麦芽浸膏汤管进行观察，并涂片染色镜检。按所发现的微生物类型判定。

12. 罐头密封性检验

对确定有微生物繁殖的样罐，均应进行密封性检验以判定该罐是否泄漏。

将已洗净的空罐，经 35℃烘干，根据各单位的设备条件进行减压或加压试漏。

（1）减压试漏

将烘干的空罐内小心注入清水至八九成满，将一带橡胶圈的有机玻璃板妥当安放罐头开启端的卷边上，使能保持密封。启动真空泵，关闭放气阀，用手按住盖板，控制抽气，使真空表从 0 升到 6.8×10^4 Pa（510mmHg）的时间在 1min 以上，并保持此真空度 1min 以上。倾侧空罐仔细观察罐内底盖卷边及焊缝处有无气泡产生，凡同一部位连续产生气泡，应判断为泄漏，记录漏气的时间和真空度，并在漏气部位做上记号。

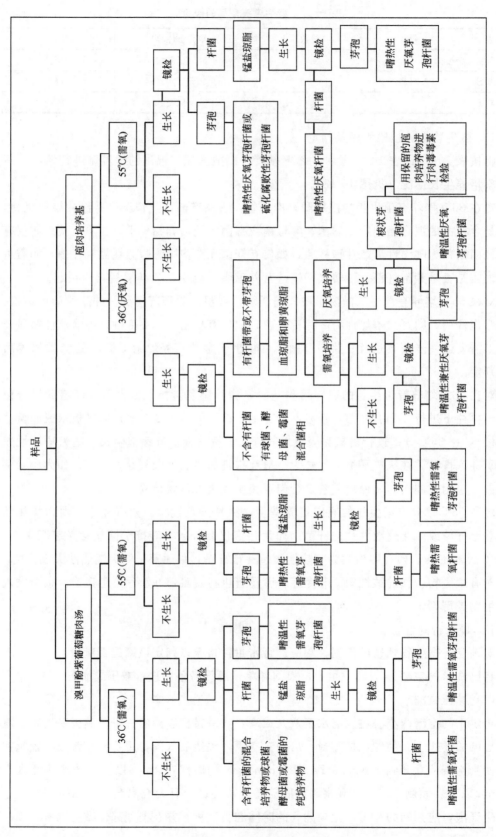

图 10-18　低酸性罐头食品培养检验及判定程序

（2）加压试漏

用橡皮塞将空罐的开孔塞紧，开动空气压缩机，慢慢开启阀门，使罐内压力逐渐加大，同时将空罐浸没在盛水玻璃缸中，仔细观察罐外底盖卷边及焊缝处有无气泡产生，直至压力升至 0.7kg/cm² 并保持 2min，凡同一部位连续产生气泡，应判断为泄漏，记录漏气的时间和压力，并在漏气部位做上记号。

【结果与记录】

1. 该批（锅）罐头食品经审查生产操作记录，属于正常；抽取样品经保温试验未胖听或泄漏；保温后开罐，经感官检查、pH 测定或涂片镜检，或接种培养，确证无微生物增殖现象，则为商业无菌。

2. 该批（锅）罐头食品经审查生产操作记录，未发现问题；抽取样品经保温试验有一罐及一罐以上发生胖听或泄漏；或保温后开罐，经感官检查、pH 测定或涂片镜检和接种培养，确证有微生物增殖现象，则为非商业无菌。

将检验结果记录在下表中。

罐头食品商业无菌检验记录（1）

品名			样品编号			生产批号		
检验依据						检验日期		
保温温度检验	检验日期							
	温度/℃							

样品序号	保温情况						pH	内容物感官鉴定	判定

判定与处理	
备注	

罐头食品商业无菌检验记录（2）

样品编号		生产批号	
常规检验中发生的异常情况			

<table>
<tr><td colspan="4" align="center">培养情况</td></tr>
<tr><td colspan="2" align="center">温度/℃</td><td colspan="2" align="center">温度/℃</td></tr>
<tr><td align="center">庖肉培养基</td><td align="center">溴甲酚紫葡萄糖肉汤</td><td align="center">酸性肉汤</td><td align="center">麦芽膏汤</td></tr>
<tr><td></td><td></td><td></td><td></td></tr>
<tr><td align="center">镜检</td><td colspan="3"></td></tr>
<tr><td align="center">鉴定培养</td><td colspan="3"></td></tr>
<tr><td align="center">判定</td><td colspan="3"></td></tr>
</table>

【思考题】

1. 在罐头食品的商业无菌检验中，保温的目的是什么？

2. 在罐头食品的商业无菌检验中，开罐前要做好哪些准备工作？

3. 如何判断罐头为商业无菌？

第十一章
食品的真菌学检验

实验二十八　食品中霉菌和酵母计数（GB 4789.15—2010）

【目的】

1. 掌握食品中食品中霉菌和酵母计数的检验方法。
2. 掌握孟加拉红琼脂的成分及其作用。

【概述】

国家标准规定，霉菌和酵母数检验时使用的培养基为孟加拉红琼脂和马铃薯葡萄糖琼脂（PDA）。

传统霉菌和酵母计数时用酸性培养基来抑制细菌。酸化的马铃薯葡萄糖琼脂（PDA）是一致公认最好的酸化培养基。但酸化培养基也有无法避免的缺点，如霉菌菌落的扩展、耐酸细菌的生长、蛋白质出现沉淀以及抑制了不耐酸霉菌和酵母的生长等。还有一点，生长在酸化培养基上的霉菌和酵母形态异常，不利于分类鉴定。人们发现使用抗生素培养基，上述缺点明显改善。此方法经济有效，培养基易制备，不会破坏正常的菌落形态。常用的抗生素类药物有氯霉素（50～100mg/kg）、土霉素（100mg/kg）、硫酸庆大霉素（50mg/kg）、链霉素（3g/kg）、盐酸金霉素（20mg/kg）等。两种抗生素合并使用效果更好。硫酸庆大霉素和氯霉素耐高压，可以预先添加在培养基中一起灭菌，而其他的抗生素一般在培养基温度降至50℃以下后添加。注意，抗生素效用在碱性条件下（pH＞8.0）降低。孟加拉红也被称为虎红，化学名是四碘四氯荧光素钠盐或钾盐，其主要作用是限制霉菌菌落的蔓延生长。添加孟加拉红的培养基上生长的霉菌菌落较为致密，而且生长的菌落背面显出较浓的红色，有助于计数。唯一的缺点是孟加拉红溶液对光敏感，易分解成一种黄色的有细胞毒作用的物质。平时应将孟加拉红溶液用不透光的容器或袋子包好，贮存在冰箱中。已变黄的溶液和琼脂应弃去。著名的应用孟加拉红的培养基是马丁琼脂（Matins Media，亦称虎红琼脂、孟加拉红琼脂），被我国标准采用，然而美国 FDA 尚未认可孟加拉红琼脂。

【设备与培养基】

1. 设备

除微生物实验室常规灭菌及培养设备外，其他设备如下：

恒温培养箱，冰箱，恒温水浴箱，天平（0.1g），均质器，振荡器，无菌吸管或微量移液器及吸头，无菌锥形瓶，无菌培养皿，无菌试管，无菌牛皮纸袋、塑料袋。

2. 培养基和试剂

（1）马铃薯-葡萄糖-琼脂培养基

① 成分　马铃薯（去皮切块）300g，葡萄糖 20.0g，琼脂 20.0g，氯霉素 0.1g，蒸馏水 1000mL。

② 制法　将马铃薯去皮切块，加 1000mL 蒸馏水，煮沸 10~20min。用纱布过滤，补加蒸馏水至 1000mL。加入葡萄糖和琼脂，加热溶化，分装后，121℃灭菌 20min。倾注平板前，用少量乙醇溶解氯霉素加入培养基中。

（2）孟加拉红培养基

① 成分　蛋白胨 5.0g，葡萄糖 10.0g，磷酸二氢钾 1.0g，硫酸镁（无水）0.5g，琼脂 20.0g，孟加拉红 0.033g，氯霉素 0.1g，蒸馏水 1000mL。

② 制法　上述各成分加入蒸馏水中，加热溶化，补足蒸馏水至 1000mL，分装后，121℃灭菌 20min。倾注平板前，用少量乙醇溶解氯霉素加入培养基中。

【方法与步骤】

1. 样品的稀释

（1）固体和半固体样品

称取 25g 样品至盛有 225mL 灭菌蒸馏水的锥形瓶中，充分振摇，即为 1：10 稀释液。或放入盛有 225mL 无菌蒸馏水的均质袋中，用拍击式均质器拍打 2min，制成 1：10 的样品匀液。

（2）液体样品

以无菌吸管吸取 25mL 样品至盛有 225mL 无菌蒸馏水的锥形瓶（可在瓶内预置适当数量的无菌玻璃珠）中，充分混匀，制成 1：10 的样品匀液。

2. 样品的稀释与接种

用 1mL 无菌吸管或微量移液器吸取 1：10 样品匀液 1mL，沿管壁缓慢注于盛有 9mL 稀释液的无菌试管中（注意吸管或吸头尖端不要触及稀释液面），振摇试管或换用 1 支无菌吸管反复吹打使其混合均匀，制成 1：100 的样品匀液。依次制成 1：1000，1：10000……每递增稀释一次，换用 1 次 1mL 无菌吸管或吸头。

根据对样品污染状况的估计，选择 2～3 个适宜稀释度的样品匀液（液体样品可包括原液），在进行 10 倍递增稀释的同时，每个稀释度分别吸取 1mL 样品匀液于 2 个无菌平皿内。同时分别取 1mL 样品稀释液加入 2 个无菌平皿作空白对照。及时将 15～20mL 冷却至 46℃ 的马铃薯-葡萄糖-琼脂或孟加拉红培养基（可放置于 46℃±1℃ 恒温水浴箱中保温）倾注平皿，并转动平皿使其混合均匀。

3. 培养

待琼脂凝固后，将平板倒置，28℃±1℃ 培养 5d，观察并记录。

【结果报告】

1. 菌落计数

肉眼观察，必要时可用放大镜，记录各稀释倍数和相应的霉菌和酵母数。以菌落形成单位（colonyforming units，CFU）表示。

选取菌落数在 10～150CFU 的平板，根据菌落形态分别计数霉菌和酵母数。霉菌蔓延生长覆盖整个平板的可记录为多不可计。菌落数应采用两个平板的平均数。

将各皿计数结果记录在下表中，并按下述方法进行报告。

菌落数　样品 ＼ 稀释度	10⁻¹ (1)(2)平均值	10⁻² (1)(2)平均值	10⁻³ (1)(2)平均值	菌落总数 /(cfu/mL)
A				
B				
C				

2. 结果与报告

（1）结果计算

计算两个平板菌落数的平均值，再将平均值乘以相应稀释倍数计算。有以下几种情况：

① 若所有平板上菌落数均大于 150CFU，则对稀释度最高的平板进行计数，其他平板可记录为多不可计，结果按平均菌落数乘以最高稀释倍数计算。

② 若所有平板上菌落数均小于 10CFU，则应按稀释度最低的平均菌落数乘以稀释倍数计算。

③ 若所有稀释度平板均无菌落生长，则以小于 1 乘以最低稀释倍数计算；如为原液，则以小于 1 计数。

（2）报告

① 菌落数在 100 以内时，按"四舍五入"原则修约，采用两位有效数字报告。

② 菌落数大于或等于 100 时，前 3 位数字采用"四舍五入"原则修约后，取前 2 位数字，后面用 0 代替位数来表示结果；也可用 10 的指数形式来表示，此时也按"四

舍五入"原则修约,采用两位有效数字。

③ 称重取样以 CFU/g 为单位报告,体积取样以 CFU/mL 为单位报告,报告或分别报告霉菌和/或酵母数。

【思考题】

1. 孟加拉红培养基的配方原理是什么?

2. 霉菌计数与细菌计数有什么不同?

附:霉菌和酵母计数的检验程序(图 11-1)

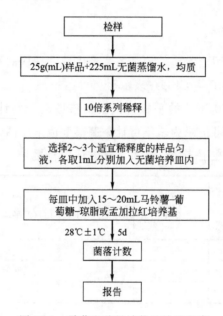

图 11-1 霉菌和酵母计数的检验程序

实验二十九 食品中产毒霉菌的鉴别(GB 4789.16—2003)

【目的】

1. 了解食品中霉菌的存在情况。

2. 熟悉食品中霉菌的分离鉴定技术。

3. 掌握常见产毒真菌的形态特征。

【概述】

霉菌产毒只限于产毒霉菌,产毒霉菌中也只有一部分毒株产毒。目前已知具有产毒株的霉菌主要有:曲霉菌属(黄曲霉、赭曲霉、杂色曲霉、烟曲霉、构巢曲霉和寄生曲霉等）；青霉菌属（岛青霉、橘青霉、黄绿青霉、扩张青霉、圆弧青霉、皱折青霉和荨麻青霉等）；镰刀菌属（犁孢镰刀菌、拟枝孢镰刀菌、三线镰刀菌、雪腐镰刀菌、粉红镰刀菌、禾谷镰刀菌等）；其他菌属有绿色木霉、漆斑菌、黑色葡萄状穗霉等。产毒霉菌所产生的霉菌毒素没有严格的专一性，即一种霉菌或毒株可产生几种不同的毒素，一种毒素也可由几种霉菌产生。如黄曲霉毒素可由黄曲霉、寄生曲霉产生，岛青霉可产生黄天精、红天精、岛青霉毒素及环氯素等。许多霉菌毒素能引起人和动物的急性中毒，有些还有致癌、致畸和突变的作用。

本标准适用于曲霉属、青霉属、镰刀菌属及其他菌属的产毒霉菌鉴定。

【设备与材料】

1. 设备

除微生物实验室常规灭菌及培养设备外，其他设备如下：

显微镜，目镜测微计，物镜测微计，无菌接种罩，放大镜，滴瓶，接种勾针，分离针，载玻片，盖玻片，灭菌刀子。

2. 培养基和试剂

（1）乳酸苯酚液

① 成分　苯酚 10g，乳酸（相对密度 1.21）10g，甘油 20g，蒸馏水 10mL。

② 制法　将苯酚在水中加热溶解，然后加入乳酸及甘油。

（2）察氏培养基

① 成分　硝酸钠 3g，磷酸氢二钾 1g，硫酸镁 0.5g，氯化钾 0.5g，硫酸亚铁 0.01g，蔗糖 30g，琼脂 20g，蒸馏水 10000mL。

② 制法　加热溶解，分装后 121℃灭菌 20min。

（3）马铃薯葡萄糖琼脂培养基

① 成分　马铃薯（去皮切块）300g，葡萄糖 20.0g，琼脂 20.0g，氯霉素 0.1g，蒸馏水 1000mL。

② 制法　将马铃薯去皮切块，加 1000mL 蒸馏水，煮沸 10～20min。用纱布过滤，补加蒸馏水至 1000mL。加入葡萄糖和琼脂，加热溶化，分装后，121℃灭菌 20min。倾注平板前，用少量乙醇溶解氯霉素加入培养基中。

（4）马铃薯琼脂培养基

① 成分　马铃薯（去皮切块）200g，琼脂 20.0g，蒸馏水 1000mL。

② 制法　将马铃薯去皮切块，加 1000mL 蒸馏水，煮沸 10～20min。用纱布过滤，补加蒸馏水至 1000mL。加入琼脂，加热溶化，分装后，121℃灭菌 20min。

（5）玉米粉琼脂培养基

① 成分　玉米粉 200～300g，琼脂 15～20.0g，蒸馏水 1000mL。

② 制法　将玉米粉加入蒸馏水中，搅匀，文火煮沸后计时 1h，4 层纱布过滤，加

琼脂后加热溶化，补足水量至 1000mL。分装，121℃灭菌 20min。

【方法与步骤】

1. 菌落的观察

为了培养完整的巨大菌落以供观察记录，可将纯培养物点植于平板上。方法是：将平板倒转，向上接种一点或三点，每菌接种两个平板，倒置于 25～28℃温箱中进行培养。当刚长出小菌落时，取出一个平皿，以无菌操作，用小刀将菌落连同培养基切下 1cm×2cm 的小块，置菌落一侧。继续培养，于 5～14d 进行观察。此法代替小培养法，可直接观察子实体着生状态。

2. 斜面观察

将霉菌纯培养物划线接种（曲霉、青霉）或点种（链刀菌或其他菌）于斜面，培养 5～14d，观察菌落形态，还可以将菌种管置显微镜下用低倍镜直接观察孢子的形态和排列。

3. 制片

取载玻片加乳酸-苯酚液一滴，用接种针钩取一小块霉菌培养物，置乳酸。苯酚液中，用两支分离针将培养物撕开成小块，切忌涂抹，以免破坏霉菌结构；然后加盖玻片，如有气泡，可在酒精灯上加热排除。制片时最好是在接种罩内操作，以防孢子飞扬。

4. 镜检

观察霉菌的菌丝和孢子的形态和特征、孢子的排列等，并做详细记录。

5. 报告

根据菌落形态及镜检结果，参照以下各种霉菌的形态描述及检索表，确定菌种名称。

【各种霉菌的形态特征】

1. 曲霉属（*Aspergillus*）

本属的产毒霉菌主要包括黄曲霉、寄生曲霉、杂色曲霉、构巢曲霉和棕曲霉。这些霉菌的代谢产物为黄曲霉毒素、杂色曲霉素和棕曲霉毒素。

曲霉属的颜色多样，而且比较稳定。营养丝体由具横隔的分枝菌丝构成，无色或有明亮的颜色，一部分埋伏型，另一部分气生型。分生孢子梗大多无横隔，光滑、粗糙或有麻点。梗的顶端膨大形成棍棒形、椭圆形、半球形或球形的顶囊，在顶囊上生出一层或二层小梗，双层时下面一层为梗基，每个梗基上再着生两个或几个小梗。从每个小梗的顶端相继生出一串分生孢子。由顶囊、小梗以及分生孢子链构成一个头状体的结构，称为分生孢子头。分生孢子头有各种不同颜色和形状，如球形、放射形、棍棒形或直柱形等，曲霉属只少数种形成有性阶段，产生封闭式的闭袋壳。某些种产生菌核或菌核结构。少数种可产生不同形状的壳细胞。

（1）黄曲霉（A. flavus）

属于黄曲霉群。在察氏琼脂培养基上菌落生长较快，10～14d 直径 3～4cm 或 4～7cm，最初带黄色，然后变为黄绿色，变老后颜色变暗，平坦或有放射状沟纹，反面无色或带褐色。在低倍显微镜下观察可见分生孢子头疏松放射状，继变为疏松柱状。分生孢子梗多从基质生出，长度一般小于 1mm。有些菌丝产生带褐色的菌核。制片镜检观察可见分生孢子梗极粗糙，直径 10～20μm。顶囊烧瓶形或近球形，直径 10～65μm，一般多为 25～45μm。全部顶囊着生小梗。小梗单层、双层或单、双层同时生在一个顶囊上；梗基（6～10）μm×（4～5.5）μm，小梗（6.5～10）μm×（3～5）μm。分生孢子球形、近球形或稍作洋梨形，3～6μm，粗糙（见图 11-2）。

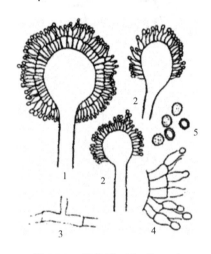

图 11-2　黄曲霉（A. flavus）

1—双层小梗的分生孢子头；2—单层小梗的分生孢子头；

3—足细胞；4—双层小梗的细微结构；5—分生孢子

黄曲霉产生黄曲霉毒素，该毒素能引起动物急性中毒死亡，如长期食用含微量黄曲霉毒素的食物，能引起肝癌。

（2）寄生曲霉（A. parasiticus）

亦属于黄曲霉群，8～10d 菌落 2.5～4cm，平坦或带放射状沟纹，幼时带黄色，老后呈暗绿色，反面奶油色至淡褐色。低倍显微镜下观察见分生孢子头疏松放射状，直径 400～500μm，分生孢子梗长短不一，一般为 200～1000μm，制片镜检观察，见分生孢子梗光滑或粗糙，近顶囊处宽 10～12μm，顶囊近球形或烧瓶形或杵状，直径 20～35μm，小梗单层，（7～9）μm×（3～4）μm，排列紧密。分生孢子球形，极粗糙，具小刺，直径 3.5～5.5μm，未报道过产生菌核。

寄生曲霉的菌株都能产生黄曲霉毒素。

（3）杂色曲霉（A. versicolor）

属于杂色曲霉群。在察氏琼脂培养基上菌落生长局限，14d 直径 2～3cm，绒状、絮状或两者同时存在。颜色变化相当广泛，不同菌系可能局部淡绿、灰绿、浅黄甚至粉红色；反面近于无色至黄橙色或玫瑰色，有的菌落有无色至紫红色的液滴。分生孢子头疏松放射状，大小为 100~125μm。分生孢子梗长度可达 500~700μm，宽 12~16μm，光滑，无色或略带黄色。顶囊半椭圆形至半球形，上半部或四分之三部位上着生小梗。小梗双层，梗基 (5.5~8)μm×3μm，小梗 (5~7.5)μm×(2~2.5) μm，分生孢子球形，粗糙，直径 2.5~3μm 或稍大。有些菌系产生球形的壳细胞（见图 11-3）。

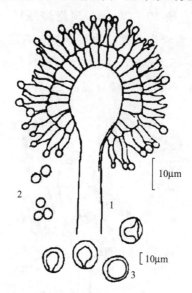

图 11-3 杂色曲霉 (A. versicolor)

1—分生孢子头；2—分生孢子；3—壳细胞

杂色曲霉产生杂色曲霉素，该毒素引起肝和肾的损害，并能引起肝癌。

（4）构巢曲霉（A. nidulans）

属于构巢曲霉群。菌落生长较快，14d 直径 5~6cm，绒状，绿色，有的菌系由于产生较多的闭囊壳而显现黄褐色，反面紫红色。分生孢子头短柱形。(40~80)μm×(25~40)μm。分生孢子梗极短，常弯曲，一般 75~100μm，近顶囊处直径 3.5~5μm，褐色，壁光滑。顶囊半球形，直径 8~10μm。小梗双层，梗基 (5~6)μm×(2~3)μm，小梗 (5~6)μm×(2~2.5)μm。分生孢子球形，粗糙，直径 3~3.5μm。闭囊壳球形，暗紫红色，直径 135~150μm。子囊孢子双凸镜形，紫红色，约 5μm×4μm，有两个鸡冠状突起。闭囊壳外面包围着一层壳细胞，淡黄色，球形，壁厚，直径约 25μm（见图 11-4）。

构巢曲霉产生杂色曲霉素。

（5）赭曲霉（A. ochraceus）

属于赭曲霉群。在察氏琼脂培养基上菌落生长稍局限，10~14d 直径 3~4cm，褐色或浅黄色，基质中菌丝无色或具有不同程度的黄色或紫色，反面带黄褐色或绿褐色。分生孢子头幼时球形，老后分裂成 2~3 个柱状分叉。分生孢子梗长达 1~1.5mm，直径 10～14μm，带黄色，极粗糙有明显的麻点。顶囊球形，直径 30～50μm 或更大。小梗双层，自顶囊全部表面密集着生。分生孢子球形至近球形，直径 2.5～3μm 或更大，常略粗糙。有些菌系产生较多的菌核，初期为白色，老后淡紫色，球形、卵形至柱形，直径达 1mm（见图 11-5）。

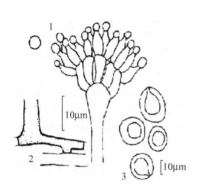

图 11-4　构巢曲霉（*A. nidulans*）
1—分生孢子；2—足细胞；3—壳细胞

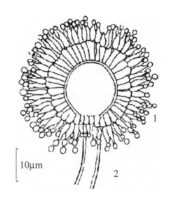

图 11-5　赭曲霉（*A. ochraceus*）
1—分生孢子；2—分生孢子梗

赭曲霉产生赭曲霉毒素，该毒素是一种强的肾脏毒和肝脏毒。

2. 青霉属（*Penicillium*）

本属产毒霉菌，主要包括黄绿青霉、橘青霉、圆弧青霉、展开青霉、纯绿青霉、红青霉、产紫青霉、冰岛青霉和皱褶青霉等。这些霉菌的代谢产物为黄绿青霉素、枯青霉素、圆弧偶氮酸、展青霉素、红青霉素、黄天精、环氯素和皱褶青霉素。

青霉属的营养菌丝体呈无色、淡色或鲜明的颜色，具横隔，或为埋伏型或部分埋伏型部分气生型。气生菌丝密毡状、松絮状或部分结成菌丝索。分生孢子梗由埋伏型或气生型菌丝生出，稍垂直于该菌丝（除个别种外，不像曲霉那样生有足细胞），单独直立或作某种程度的集合乃至密集为一定的菌丝束，具横隔，光滑或粗糙。其先端生有扫帚状的分枝轮称为帚状枝。帚状枝是由单轮或两次到多次分枝系统构成对称或不对称，最后一级分枝即产生孢子的细胞，称为小梗。着生小梗的细胞称为梗基，支持梗基的细胞称为副枝。小梗用断离法产生分生孢子，形成不分枝的链，分生孢子呈球形、椭圆形或短柱形，光滑或粗糙大部分生长时呈蓝绿色，有时呈无色或呈别种淡色，但决不呈污黑色。少数种产生闭囊壳，或结构疏松柔软，较快地形成子囊和子囊孢子，或质地坚硬如菌核状由中央向外缓慢地成熟。还有少数菌种产生菌核。

（1）黄绿青霉（*P. citreoviride*）

异名：毒青霉（*P. toxicarum*）。

属单轮青霉组、斜卧青霉系。菌落生长局限，10～12d 直径 2～3cm，表面皱褶，有的中央凸起或凹陷，淡黄灰色，仅微具绿色，表面绒状或稍现絮状，营养菌丝细，带黄色。渗出液很少或没有，有时呈现柠檬黄色，略带霉味。反面及培养基呈现亮黄色。

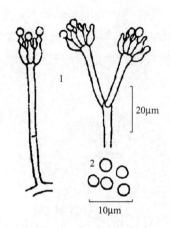

图 11-6　黄绿青霉

(*P. citreoviride*)

1—分生孢子梗；2—分生孢子

分生孢子梗自紧贴于基质表面的菌丝生出，一般（50～100）μm×（1.6～2.2）μm，壁光滑。帚状枝大部分为单轮，偶尔有作一、二次分枝者。分生孢子链约略平行或稍散开。小梗为紧密的一簇，8～12 个，大多（9～12）μm×（2.2～2.8）μm。分生孢子呈球形，2.2～2.8μm，壁薄。光滑或近于光滑，成链时具明显的孢隔（见图 11-6）。

黄绿青霉的代谢产物为黄绿青霉素，该毒素是一种很强的神经毒。

（2）橘青霉（*P. citrinum*）

属于不对称青霉组、绒状青霉亚组、橘青霉系。菌落生长局限，10～14d 直径 2cm～2.5cm，有放射状沟纹，大多数菌系为绒状，另一些则呈现絮状，艾绿色。反面黄色至橙色，培养基颜色相仿或带粉红色，渗出液呈淡黄色。低倍显微镜下分生孢子链为明确的分散柱状。分生孢子梗大多自基质生出，也有自菌落中央气生菌丝生出者，一般（50～200）μm×（2.2～3）μm，壁光滑，一般不分枝。帚状枝由 3～4 个轮生而略散开的梗基构成，（12～20）μm×（2.2～3）μm，每个梗基上簇生 6～10 个略密集而平行的小梗，（8～11）μm×（2～2.8）μm。分生孢子呈球形或近球形，直径 2.2～3.2μm，光滑或近于光滑（见图 11-7）。

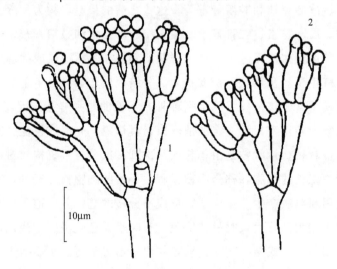

图 11-7　橘青霉（*P. citrinum*）

1—帚状枝；2—分生孢子

橘青霉产生橘青霉素，该毒素是一种强的肾脏毒。

（3）圆弧青霉（*P. cyclopium*）

属于不对称青霉组、束状青霉亚组、圆弧青霉系。菌落生长较快，12～14d 直径 4.5～5cm，略带放射状皱纹，老后或显现环纹，暗蓝绿色，在生长期有宽 1～2mm 的白色边缘，质地绒状或粉粒状，但在较幼区域为显著束状，渗出液无或较多，色淡。反面无色或初期带黄色，继变为橙褐色。帚状枝不对称，紧密，常具三层分枝，50～60μm，上生纠缠的分生孢子链。分生孢子梗大多（200～400）μm×（3～3.5）μm，典型地粗糙，也有一些菌系近于光滑。副枝（15～30）μm×（2.5～3.5）μm。梗基（10～15）μm×（2.5～3.3）μm。小梗 4 个～8 个轮生，（7～10）μm×（2.2～2.8）μm。分生孢子大多近球形，3～4μm 光滑或略现粗糙（见图 11-8）。

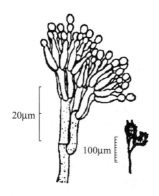

图 11-8　圆弧青霉（*P. cyclopium*）的帚状枝及分生孢子链

圆弧青霉的代谢产物为圆弧偶氮酸，该毒素是一种神经毒。

（4）岛青霉（*P. islandicum*）

属于双轮对称青霉组、绳状青霉系。在察氏琼脂培养基上菌落生长局限，致密丛状，呈橙色、红色及暗绿色的混合体。反面浊橙色至红色，变至浊褐色。低倍显微镜下分生孢子链纠缠链状，分生孢子梗短，长 50～75μm，由气生菌丝或菌丝索上生出，壁光滑，帚状枝典型对称双轮生，稍短，小梗有些骤然变尖，（7～9）μm×2μm。分生孢子椭圆形，光滑，（3～3.5）μm×（2.5～3）μm（见图 11-9）。

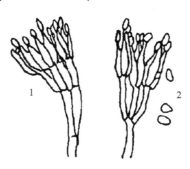

图 11-9　岛青霉（*P. islandicum*）
1—帚状枝；2—分生孢子

岛青霉产生黄天精和环氯素，该毒素均为肝脏毒，能引起动物的肝损害，并能引起肝癌。

（5）展开青霉（*P. patulum*）

异名：荨麻青霉（*P. urticae*）。属于不对称青霉组、束状青霉亚组。在察氏琼脂培养基上，菌落生长局限，12～14d 直径 2～2.5cm，大多有放射状沟纹，边缘陡峭，中央稍凸起，表面呈现粒状，有些在边缘有明显的菌丝束，有的则呈现絮状，厚密。灰绿色至亮灰色。有的菌系产生近于无色的渗出液，气味不明显。反面暗黄色渐变为橙褐色乃至红褐色，稍扩散于培养基中。帚状枝疏松散开，可具 3～4 层分枝，其大小和复杂程度差别很大，一般 40～50μm，极限 20～80μm。分生孢子链略散开，长达 50～100μm。分生孢子梗一部分单生，一部分集结成束，多弯曲，壁光滑，一般（400～520）μm×（3～4）μm。副枝散开，大多（15～20）μm×（3～3.5）μm。梗基较短，大多为（7～9）μm×（3～3.5）μm。小梗短，（4.5～6.5）μm×（2～2.5）μm，8～10 个密集一簇。分生孢子椭圆形，后变为近球形，长轴 2.5～3μm，光滑（见图 11-10）。

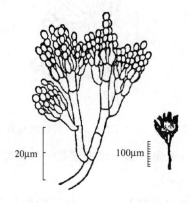

图 11-10　展开青霉（P. patulum）的帚状枝及分生孢子链

展开青霉产生展青霉素，该毒素能引起动物中毒死亡。皮下反复注射展青霉素，可引起注射部位的肉瘤。展青霉素也是一种神经毒。

（6）纯绿青霉（P. viridicatum）

属于不对称青霉组、束状青霉亚组、纯绿青霉系。菌落生长局限，12～14d 直径 2.5～3.5cm，亮黄绿色，有时有狭的带蓝绿色的带紧邻于白色边缘的内侧，极厚，通常为显著的粒状，老年时变为浊褐色。反面纯淡黄色至纯褐色。帚状枝正常的有三层分枝，常常副枝及梗基生在同一高度。分生孢子梗大部分直径 3.5～4.5μm，但有时达 6μm，粗糙至很粗糙。小梗（7～10）μm×（2.5～3）μm。分生孢子椭圆形，达 4.5μm×3.3μm，或亚球形，直径约 3.5μm，略粗糙，成纠缠链状或不确定的直柱状（见图 11-11）。

纯绿青霉产生赭曲霉毒素和橘青霉素。

（7）皱褶青霉（P. rugulosum）

属于对称二轮青霉组、皱褶青霉系。菌落生长局限，12～14d 直径 1～5cm 几为绒毛状至一定的絮状，浓绿继变为稍灰色。反面最初无色，慢慢变为深色至橙色的点状及块状，在斜面培养时尤以边缘为然。帚状枝大部分典型，也常常不规则。梗基长短不一。分生孢子梗光滑，直径 2.5～3μm。小梗（10～12）μm×（1.8～2）μm。分生孢子呈

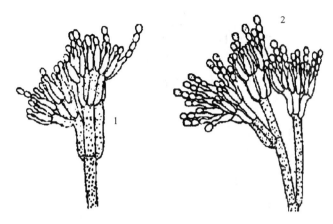

图 11-11　纯绿青霉 （*P. viridicatum*）

1—帚状枝；2—分生孢子

椭圆形，显著地粗糙，(3～3.5)μm×(2.5～3)μm，生成纠缠链状 （见图 11-12）。

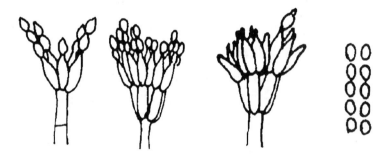

图 11-12　皱褶青霉 （*P. rugulosum*） 的帚状枝及分生孢子

皱褶青霉产生皱褶青霉素，该毒素是一种肝脏毒。

（8）产紫青霉 （*P. purpurogenum*）

属于对称二轮青霉组、产紫青霉系。菌落生长稍局限，12～14d 直径 1.5～2.5cm，绒状或稍呈现絮状；孢子多，在黄色至橙红色菌丝体上为深绿色，继而变为深暗绿色。反面深红色至紫红色并扩散于培养基中。分生孢子梗多自基质生出，(100～150)μm×(2.5～3.5)μm，自气生菌丝分枝而出者则较短、光滑。帚状枝为典型的双轮对称型，紧密。梗基 5～8 个轮生，(10～14)μm×(2.5～3)μm。小梗细长，端尖，4～6 个成为紧密而平行的一簇，(10～12)μm×(2～2.5)μm。分生孢子呈椭圆形至近球形，具厚壁，大多数菌系是粗糙的，偶尔光滑，(3～3.5)μm×(2.5～3)μm （见图 11-13）。

红色青霉 （*P. rubrum*） 与产紫青霉很类似，其区别在于它较淡的灰绿色，分生孢子光滑并几为球形。

产紫青霉和红色青霉均产生红青霉毒素，该毒素为肝脏毒。

3. 镰刀菌属 （*Fusarium*）

本属的产毒霉菌主要包括禾谷镰刀菌、串珠镰刀菌、雪腐镰刀菌、三线镰刀菌、梨孢镰刀菌、拟枝孢镰刀菌、尖孢镰刀菌、茄病镰刀菌和木贼镰刀菌等。这些霉菌的代谢

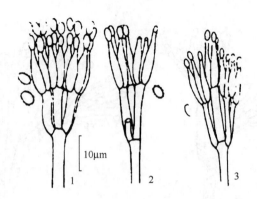

图 11-13　产紫青霉（*P. purpurogenum*）

1，2—产紫青霉的帚状枝及分生孢子；3—产紫青霉的帚状枝及分生孢子

产物为单端孢霉烯族化合物、玉米赤霉烯酮和丁烯酸内酯等。

在马铃薯-葡萄糖琼脂或察氏培养基上气生菌丝发达，高 0.5～1.0cm 或较低为 0.3～0.5cm 或更低为 0.1～0.2cm；稀疏的气生菌丝，甚至完全无气生菌丝而由基质菌丝直接生出黏孢层，内含大量的分生孢子。大多数种小型分生孢子通常假头状着生，较少为链状着生，或者假头状和链状着生兼有。小型分生孢子生于分枝或不分枝的分生孢子梗上，形状多样，卵形、梨形、椭圆形、长椭圆形、纺锤形、披针形、腊肠形、柱形、锥形、逗点形、圆形等。1～2（3）隔，通常小型分生孢子的量较大型分生孢子为多。大型分生孢子产生在菌丝的短小爪状突起上或产生在分生孢子座上，或产生在黏孢团中；大型分生孢子形态多样，镰刀形、线形、纺锤形、披针形、柱形、腊肠形、蠕虫形、鳗鱼形，弯曲、直或近于直。顶端细胞多种形态，短啄形、锥形、钩形、线形、柱形，逐渐变窄细或突然收缩。气生菌丝、子座、黏孢团、菌核可呈各种颜色，基质亦可被染成各种颜色。厚垣孢子间生或顶生，单生或多个成串或成结节状，有时也生于大型分生孢子的孢室中，无色或具有各种颜色，光滑或粗糙。

镰刀菌属的一些种，当初次分离时，只产生菌丝体，常常还需诱发产生正常的大型分生孢子以供鉴定，因此须同时接种无糖马铃薯琼脂培养基或察氏培养基等。

（1）串珠镰刀菌（*F. moniliforme*）

在马铃薯-葡萄糖琼脂培养基上气生菌丝呈棉絮状，蔓延，高 0.2～0.8cm，有些菌株平铺或局部低陷，试管壁或菌落中央有一定程度的绳状或束状的趋势。气生菌丝的色泽随菌株及培养基而异，白色、浅粉红色、淡紫色。基质反面为较淡的黄、赭、紫红乃至蓝色，或它们之间的颜色。野生型菌株一般产孢子良好，在气生菌丝层上见有一层稍稍反光的、松散的细粉就是散落成堆的孢子。某些菌株在菌落中央产生粉红色、粉红肉桂色的黏孢团，个别菌株则为暗蓝色，黏孢团含大量的小型分生孢子及较多的大型分生孢子。

小型分生孢子呈椭圆形、纺锤形、卵形、梨形、腊肠形。透明，单细胞或有 1～2 隔，直或稍弯，[3～7（～14）]μm×（2～4.8）μm；液体培养时较大为（9～18）μm×

$(2.5\sim6)\mu m$。小型分生孢子成串或假头状（见图 11-14）。

大型分生孢子为镰刀形、纺锤形、棍棒形、线形，直或稍弯。孢子两端窄细或粗细均一，或一端较锐，透明，壁薄，一般多为 3~6 隔，7 隔者罕见（见图 11-14）。

3 隔的大小平均为 $36\mu m\times3\mu m$

5 隔的大小平均为 $49\mu m\times3.1\mu m$

6 隔的大小平均为 $(56\sim60)\mu m\times(4.5\sim4.8)\mu m$。

在马铃薯培养基上，有些菌株可产生子座，呈黄色、褐色或紫色。有些菌株还可形成菌核。

子囊阶段：藤仓赤霉。

串珠镰刀菌主要寄生于禾谷类作物，如稻谷、甘蔗、玉米和高粱等，其代谢产物为串珠镰刀菌素和玉米赤霉烯酮。

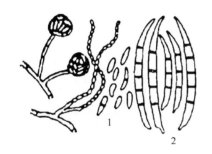 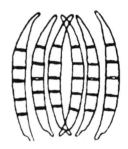

图 11-14　串珠镰刀菌（*F. moniliforme*)

1—小型分生孢子；2—大型分生孢子

图 11-15　禾谷镰刀菌的

大型分生孢子

（2）禾谷镰刀菌（*F. graminearum*）

菌株在马铃薯-葡萄糖琼脂培养基上菌丝棉絮状至丝状，生长茂盛，高度可达 5~7mm。初期白色，然后白-玫瑰色、白-洋红色或白-砖红色，中央常遗留黄色气生菌丝区。反面深洋红色或淡砖红-赭色。菌丝分枝，有隔，透明，或浅玫瑰色，直径 1.5~5μm。一般野生型菌株在培养基上不产生孢子，但在菌丝中可见膨大细胞，膨大细胞球形或卵形，单个或成串，顶生或同生，壁薄，透明，直径 6~12（~14)μm。大型分生孢子近镰刀形、纺锤形、披针形，稍弯，两端稍窄细，顶端细胞末端稍尖或略钝，脚胞有或无，大多数 3~5 隔，极少数 1~2 隔或 6~7(~9) 隔，单个孢子无色，聚集时呈浅粉红色（见图 11-15）。

大型孢子 3 隔 $[(25\sim)28\sim40(\sim47)]\mu m\times[(3.3\sim)4\sim5(\sim6)]\mu m$

5 隔 $[(28\sim)30\sim55(\sim60)]\mu m\times[(3.3\sim)4\sim5.5(\sim6)]\mu m$

6 隔~7 隔 $[(40\sim)45\sim60(\sim70)]\mu m\times[(4\sim)4.5\sim6(\sim6.5)]\mu m$

本种无小型分生孢子，一般无厚垣孢子，如有也极少，间生。

子囊阶段；玉米赤霉。

禾谷镰刀菌是赤霉病麦的主要病原菌，主要引起小麦、大麦和元麦的赤霉病，禾谷镰刀菌还可以感染玉米和水稻等，能产生 T-2 毒素、脱氧雪腐镰刀菌烯醇和玉米赤霉烯酮等。

（3）三线镰刀菌（*F. tricinctum*）

在马铃薯-葡萄糖琼脂培养基上，气生菌丝生长茂盛，棉絮状，呈白色、洋红色、红色至紫色。小型分生孢子散生在气生菌丝中或聚成假头状，梨形或柠檬形、卵形-椭圆形、纺锤-近披针形或稍呈镰刀形，0～1 隔。大型分生孢子生于分生孢子梗座及气生菌丝中，镰状弯曲或椭圆形弯曲，脚胞很明显。3～5 隔。

3 隔（26～38）μm×（3～4.7）μm

5 隔（34～53）μm×（3～4.8）μm

厚垣孢子呈球形，壁光滑，间生、单生或成串（见图 11-16）。

本菌主要寄生于玉米和小麦的种子上，可产生 T-2 毒素、丁烯酸内酯、二乙酸藤草镰刀菌烯醇和玉米赤霉烯酮。

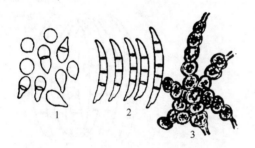

图 11-16　三线镰刀菌（*F. tricinctum*）
1—小型分生孢子；2—大型分生孢子；3—厚垣孢子

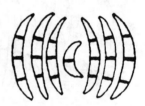

图 11-17　雪腐镰刀菌（*F. nivale*）
的大型分生孢子

（4）雪腐镰刀菌（*F. nivale*）

在马铃薯-葡萄糖琼脂培养基上，菌落呈白色、浅桃红色、粉红色至杏黄色；基质稍呈浅黄色。菌丝呈稀疏的棉絮状、蛛丝状。4d 后平均菌落直径超过 1cm 以上，在 4℃低温发育良好，培养 7～10d 可检见分生孢子。分生孢子直接产生于气生菌丝中，但在某些菌株中，分生孢子可自小的分生孢子梗座上生出，黏孢团呈鲑橙色、浅橙色，干时呈肉桂色。菌丝直径 1.5～5μm，瓶状小梗（7～9）μm×（2.5～3）μm。分生孢子纺锤-镰刀形至香肠形弯曲，两端渐变窄，末端钝圆，基部无脚胞，有时呈楔状，典型的有 0 隔-1 隔-3 隔（见图 11-17）。

0 隔（5～8）μm×（2～4）μm

1 隔（9～23）μm×（2.2～4.5）μm

3 隔（13～16）μm×（2.3～4.5）μm

本菌无厚垣孢子，子座小，透明，呈粉红至砖红色，后期变为革褐色。

子囊阶段：雪腐丽赤壳。

雪腐镰刀菌在小麦、大麦和玉米等谷物上生长，可产生镰刀菌烯酮-X、雪腐镰刀菌烯醇和二乙酸雪腐镰刀菌烯醇等有毒代谢产物。

（5）梨孢镰刀菌（*F. poae*）

菌株在马铃薯-葡萄糖琼脂上，气生菌丝生长良好，蛛丝状、丝状，有时带粉状，高可达 7～8mm，苍白-玫瑰色、浅粉红色-洋红色、洋红赭色。反面呈深浅不同的洋红色或浅紫洋红色。菌丝分枝，有隔，透明，直径 1.5～3(～5)μm，菌丝及分生孢子梗的分枝常对生及轮生。小型分生孢子通常假头状着生，有时短链状，分生孢子脱落后使菌丝层撒铺为细粉状。小型分生孢子球形、梨形、柠檬形、倒卵形占优势，还有椭圆形、纺锤形、窄瓜子形的小型分生孢子。0～1 隔，透明，光滑。球形孢子直径 4～8μm，其他形状的小孢子无隔，[(5～)8～10(～12)]μm×[(2.5～)3～6(～8)]μm。

1 隔[(9～)12～20(～26)]μm×[(2.5～)3～6.5(～9)]μm。大型分生孢子镰刀形、披针形、纺锤形、椭圆形弯曲或近直。脚胞不明显，少数有具乳头状突起的脚胞，2～5 隔，光滑，透明。

2 隔(15～30)μm×(2.5～5)μm

3 隔[19～30(～35)]μm×[3.5～5(～5.5)]μm

5 隔[30～36(～40)]μm×[4～5.2(～6)]μm

厚垣孢子矩圆-椭圆或似椭圆形，多数间生，少数顶生、单生或数个成串，或结节状，赭黄色（见图 11-18）。

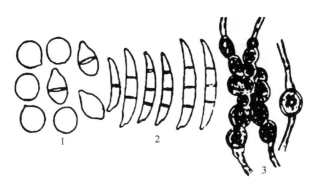

图 11-18 梨孢镰刀菌（*F. poae*）
1—小型分生孢子；2—大型分生孢子；3—厚垣孢子

梨孢镰刀菌主要寄生于谷类，可产生 T-2 毒素、新茄病镰刀菌烯醇和丁烯酸内酯等。

（6）拟枝孢镰刀菌（*F. sporotricoides*）

在马铃薯-葡萄糖琼脂培养基上，气生菌丝生长茂盛，棉絮状，表面稍呈粉状，初为白色，很快变为樱桃红色。菌落反面呈暗紫红色。小型分生孢子自分生孢子梗的假分枝（多芽产孢细胞）上形成，通常稍稀疏。小型分生孢子球形、梨形、椭圆形、近披针形或近镰刀形，0～1 隔。大型分生孢子产于气生菌丝或分生孢子梗座中，镰刀形、纺锤-镰刀形、披针形，弯曲，有脚胞，3～5 隔。

3 隔(22～35)μm×(3.6～4.7)μm

5 隔(37～45)μm×(4.0～5.2)μm

厚垣孢子间生，单个或成对，结节状或成串（见图 11-19）。

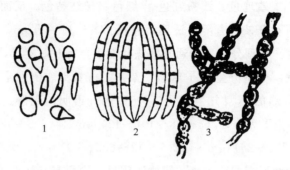

图 11-19 拟枝孢镰刀菌（*F. sporotricoides*）

1—小型分生孢子；2—大型分生孢子；3—厚垣孢子

本菌主要寄生于小麦、燕麦、玉米和甜瓜等作物，能产生 T-2 毒素、丁烯酸内酯和新茄病镰刀菌烯醇。

（7）木贼镰刀菌（*F. equiseti*）

在马铃薯-葡萄糖琼脂培养基上，气生菌丝生长较快，棉絮状，白色、乳黄色至褐色。缺乏真正的小型分生孢子。大型分生孢子纺锤-镰刀形、弧弓形、披针形，鳗状弯曲、抛物线形弯曲、双曲线形弯曲或近于直，中央细胞明显膨大，顶端细胞窄细，成长刺或线状，脚胞明显，4～7 隔。

3 隔 (22～45)μm×(3.5～5)μm

5 隔 (40～58)μm×(3.7～5)μm

7 隔 (42～60)μm×(4～5.9)μm

厚垣孢子间生于菌丝中。成串或成结节状，有极粗的疣状突起或光滑，黄褐色或透明。单个厚垣孢子直径 6～10μm（见图 11-20）。

子囊阶段：错综赤霉。

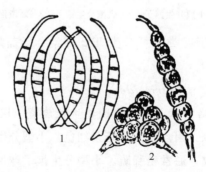

图 11-20 木贼镰刀菌（*F. equiseti*）

1—大型分生孢子；2—厚垣孢子

木贼镰刀菌主要寄生于大豆种子和幼苗、小麦、大麦和黑麦上，能产生二醋酸藨草镰刀菌烯醇、玉米赤霉烯酮、新茄病镰刀菌烯醇和丁烯酸内酯。

(8) 茄病镰刀菌 (*F. solani*)

菌株在马铃薯-葡萄糖琼脂培养基上,气生菌丝生长良好,棉絮状、低平,或蛛丝状、稍高。在试管壁上常有编结成菌丝绳的趋势,白色、苍白-浅紫色、苍白-浅赭色、苍白-浅黄色。反面浅赭色、浅赭-暗蓝色、浅黄奶油色。气生菌丝的黏孢团有或无,如有,则呈白、褐、黄、蓝、绿色或它们之间的颜色。

小型分生孢子假头状着生,椭圆形,卵圆形、长椭圆形、短腊肠形、逗点形,0~1隔,光滑。(4~15)μm×(3~5)μm[变化幅度(3~19)μm×(2~6)μm]。

大型分生孢子近镰刀形、纺锤-镰刀形、纺锤-披针形、纺锤-柱形、稍弯,极个别菌株有双曲线弯曲的大型孢子,在很大距离的长度上直径相等,顶端细胞短,稍窄细或变钝,脚胞有或无。大型分生孢子壁显著厚,2~5(~7)隔,以3隔居多。

3隔[17~44(~52)]μm×[4~5(~7)]μm

4~5隔[35~55(~60)]μm×[4.5~5.5(~7)]μm

6~7隔[45~65(~70)]μm×[5~6.5(~7.2)]μm

厚垣孢子在察氏培养基上产生,顶生或间生,单细胞或双细胞,较少数的菌株呈短链或结节状,表面光滑或小疣状突起,浅黄赭色,或无色,单细胞的厚垣孢子通常圆形或椭圆形,直径7~14(~16)μm(见图11-21)。

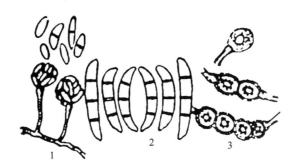

图 11-21 茄病镰刀菌 (*F. solani*)
1—小型分生孢子;2—大型分生孢子;3—厚垣孢子

子囊阶段:红壳赤壳。

茄病镰刀菌可引起蚕豆的枯萎病,还可造成多种栽培作物如花生、甜菜、马铃薯、番茄、芝麻、玉米和小麦的根腐、茎腐和果实干腐等,并能产生新茄病镰刀菌烯醇和玉米赤霉烯酮。

(9) 尖孢镰刀菌 (*F. oxysporum*)

菌株在马铃薯-葡萄糖琼脂培养基上,气生菌丝生长良好,棉絮状或蛛丝状,通常白色、苍白-玫瑰色、浅奶油黄色、浅玫瑰-赤红色、浅紫或苍白-浅紫色。反面无色、浅赭色或微灰-浅紫色、浅赭-玫瑰色。气生菌丝有或无编结成绳状的趋势。在气生菌丝上的黏孢团有或无。黏孢团无色或浅玫瑰、赭、蓝色。菌核有或无,如有则为绿-蓝黑色或其他色。直径0.5~0.6mm。气生菌丝有隔,分枝,透明,直径[1.5~3(~5)]μm。

小型分生孢子生于气生菌丝中，假头状着生，或生于黏孢团中。小型分生孢子形状可以是椭圆形、纺锤-椭圆形、近柱形，窄腊肠形、逗点形、拟肾形、卵形，具 0～1 隔，光滑，[(4～)6～14(～18)]μm×[(1.8～)2～3(～3.5)]μm。大型分生孢子纺锤形、镰刀形、椭圆形弯曲，顶端细胞较长，逐渐窄细、稍尖、很尖或稍窄钝，脚胞有或无。孢壁薄，有（1～）3～5 隔，有的多达 7 隔。

3 隔[(16～)23～45(～50)]μm×[(2～)2.5～3.5(～4.5)]μm

5 隔[(22～)30～40(～55)]μm×[(2.2～)3～4(～4.8)]μm

6～7 隔[(45～)50～55(～60)]μm×[3～4(～4.8)]μm

菌丝中的厚垣孢子顶生或间生，单细胞或双细胞，光滑或粗糙或有疣状突起，单细胞的厚垣孢子圆形或矩圆形，直径 5～13（～16）μm（见图 11-22）。

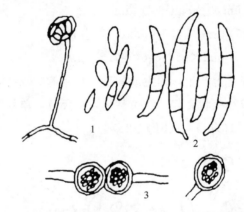

图 11-22 尖孢镰刀菌（*F. oxysporum*）
1—小型分生孢子及假头状着生；2—大型分生孢子；3—厚垣孢子

尖孢镰刀菌可寄生于玉米、小麦和大麦的种子上，可产生玉米赤霉烯酮和 T-2 毒素。

4. 木霉属（*Trichoderma*）

木霉生长迅速，菌落棉絮状或致密丛束状，产孢丛束区常排列成同心轮纹，菌落表面颜色为不同程度的绿色，有些菌株由于产孢子不良，几乎白色。菌落反面无色或有色，气味有或无，菌丝透明，有隔，分枝繁复。厚垣孢子有或无，间生于菌丝中或顶生于菌丝短侧分枝上，球形、椭圆形，无色，壁光滑。分生孢子梗为菌丝的短侧枝，其上对生或互生分枝，分枝上又可继续分枝，形成二级、三级分枝，终而形成似松柏式的分枝轮廓，分枝角度为锐角或几乎直角，束生、对生、互生或单生瓶状小梗。分枝的末端即为小梗，但有菌株主梗的末端为一鞭状而弯曲不孕菌丝。分生孢子由小梗相继生出而靠黏液把它们聚成球形或近球形的孢子头，有时几个孢子头汇成一个大的孢子头。分生孢子近球形或椭圆形、圆筒形、倒卵形等，壁光滑或粗糙。透明或亮黄绿色（见图 11-23）。

木霉产生木霉素，属于单端孢霉烯族化合物。

图 11-23 木霉的分生孢子梗、小梗和分生孢子

5. 头孢霉属（*Cephalosporium*）

在合成培养基及马铃薯-葡萄糖琼脂培养基上各个种的菌落类型不一。有些种缺乏气生菌丝，湿润或呈细菌状菌落，有些种气生菌丝发达，呈茸毛状或絮状菌落，或有明显的绳状菌丝素或孢梗束。菌落的色泽可由粉红至深红、白色、灰色或黄色。营养菌丝丝状有隔，分枝，无色或鲜色或者在少数情况下由于盛产厚垣孢子而呈暗色。菌丝常编结成绳状或孢梗束。分生孢子梗很短，大多数从气生菌丝上生出，基部稍膨大，呈瓶状结构，互生、对生或轮生。分生孢子从瓶状小梗顶端溢出后推至侧旁，靠黏液把它们粘成假头状，遇水即散开，成熟的孢子近圆形、卵形、椭圆形或圆柱形，单细胞或偶尔有一隔，透明（见图 11-24）。有些种具有性阶段可形成子囊壳。

头孢霉能引起芹菜、大豆和甘蔗等的植物病害，它所产生的毒素属于单端孢霉烯族化合物。

图 11-24 顶孢头孢霉的分生孢子头和分子孢子

6. 单端孢霉属（*Trichothecium*）

本属菌落薄，絮状蔓延，分生孢子梗直立，有隔，不分枝。分生孢子 2～4 室，透明或淡粉红色。分生孢子是以向基式连续形成的形式产生的，孢子靠着生痕彼此连接成串，分生孢子梨形或倒卵形，两胞室的孢子上胞室较大，下胞室基端明显收缩变细，着生痕在基端或其一侧（见图 11-25）。

该类菌能产生单端孢霉素，属于有毒性的单端孢霉烯族化合物。

7. 葡萄状穗霉属（*Sachybotrys*）

葡萄状穗霉菌丝匍匐、蔓延，有隔，分枝，透明或稍有色。分生孢子梗从菌丝直立生出，最初透明然后烟褐色，规则地互生分枝或不规则分枝，每个分枝的末端生瓶状小梗，透明或浅褐色，在分枝末端单生、两个对生至数个轮生。分生孢子单个地生在瓶状小梗的末端，椭圆形、近柱形或卵形，暗褐色，有刺状突起（见图 11-26）。

该菌产生黑葡萄状穗霉毒素，属于单端孢霉烯族化合物，能使牲畜特别是马中毒，

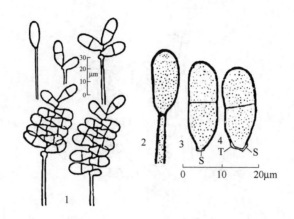

图 11-25　粉红单端孢霉

1—分生孢子与孢子的形成顺序；2—分生孢子梗的第一个孢子的形成；

3—脱落的第一个分生孢子（S 处指着生脐）；4—后来形成的（非第一个）

分生孢子，T 处指与隔邻孢子相接处的加厚部

症状是口腔、鼻腔黏膜溃烂，颗粒性白血球减少，死亡。接触有毒草料的人，出现皮肤炎、咽峡炎、血性鼻炎。

8. 交链孢霉属（*Alternaria*）

交链孢霉的不育菌丝匍匐，分隔。分生孢子梗单生或成簇，大多不分枝，较短，与营养菌丝几乎无区别。分生孢子倒棒状，顶端延长成喙状淡褐色。有壁砖状分隔，暗褐色，成链生长，孢子的形态及大小极不规律（见图 11-27）。

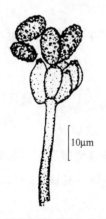

图 11-26　黑葡萄状穗霉的分生孢子头

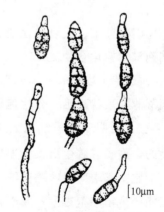

图 11-27　交链孢霉的分生孢子链

该菌能产生 7 种细胞毒素。

9. 节菱孢霉属（*Arthrinium*）

在马铃薯-葡萄糖琼脂培养基上。菌落生长蔓延，5～6d 直径达 9cm 白色或略带黄色絮状，背面（基质菌丝）微黄至深褐。有的菌落中间呈褐色，背面黑褐色，有的菌落带粉红色，有的菌丝较稀疏，并具有大量黑色孢子团。分生孢子梗从母细胞垂直于菌丝

而生，分生孢子顶生或侧生。孢子褐色，光滑。双凸镜形、正面直径 $6.8\sim13.3\mu m$，侧面厚度 $4.0\sim10.0\mu m$，有的菌株具有腊肠形孢子，褐色、光滑、大小为$(10.6\sim14.7)\mu m\times(4.0\sim5.3)\mu m$（见图 11-28）。

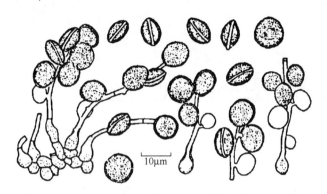

图 11-28　节菱孢霉的分生孢子

【各种菌属检索表】

各种菌属检索表见附录十。

第十二章
食品的微生物快速检验

实验三十 用 PCR 技术检测食品中沙门菌

【目的】

1. 掌握 PCR 法快速检测特异性 DNA 片段的原理。
2. 掌握用 PCR 技术快速检测食品中沙门菌的方法。

【概述】

PCR（Polymerase Chain Reaction），即聚合酶链反应，是由 Kary Mullis 等人首创的一项体外快速扩增 DNA 的方法，它可使极微量的某一特定序列的 DNA 片段在数小时内特异性扩增至百万倍以上。

PCR 扩增 DNA 通常由 20～40 个 PCR 循环组成。每个循环由高温变性、低温退火、适温延伸 3 个步骤组成。高温时，DNA 变性，氢键打开，双链变为单链以作为扩增的模板；低温时，对引物（即左端引物和右端引物）分别与模板 DNA 的 2 条单链特异性互补结合，即退火；然后适温时，在 DNA 聚合酶介导下，将 4 种三磷酸脱氧核苷（dATP，dTTP，dGTP，dCTP）按碱基互补配对原则不断添加到引物末端，按 $5'\rightarrow3'$ 方向将引物延伸自动合成新的 DNA 链，使 DNA 重新变成双链。将合成的 DNA 双链不断重复以上的变性、退火、延伸过程，则左、右引物间这段 DNA 的量就可指数倍增加。若重复进行这一反应 n 次，从理论上讲原始的 DNA 数量可以被扩增为原来的 $(2n-2)^n$ 倍，因此 DNA 的量在短时间内特异性地获得了极度的放大。

通常 PCR 使用的变性温度为 94℃，如果待扩增区域 DNA 的 G＋C 含量太高，则可考虑适当提高变性温度。退火温度与引物的 G＋C 含量有关，通常根据公式：

$$T_a = T_m - 5 = 4 \times (G+C) + 2 \times (A+T) - 5$$

在 T_a 附近进行梯度试验，以确定最佳退火温度。延伸温度一般为 72℃，在该温度下 DNA 聚合酶的聚合速度约 1000bp/min。

【材料和器皿】

1. 设备

PCR 仪，电泳装置，凝胶分析成像系统，PCR 超净工作台，高速台式离心机（最高离心力 12000g 以上），台式离心机（最高离心力 2000g），微量可调移液器（2μL、10μL、100μL、1000μL）和相应吸头。

2. 材料

（1）水

应符合 GB/T 6682—1992 中一级水的规格。用于 PCR 的水要用 DEPC 水处理。

（2）DNA 提取液

主要成分是 SDS，Tris，EDTA。

（3）10× PCR 缓冲液

500mmol/L KCl，100mmol/L Tris-HCl（pH 8.3），0.1％明胶。

（4）PCR 反应液

含 $MgCl_2$ 的 PCR 缓冲液、dATP（*deoxyadenosine triphosphate*，脱氧腺苷三磷酸）、dTTP（*deoxythymidine triphosphate*，脱氧胸苷三磷酸）、dCTP（*deoxycytidine triphosphate*，脱氧胞苷三磷酸）、dGTP（*deoxyguanosine triphosphate*，脱氧鸟苷三磷酸）、dUTP（*deoxyuridine triphosphate*，脱氧尿苷三磷酸）、Taq 酶（*Taq* DNA 聚合酶）、UNG 酶（*uracil* DNA *glycosylase*，尿嘧啶 DNA-糖基酶）。

（5）10× 上样缓冲液

含 0.25％溴酚蓝，0.25％二甲苯青 FF，30％甘油水溶液。

（6）50× TAE 缓冲液

称取 484g Tris，量取 114.2mL 冰乙酸，200mL 0.5mol/L EDTA（pH 8.0），溶于水中，定溶至 2L。分装后高压灭菌备用。

（7）沙门菌普通 PCR 检测试剂盒

每个试剂盒（48T/kit，每个反应体系体积为 25μL）包括以下成分（表 12-1）。

表 12-1 沙门菌普通 PCR 检测试剂盒的成分

组成成分	规格	组成成分	规格
DNA 提取液	3mL 1 管	UNG 酶	5μL 1 管
PCR 反应液	1100μL 1 管	阳性对照	1mL 1 管
Taq 酶	25μL 1 管	阴性对照	1mL 1 管

注：DNA 提取液，称取 0.1g chelex100 粉末，加入 100mL 灭菌蒸馏水中，摇匀即可。

（8）其他

Eppendorf 管，PCR 反应管，琼脂糖，DNA 分子标记物（100～1000bp）。

除另有规定外，所有试剂均采用分析纯。

【方法和步骤】

1. 样品制备、增菌培养和分离

按照传统的标准方法进行，如 GB/T 4789.30，SN 0170，ISO 6579，FDA/BAM Chapter5，USDA/FSISmLG4C.01 等。

2. 细菌模板 DNA 的制备

（1）增菌液模板 DNA 的制备

对于上述培养的增菌液，可直接取该增菌液 1mL 加到 1.5mL 无菌离心管中，8000r/min 离心 5min，尽量吸弃上清；加入 50μL 水或加入 50μL DNA 提取液，混匀后沸水浴 5min，12000r/min 离心 5min，取上清保存于−20℃备用以待检测。−70℃可长期保存。

（2）可疑菌落模板 DNA 的制备

对于分离到的可疑菌落，可直接挑取菌落，加入 50μL DNA 提取液，再按照 2.1 步骤制备模板 DNA 以待检测。也可使用等效的商业化的 DNA 提取试剂盒并按其说明提取制备模板 DNA。

3. PCR 扩增

（1）引物

根据沙门菌属特有的靶序列 invA 设计一对特异性引物。

引物序列：5′-GTG AAA TTA TCG CCA CGT TCGGGC AA-3′；

　　　　　　5′-TCA TCG CAC CGT CAA AGG AAC C-3′

扩增片段长度：284bp。

（2）阴性对照、阳性对照设置

阴性对照设为 PCR 反应的空白对照（以水代替 DNA 模板）；

阳性对照采用含有检测序列的 DNA（或质粒）作为 PCR 反应的模板。

（3）PCR 反应体系

普通 PCR 反应体系见表 12-2。

（4）PCR 反应参数

95℃预变性 5min；95℃变性 30s，64℃退火 30s，72℃延伸 30s，35 个循环；72℃延伸 5min。4℃保存。

注：PCR 反应参数可根据基因的扩增仪型号的不同进行适当的调整。

（5）PCR 扩增产物的电泳检测

用电泳缓冲液（1×TAE）制备 1.8%～2% 琼脂糖凝胶（55～60℃时加入溴化乙锭至终浓度为 0.5μg/mL，也可在电泳后进行染色）。取 8～15μL PCR 扩增产物，分别和 2μL 上样缓冲液混合，进行点样。用 DNA 分子量标记物做参照。3～5V/cm 恒压电泳，电泳 20～40min，电泳检测结果用凝胶成像分析系统记录并保存。

表 12-2 普通 PCR 反应体系

试剂	贮备液浓度	25μL 反应体系中加样体积/μL
10× PCR 缓冲液	—	2.5
MgCl₂	25mmol/L	3.0
dNTPₛ(含 dUTP)	各 2.5mmol/L	1.0
UNG 酶	1U/μL	0.06
上游引物	20pmol/μL	1.0
下游引物		1.0
Taq 酶	5U/μL	0.5
DNA 模板	—	2.0
双蒸水	—	补至 25

注:1. 反应体系种各试剂的量可根据具体情况或不同的反应总体积进行适当调整。
2. 每个反应体系应设置两个平行反应。

【结果与报告】

在阴性对照未出现条带,阳性对照出现预期大小的扩增条带条件下,如待测样品未出现 284bp 大小的扩增条带,则可报告该样品检验结果为阴性,可以出具未检出沙门菌的报告;如待测样品出现 284bp 大小扩增条带,则可判定该样品结果为假定阳性,则回到传统的检测步骤,进一步应按传统的沙门菌标准检测方法进行确认,最终结果以传统的方法结果为准。

如果阴性对照出现条带和/或阳性对照未出现预期大小的扩增条带,本次待测样品的结果无效,应重新做实验,并排除污染因素。

实验三十一 罐头食品商业无菌检验(BacT/ALERT 3D 系统快速检测法)

BacT/ALERT 3D 是第 4 代全自动培养系统。BacT/ALERT 3D 系统采用液乳感应器检测,可检测临床标本细菌、真菌、苛养菌、厌氧菌、结核分枝杆菌和其他分枝杆菌。该系统通过检测微生物代谢产生 CO_2 产生后,含有样本的培养瓶的底部感应器颜色产生变化,由灰变黄,系统随之以图像及声音报警。

对罐头食品商业无菌检验的整个培养过程中 BacT/ALERT 3D 系统进行连续性监测,一出现阳性结果,控制箱的操作界面上马上就有提示,由于每一个瓶子的操作都是独立的,因此随时都可以装入新的瓶子开始检测。对含有汤汁各种低酸性罐头的商业无菌检测,操作非常简单,使用方便、快速、灵敏,检测结果可靠,全部检测过程可在 3d 内完成,可对罐头中是否含有需氧菌和厌氧菌同时进行检测,对于酸性的罐头则需要使用高酸性的检测瓶。对于阳性瓶以及结果的判断，BacT/ALERT 3D 系统还建立了验证实验程序，以保证结果的准确可靠。

【目的】

1. 掌握 BacT/ALERT 3D 微生物检测系统的使用。
2. 掌握 BacT/ALERT 3D 系统的罐头食品商业无菌快速检验方法。

【概述】

微生物的生长产生 CO_2，使培养瓶底部的感应器从浅灰色变成浅黄色。BacT/ALERT 3D系统通过检测瓶底的变化，与培养瓶中初始 CO_2 水平进行对比，在指定的天数之内，CO_2 水平发生显著变化，说明样品中有细菌存在，判定为阳性。在指定的天数之后，CO_2 水平没有发生显著变化，确定样品为阴性。

【材料和设备】

BacT/ALERT 3D 微生物检测系统，灭菌开罐刀和罐头打孔器，pH 计，一次性注射器，一次性培养皿，iAST 培养瓶和 iNST 培养瓶（有限期内使用）。

【方法和步骤】

1. 样品的处理

打开密封包装前，用温水擦净试样外包装，放入无菌室，以紫外光杀菌灯照射30min。用75％酒精棉球擦拭试样外包装（铁盒罐头擦拭后点燃灭菌），带汤汁的罐头开启前适当振摇后，用灭菌卫生开罐刀或罐头打孔器开启。

2. 加样

在使用培养瓶前，用75％酒精棉球擦拭瓶口。开启包装后，用一次性注射器吸取内容物各 10mL，分别注入 iAST 培养瓶和 iNST 培养瓶。加完试样后，在培养瓶上注明试样标记。

3. 留样

开罐后，用灭菌吸管或其他适当工具以无菌操作取出内容物 10～20mL(g)，移入灭菌容器内，保存于冰箱中。待该批罐头检验得出结论后可随之弃去。

4. BacT/ALERT 3D 系统检测

设定孵育温度和最大检测时间。酸性罐头设定孵育温度为（30±1）℃，最大检测时间为 3d；低酸性罐头设定孵育温度为（36±1）℃，最大检测时间为 3d。将接种好样液的培养瓶加载到孵育箱中。

5. 感官检查和 pH

测定在光线充足、空气清洁无异味的检验室中将试样内溶物倾入白色搪瓷盘内，对产品的外观、色泽、状态和气味等进行观察和嗅闻，用餐具按压仪器或戴薄指套以手指进行触感，鉴别食品有无腐败变质的迹象，并测定 pH 值。

【结果记录】

1. 培养瓶结果分析

（1）当仪器检测到阳性瓶后，电脑会报警提醒操作者，可进入仪器的浏览和打印界面。

（2）对仪器显示"假阳性"的培养瓶，如果涂片镜检表明没有微生物，那么，应该将培养瓶进行继代培养，如果在继代培养中出现生长，那么，培养瓶视为"阳性"。

（3）当孵育时间达到设定的最大检测时间，培养瓶中无微生物生长，则仪器会给出阴性的结果。

将记录阳性瓶和阴性瓶的读数记录在下表。

样品	规格	pH 值	iAST		iNST		保温观察	判定结果
			阴阳性	DT 值	阴阳性	DT 值		
A								
B								
C								

2. 结果判定

（1）仪器分析结果为阴性，经感官检查、pH 测定，确证无微生物增殖现象，则为商业无菌。

（2）仪器分析结果为阳性，经过确证实验无微生物增殖现象，则为商业无菌。

（3）仪器分析结果为阳性，经过确证实验有微生物增殖现象，则为非商业无菌。

【思考题】

1. iAST 培养瓶和 iNST 培养瓶的特性是什么？

2. BacT/ALERT 3D 系统检测与国标检测相比的优缺点？

实验三十二 ATP 生物发光法检测食品中的菌落总数

【目的】

1. 掌握 ATP 生物发光法检测食品微生物的原理。

2. 熟悉利用 ATP 生物发光法检测食品微生物的方法。

【概述】

ATP 生物发光法的原理就是在荧光素酶 E (luciferase) 和 Mg^{2+} 的作用下，荧光素 LH_2 (luciferin) 与 ATP 发生腺苷酰化被活化，活化后的荧光素与荧光素酶相结合，形成了荧光素-AMP 复合体，并放出焦磷酸 (PPi)。该复合体被分子氧氧化，形成激发态复合物 P^*-E·AMP，放出 CO_2，当该复合物从激发态回到基态时发射光。并最终形成氧化虫荧光素 P 和 AMP。反应过程如下：

Luciferin＋ATP＋O_2 $\longrightarrow$ Oxyluciferin＋AMP＋Pyrophospat＋CO_2＋Light

E＋LH_2＋ATP E·LH_2-AMP＋PPi(1)

E·LH_2-AMP＋O_2[P^*-E·AMP]＋CO_2(2)

E-P＋hv＋AMP(3)

实验表明，荧光素酶为非典型的 Michaelis-Menten 酶，最适 pH 为 7.5，对其作用底物之一——ATP 的酶促动力学曲线呈 S 型。在适当低的 ATP 浓度范围内，其反应的速度与 ATP 浓度成一级反应的关系，即检测的荧光值强度与 ATP 浓度成一定比例关系。对于一定生理时期内的活体微生物，均有较恒定水平 ATP 含量，使得 ATP 浓度与活体微生物含量之间有较好的线性关系。而且微生物死亡后，其体内的 ATP 会很快被胞内酶所降解，不会对活体微生物的测定产生影响。ATP 这些特点，使 ATP 生物发光法成为较好的活体微生物的检测方法。

2002 年，我国卫生部颁发了食品加工企业 HACCP (Hazard Analysis and Critical Control Point) 实施指南，鼓励食品企业引入 ATP 生物发光快速检测系统。目前，在餐饮服务食品安全现场快速检测设备配备基本标准中，ATP 生物发光快速检测系统被应用于环境洁净度的评估检测。研究表明，各生长期的细菌均有较恒定水平的 ATP 含量，因此，提取细菌的 ATP，利用生物发光法测出 ATP 含量后，即可推算出样品中的含菌量，整个过程仅为十几分钟。由于生物发光法无需培养微生物过程，操作简便、灵敏度高，在短时间内即可得到检测结果，具有其他微生物检测方法无可比拟的优势，是目前检测微生物最快的方法之一。

【设备与材料】

1. 设备

ATP 生物发光快速检测系统配套仪器及试剂，包括：微量光度计，专用比色杯，发光反应试剂 (LLR)，细菌细胞 ATP 释放试剂 (XRA)，旋涡混合器，恒温培养箱，台式离心机，恒温摇床，振荡混匀器，滤膜，无菌注射器，大试管。

2. 材料与试剂

大肠杆菌（ATCC25922-3）；待检食品样品（如面包、自来水或纯净水样品等）。

稀释用磷酸盐缓冲液（PBS）；固体营养琼脂培养基。

【方法和步骤】

1. 细菌发光值的标准曲线

（1）试验前准备

将大肠杆菌接种于斜面培养基，37℃温箱培养 24h 进行增菌。

（2）试验准备

计数前 1d，用接种环刮取细菌斜面培养物一环接种到装有 10mL 营养肉汤的大试管内，37℃振荡培养过夜，此即培养物原液。用生理盐水将培养物原液做 10 倍递增稀释。

（3）平板计数

按照食品卫生微生物学检验标准（GB 4789.3—2012）进行。确定 3 个用于平皿计数的稀释梯度，保证至少一个梯度的计数在 30～300 范围内。每个梯度平行倒 3 个平板，同时做空白对照，于 37℃温箱培养 48h 计数，选择菌落计数在 30～300 范围内均匀分散的稀释度作平板计数并取平均值。

（4）测量相对光单位值（RLU）

将不同稀释度的菌液分别注入 100mL 蒸馏水中，再通过滤膜进行过滤浓缩后，用 ATP 荧光仪检测，记录 RLU。同一样品平行 3 次。用相同的 ATP 生物荧光法测定菌液原液的 RLU，连续 3 次，作为阳性对照；用 ATP 生物荧光法测定蒸馏水的 RLU 值，作为阴性对照。

（5）绘制标准曲线

以光值平均数的对数值为 y 轴，平板计数平均数对数值为 x 轴，作 x、y 散点图绘制标准曲线。

2. 样品检测

（1）样品处理

① 固体和半固体样品　称取 25g 样品置盛有 225mL 磷酸盐缓冲液的无菌均质杯内，8000～10000r/min 均质 1～2min，或放入盛有 225mL 稀释液的无菌均质袋中，用拍击式均质器拍打 1～2min，制成 1∶10 的样品匀液。

② 液体样品　以无菌吸管吸取 25mL 样品置盛有 225mL 磷酸盐缓冲液或生理盐水的无菌锥形瓶（瓶内预置适当数量的无菌玻璃珠）中，充分混匀，制成 1∶10 的样品匀液。

（2）样品的检测

将处理好的样品，用 ATP 荧光仪检测，记录 RLU，重复 3 次。根据标准曲线推算出样品中微生物实际数值。

【结果记录】

将大肠杆菌的 ATP 测定法与平板计数法数据记录下表。

稀释度	光 值				平板计数	
	1	2	平均值	Lg 光值	平均值(cfu/mL)	Lg 细菌总数
原液						
10^{-1}						
10^{-2}						
10^{-3}						
10^{-4}						
10^{-5}						

用统计学方法对 ATP 测定法与平板计数法的各批数据进行单因素方差分析和线性相关分析，记录下表，并对检测样品进行结果判定。

项目	F 值	P 值
Lg 光值		
Lg 细菌总数		
标准曲线方程		
判定结果		

【思考题】

1. 利用 ATP 生物发光法检测食品中的微生物应如何采样并对样品进行前期处理？
2. 比较用不同方法检测食品中微生物的优缺点。

实验三十三　酶联免疫吸附实验（ELISA）检测食品中大肠杆菌

【目的】

1. 掌握酶联免疫反应的原理。
2. 学会用 ELISA 检测食品中大肠杆菌 O157:H7 的含量。

【概述】

ELISA 是酶联接免疫吸附测定（Enzyme-Linked Immunosorbent Assay）的简称。它是继免疫荧光和放射免疫技术之后发展起来的一种免疫酶技术。此项技术自 20 世纪

70 年代初问世以来，发展十分迅速，目前已被广泛用于生物学和医学科学的许多领域。ELISA 方法的基本原理是酶分子与抗体或抗抗体分子共价结合，此种结合不会改变抗体的免疫学特性，也不影响酶的生物学活性。此种酶标记抗体可与吸附在固相载体上的抗原或抗体发生特异性结合。滴加底物溶液后，底物可在酶作用下使其所含的供氢体由无色的还原型变成有色的氧化型，出现颜色反应。因此，可通过底物的颜色反应来判定有无相应的免疫反应，颜色反应的深浅与标本中相应抗体或抗原的量呈正比。此种显色反应可通过 ELISA 检测仪进行定量测定，这样就将酶化学反应的敏感性和抗原抗体反应的特异性结合起来，使 ELISA 方法成为一种既特异又敏感的检测方法。

用于标记抗体或抗抗体的酶须具有下列特性：有高度的活性和敏感性；在室温下稳定；反应产物易于显现；能商品化生产。如今应用较多的有辣根过氧化物酶（HRP）、碱性磷酸酶、葡萄糖氧化酶等，其中以 HRP 应用最广。

过氧化物酶广泛分布于植物中，辣根中含量最高，从辣根中提取的称辣根过氧化物酶（HRP），是由无色酶蛋白和深棕色的铁卟啉构成的一种糖蛋白（含糖量 18%），分子量约 40000，约由 300 个氨基酸组成，等电点为 pH 3~9，催化反应的最适 pH 值因供氢体不同而稍有差异，一般多在 pH 5 左右。此酶溶于水和 50% 饱和度以下的硫酸铵溶液。酶蛋白和辅基的最大吸收光谱分别为 275nm 和 403nm。

酶的纯度以 RZ 表示：$RZ = OD_{403}/OD_{275}$

纯酶的 RZ 多在 3.0 以上，最高为 3.4。RZ 在 0.6 以下的酶制品为粗酶，非酶蛋白约占 75%，不能用于标记。RZ 在 2.5 以上者方可用于标记。HRP 的作用底物为过氧化氢，催化反应时的供氢体有几种：①邻苯二胺（OPD），产物为橙色，可溶性，敏感性高，最大吸收值在 490nm，可用肉眼观察判别，容易被浓硫酸终止反应，颜色可在数小时内不改变，是目前国内 ELISA 中最常用的一种；②联大茴香胺（OD），产物为橘黄色，最大吸收值在 400nm，颜色较稳定；③5-氨基水杨酸（5-AS）：产物为深棕色，最大吸收值在 449nm，部分溶解，敏感性较差；④邻联甲苯胺（OT）产物为蓝色，最大吸收值在 630nm，部分溶解，不稳定，不耐酸，但反应快，颜色明显。

碱性磷酸酶系从小牛肠黏膜和大肠杆菌中提取，由多个同功酶组成。它们的底物种类很多，常用者为硝基苯磷酸盐，廉价无毒性。酶解产物呈黄色，可溶，最大吸收值在 400nm。酶的活性以在 pH 10 反应系统中，37℃ 1 分钟水解 $1\mu g$ 磷酸苯二钠为一个单位。

注：酶标记抗体的方法

良好的酶结合物取决于两个条件，即高效价的抗体和高活性的酶。抗体的活性和纯度对制备标记抗体至关重要，因为特异性免疫反应随抗体活性和纯度的增加而增强。在酶标记过程中，抗体的活性有所降低，故需要纯度高、效价高及抗原亲和力强的抗体球蛋白，最好使用亲和层析提纯的抗体，可提高敏感性，而且可稀释使用，减少非特异性吸附。

酶与抗体交联，常用戊二醛法和过碘酸盐氧化法。郭春祥建立的 HRP 标记抗体的改良过碘酸钠法简单易行，标记效果好，特别适用于实验室的小批量制备。其标记程序为：将 $5\mu g$ HRP 溶于 0.5mL 蒸馏水中，加入新鲜配制的 0.06mol/L 的过碘酸钠（$NaIO_4$）水溶液 0.5mL，混匀置 4℃ 冰箱 30 分钟，取出加入 0.16mol/L 的乙二醇水溶液 0.5mL，室温放置 30 分钟后加入含 5g 纯化抗体的水溶液 1mL，混匀并装透析袋，以 0.05mol/L、pH 9.5 的碳酸盐缓冲液于 4℃ 冰箱中慢慢搅拌透析 6 小时（或过夜）使之结合，然后吸出，加硼氢化钠（$NaBH_4$）溶液（5g/mL）0.2mL，置 4℃ 冰箱 2 小时，将上述结合物混合液加入等体积饱和硫酸铵溶液，置 4℃ 冰箱 30 分钟后离心，将所得沉淀物溶于少许 0.02mol/L、pH 7.4 PBS 中，并对之透析过夜（4℃），次日离心除去不溶物，即得到酶标抗体，用 0.02mol/L、pH 7.4 PBS 稀至 5mL，进行测定后，冷冻干燥或低温保存。

【设备与材料】

1. 设备

聚苯乙烯塑料板（简称酶标板）40 孔或 96 孔，ELISA 检测仪，$50\mu L$ 及 $100\mu L$ 加样器，塑料滴头，小毛巾，洗涤瓶，小烧杯，玻璃棒，试管，吸管和量筒等。

4℃ 冰箱，37℃ 孵育箱。

2. 材料

（1）大肠杆菌 O157：H7 酶联免疫检测试剂盒

大肠杆菌 O157：H7 酶联免疫检测试剂盒是用来检测食品中大肠杆菌 O157：H7 的含量。大肠杆菌 O157：H7 是肠杆菌家族的一种革兰阴性菌，"O" 指的是菌体抗原，"H" 指的是鞭毛抗原，这是大肠杆菌数以百计血清型中的一种。大多数片段是无害的，通常存在于哺乳动物的肠道中。这个 O157：H7 片段能产生志贺祥毒素，是肠出血性大肠杆菌（EHEC）级的一个成员，会导致严重的疾病，感染上肠出血性大肠杆菌的人会出现肠出血症和溶血性尿毒综合征。污染致病原主要存在于生的细纹牛肉、未经巴氏消毒的牛奶、未经处理的水、果汁、嫩芽、生菜和腊肠中。

① 试剂盒原理　试剂盒基于酶联免疫检测原理，大肠杆菌 O157：H7 的单克隆抗体包被在微孔内。分析过程中，如果样品中有大肠杆菌存在，当加入样品时，即可与单抗结合，在孔中加入适当的培养液可以快速增菌。酶标记的二抗与板孔中包被的一抗结合，加入底物后颜色的深浅与样品中大肠杆菌 O157：H7 的含量相关。

② 试剂盒组成

抗体包被的酶标板（E. coli O157：H7 Antibody-coated Plate）（可拆式）	12×8 孔
1×阴性对照（1×E. coli O157：H7 Negative Control）	1×1mL
1×阳性对照（1×E. coli O157：H7 Positive Control）	1×1mL
50×HRP-二抗（HRP-Conjugated Antibody ♯2）	3×50mL

二抗稀释液（Antibody ♯2 Diluent）	1×20mL
20×浓缩洗液（Wash Solution）	1×28mL
终止液（Stop Buffer）	1×20mL
TMB 底物（TMB Substrate）	1×12mL

试剂盒在 2～8℃的温度下储存，有效期一年。如果超过 3 个月不使用试剂盒，请将阴性对照、阳性对照、二抗保存于−20℃。

③ 检测限　10^5 细胞/mL。

（2）试剂

① 包被缓冲液（pH 9.6 0.05mol/L 碳酸盐缓冲液）　Na_2CO_3 1.59g，$NaHCO_3$ 2.93g，加蒸馏水至 1000mL。

② 洗涤缓冲液（pH 7.4 PBS）　0.15mol/L KH_2PO_4 0.2g，$Na_2HPO_4 \cdot 12H_2O$ 2.9g，NaCl 8.0g，KCl 0.2g，0.05％Tween-20 0.5mL，加蒸馏水至 1000mL。

③ 稀释液　牛血清白蛋白（BSA）0.1g，加洗涤缓冲液至 100mL 或以羊血清、兔血清等血清与洗涤液配成 5％～10％使用。

④ 终止液（2mol/L H_2SO_4）　蒸馏水 178.3mL，逐滴加入浓硫酸（98％）21.7mL。

⑤ 底物缓冲液（pH 5.0 磷酸柠檬酸缓冲液）　0.2mol/L Na_2HPO_4（28.4g/L）25.7mL，0.1mol/L 柠檬酸（19.2g/L）24.3mL，加蒸馏水 50mL。

⑥ TMB（四甲基联苯胺）使用液　TMB（2mg/mL 无水乙醇）0.5mL，底物缓冲液（pH 5.5）10mL，0.75％ H_2O_2 32μL。

⑦ ABTS 使用液　ABTS 0.5mg，底物缓冲液（pH 5.5）1mL，3％ H_2O_2 2μL。

⑧ 抗原、抗体和酶标记抗体。

⑨ 正常人血清和阳性对照血清。

【方法与步骤】

1. 包被

用 0.05mol/L pH 9.6 碳酸盐包被缓冲液将抗体稀释至蛋白质含量为 1～10μg/mL。在每个聚苯乙烯板的反应孔中加 0.1mL，4℃过夜。次日，弃去孔内溶液，用洗涤缓冲液洗 3 次，每次 3min（简称洗涤，下同）。

2. 加样

加一定稀释的待检样品 0.1mL 于上述已包被的反应孔中，置 37℃孵育 1h，然后洗涤。（同时做空白孔，阴性对照孔及阳性对照孔）。

3. 加酶标抗体

于各反应孔中，加入新鲜稀释的酶标抗体（经滴定后的稀释度）0.1mL。37℃孵育 0.5～1h，洗涤。

4. 加底物液显色

于各反应孔中加入临时配制的 TMB 底物溶液 0.1mL，37℃ 10～30min。

5. 终止反应

于各反应孔中加入终止液 0.05mL。

【结果记录】

结果判定：可于白色背景上，直接用肉眼观察结果。反应孔内颜色越深，阳性程度越强，阴性反应为无色或极浅，依据所呈颜色的深浅，以"＋"、"－"号表示。用酶标仪测 OD 值：在 ELISA 检测仪上，于 450nm（若以 ABTS 显色，则 410nm）处，以空白对照孔调零后测各孔 OD 值，若大于规定的阴性对照 OD 值的 2.1 倍，即为阳性。记录酶标仪检测到的数值，进行分析统计。

【思考题】

1. 讨论不同底物所显示颜色的差异及优缺点。
2. 查找资料并设计用 ELISA 检测嗜肺军团杆菌的实验方案。

附 录

附录一　各类食品落菌总数的标准

食品种类		菌落总数	大肠菌群	霉菌	灭菌乳菌落总数
膨化食品		≤10000cfu/g	≤90MPN/100g	—	—
固体饮料		≤1000cfu/g	≤90MPN/100g	≤50cfu/g	—
糕点	月饼	≤1500cfu/g	≤30MPN/100g	≤100cfu/g	—
	蛋糕	≤10000cfu/g	≤300MPN/100g	≤150cfu/g	—
食醋		≤10000cfu/mL	—	—	—
冷冻饮品	含淀粉类	≤3000cfu/g	≤100MPN/100g	—	—
	含乳蛋类	≤25000cfu/g	≤450MPN/100g	—	—
饼干	非夹心	≤750cfu/g	—	≤50cfu/g	—
	夹心饼干	≤2000cfu/g	—	≤50cfu/g	—
巴氏杀菌、灭菌乳制品		—	≤3MPN/100g	—	≤10cfu/g
蜜饯		≤1000cfu/g	—	≤50cfu/g	—
鸡精调味品		—	≤90MPN/100g	—	—

附录二　MPN 检索表

阳性管数			MPN	95％可信限		阳性管数			MPN	95％可信限	
0.1	0.01	0.001		上限	下限	0.1	0.01	0.001		上限	下限
0	0	0	<3.0	—	9.5	2	2	0	21	4.5	42
0	0	1	3.0	0.15	9.6	2	2	1	28	8.7	94
0	1	0	3.0	0.15	11	2	2	2	35	8.7	94
0	1	1	6.1	1.2	18	2	3	0	29	8.7	94
0	2	0	6.2	1.2	18	2	3	1	36	8.7	94
0	3	0	9.4	3.6	38	3	0	0	23	4.6	94
1	0	0	3.6	0.17	18	3	0	1	38	8.7	110
1	0	1	7.2	1.3	18	3	0	2	64	17	180
1	0	2	11	3.6	38	3	1	0	43	9	180
1	1	0	7.4	1.3	20	3	1	1	75	17	200
1	1	1	11	3.6	38	3	1	2	120	37	420
1	2	0	11	3.6	42	3	1	3	160	40	420
1	2	1	15	4.5	42	3	2	0	93	18	420
1	3	0	16	4.5	42	3	2	1	150	37	420
2	0	0	9.2	1.4	38	3	2	2	210	40	430
2	0	1	14	3.6	42	3	2	3	290	90	1000
2	0	2	20	4.5	42	3	3	0	240	42	1000
2	1	0	15	3.7	42	3	3	1	460	90	2000
2	1	1	20	4.5	42	3	3	2	1100	180	4100
2	1	2	27	8.7	94	3	3	3	>1100	420	—

注：1. 本表采用 3 个稀释度［0.1g（mL）、0.01g（mL）和 0.001g（mL）］，每个稀释度接种 3 管。

2. 表内所列检样量如改用 1g（mL）、0.1g（mL）和 0.01g（mL）时，表内数字应相应降低 10 倍；如改用 0.01g（mL）、0.001g（mL）、0.0001g（mL）时，则表内数字应相应提高 10 倍，其余类推。

附录三 阪崎肠杆菌最可能数（MPN）检索表

阳性管数			MPN	95%可信限		阳性管数			MPN	95%可信限	
100	10	1		上限	下限	100	10	1		上限	下限
0	0	0	<0.3	—	0.95	2	2	0	2.1	0.45	4.2
0	0	1	0.3	0.015	0.96	2	2	1	2.8	0.87	9.4
0	1	0	0.3	0.015	1.1	2	2	2	3.5	0.87	9.4
0	1	1	0.61	0.12	1.8	2	3	0	2.9	0.87	9.4
0	2	0	0.62	0.12	1.8	2	3	1	3.6	0.87	9.4
0	3	0	0.94	0.36	3.8	3	0	0	2.3	0.46	9.4
1	0	0	0.36	0.017	1.8	3	0	1	3.8	0.87	11
1	0	1	0.72	0.13	1.8	3	0	2	6.4	1.7	18
1	0	2	1.1	0.36	3.8	3	1	0	4.3	0.9	18
1	1	0	0.74	0.13	2	3	1	1	7.5	1.7	20
1	1	1	1.1	0.36	3.8	3	1	2	12	3.7	42
1	2	0	1.1	0.36	4.2	3	1	3	16	4	42
1	2	1	1.5	0.45	4.2	3	2	0	9.3	1.8	42
1	3	0	1.6	0.45	4.2	3	2	1	15	3.7	42
2	0	0	0.92	0.14	3.8	3	2	2	21	4	43
2	0	1	1.4	0.36	4.2	3	2	3	29	9	100
2	0	2	2	0.45	4.2	3	3	0	24	4.2	100
2	1	0	1.5	0.37	4.2	3	3	1	46	9	200
2	1	1	2	0.45	4.2	3	3	2	110	18	410
2	1	2	2.7	0.87	9.4	3	3	3	>110	42	—

注：1. 本表采用3个检样量[100g（mL）、10g（mL）和1g（mL）]，每个稀释度接种3管。

2. 表内所列检样量如改用1000g（mL）、100g（mL）和10g（mL）时，表内数字应相应降低10倍；如改用10g（mL）、1g（mL）、0.1g（mL）时，则表内数字应相应提高10倍，其余类推。

附录四 常见沙门菌抗原

菌名	拉丁菌名	O抗原	H抗原	
			第1相	第2相
A 群				
甲型副伤寒沙门菌	*S. paratyphi* A	1,2,12	a	[1,5]
B 群				
基桑加尼沙门菌	*S. kisangani*	1,4,[5],12	a	1,2
阿雷查瓦莱塔沙门菌	*S. arechavaleta*	4,[5],12	a	1,7
马流产沙门菌	*S. abortusequi*	4,12	—	e,n,x,
乙型副伤寒沙门菌	*S. paratyphi* B	1,4,[5],12	b	1,2

续表

菌 名	拉丁菌名	O 抗原	H 抗原 第1相	H 抗原 第2相
B 群				
利密特沙门菌	S. limete	$\underline{1},4,12,[27]$	b	1,5
阿邦尼沙门菌	S. abony	$\underline{1},4,[5],12,27$	b	e,n,x
维也纳沙门菌	S. wien	$\underline{1},4,12,[27]$	b	1,w
伯里沙门菌	S. bury	$4,12,[27]$	c	z6
斯坦利沙门菌	S. stanley	$\underline{1},4,[5],12,[27]$	d	1,2
圣保罗沙门菌	S. saintpaul	$\underline{1},4,[5],12$	e,h	1,2
里定沙门菌	S . reading	$\underline{1},4,[5],12$	e,h	1,5
彻斯特沙门菌	S. chester	$\underline{1},4,[5],12$	e,h	e,n,x
德尔卑沙门菌	S. derby	$\underline{1},4,[5],12$	f,g	[1,2]
阿贡纳沙门菌	S. agona	$\underline{1},4,[5],12$	f,g,s	[1,2]
埃森沙门菌	S. essen	$4,12$	g,m	—
加利福尼亚沙门菌	S. california	$4,12$	g,m,t	$[z_{67}]$
金斯敦沙门菌	S. kingston	$\underline{1},4,[5],12,[27]$	g,s,t	[1,2]
布达佩斯沙门菌	S. budapest	$\underline{1},4,12,[27]$	g,t	—
鼠伤寒沙门菌	S. typhimurium	$\underline{1},4,[5],12$	i	1,2
拉古什沙门菌	S. Lagos	$\underline{1},4,[5],12$	i	1,5
布雷登尼沙门菌	S. bredeney	$\underline{1},4,12,[27]$	l,v	1,7
基尔瓦沙门菌 II	S. kilwa II	$4,12$	l,w	1,7
海德尔堡沙门菌	S. heidelberg	$\underline{1},4,[15],12$	r	1,2
印第安纳沙门菌	S. indiana	$\underline{1},4,12$	z	1,7
斯坦利维尔沙门菌	S. stanleyville	$\underline{1},4,[5],12,[27]$	z_4,z_{23}	[1,2]
伊图里沙门菌	S. ituri	$\underline{1},4,12$	z_{10}	1,5
C1 群				
奥斯陆沙门菌	S. oslo	$6,7,\underline{14}$	a	e,n,x
爱丁堡沙门菌	S. edinburg	$6,7,\underline{14}$	b	1,5
布隆方丹沙门菌 II	S. bloemfontein II	$6,7$	b	$[e,n,x]:z_{42}$
丙型副伤寒沙门菌	S. paratyphi C	$6,7,[Vi]$	c	1,5
猪霍乱沙门菌	S. choleraesuis	$6,7$	c	1,5
猪伤寒沙门菌	S. typhisuis	$6,7$	c	1,5
罗米他沙门菌	S. lomita	$6,7$	e,h	1,5
布伦登卢普沙门菌	S. braenderup	$6,7,\underline{14}$	e,h	e,n,z_{15}
里森沙门菌	S. rissen	$6,7,\underline{14}$	f,g	—
蒙得维的亚沙门菌	S. montevideo	$6,7,\underline{14}$	g,m,[p],s	[1,2,7]
里吉尔沙门菌	S. riggil	$6,7$	g,[t]	—
奥雷宁堡沙门菌	S. oranieburg	$6,7,\underline{14}$	m,t	[2,5,7]

续表

菌 名	拉丁菌名	O 抗 原	H 抗 原 第 1 相	第 2 相
C1 群				
奥里塔蔓林沙门菌	*S. oritamerin*	6,7	i	1,5
汤卜逊沙门菌	*S. thompson*	6,7,<u>14</u>	k	1,5
康科德沙门菌	*S. concord*	6,7	l,v	1,2
伊鲁木沙门菌	*S. irumu*	6,7	l,v	1,5
姆卡巴沙门菌	*S. mkamba*	6,7	l,v	1,6
波恩沙门菌	*S. bonn*	6,7	l,v	e,n,x
波茨坦沙门菌	*S. potsdam*	6,7,<u>14</u>	l,v	e,n,z_{15}
格但斯克沙门菌	*S. gdansk*	6,7,<u>14</u>	l,v	z6
维尔肖沙门菌	*S. virchow*	6,7,<u>14</u>	r	1,2
婴儿沙门菌	*S. infantis*	6,7,<u>14</u>	r	1,5
巴布亚沙门菌	*S. papuana*	6,7	r	e,n,z_{15}
巴累利沙门菌	*S. bareilly*	6,7,<u>14</u>	y	1,5
哈特福德沙门菌	*S. hartford*	6,7	y	e,n,x
三河岛沙门菌	*S. mikawasima*	6,7,<u>14</u>	y	e,n,z_{15}
姆班达卡沙门菌	*S. mbandaka*	6,7,<u>14</u>	z_{10}	e,n,z_{15}
田纳西沙门菌	*S. tennessee*	6,7,<u>14</u>	z_{29}	[1,2,7]
布伦登卢普沙门菌	*S. braenderup*	6,7,<u>14</u>	e,h	e,n,z_{15}
耶路撒冷沙门菌	*S. jerusalem*	6,7,<u>14</u>	z_{10}	l,w
C2 群				
习志野沙门菌	*S. narashino*	6,8	a	e,n,x
名古屋沙门菌	*S. nagoya*	6,8	b	1,5
加瓦尼沙门菌	*S. gatuni*	6,8	b	e,n,x
慕尼黑沙门菌	*S. muenchen*	6,8	d	1,2
曼哈顿沙门菌	*S. manhattan*	6,8	d	1,5
纽波特沙门菌	*S. newport*	6,8,<u>20</u>	e,h	1,2
科特布斯沙门菌	*S. kottbus*	6,8	e,h	1,5
茨昂威沙门菌	*S. tshiongwe*	6,8	e,h	e,n,z_{15}
林登堡沙门菌	*S. lindenburg*	6,8	i	1,2
塔科拉迪沙门菌	*S. takoradi*	6,8	i	1,5
波那雷恩沙门菌	*S. bonariensis*	6,8	i	e,n,x
利齐菲尔德沙门菌	*S. litchfield*	6,8	l,v	1,2
病牛沙门菌	*S. bovismorbificans*	6,8,<u>20</u>	r,[i]	1,5
查理沙门菌	*S. chailey*	6,8	z_4,z_{23}	e,n,z_{15}
C3 群				
巴尔多沙门菌	*S. bardo*	8	e,h	1,2
依麦克沙门菌	*S. emek*	8,<u>20</u>	g,m,s	—
肯塔基沙门菌	*S. kentucky*	8,<u>20</u>	i	z6

续表

菌 名	拉丁菌名	O 抗原	H 抗原 第1相	H 抗原 第2相
D 群				
仙台沙门菌	*S. sendai*	1,9,12	a	1,5
伤寒沙门菌	*S. typhi*	9,12,[Vi]	d	—
塔西沙门菌	*S. tarshyne*	9,12	d	1,6
伊斯特本沙门菌	*S. eastbourne*	1,9,12	e,h	1,5
以色列沙门菌	*S. israel*	9,12	e,h	e,n,z_{15}
肠炎沙门菌	*S. enteritidis*	1,9,12	g,m	[1,7]
布利丹沙门菌	*S. blegdam*	9,12	g,m,q	—
沙门菌 II	*S. almonella* II	1,9,12	g,m,[s],t	[1,5,7]
都柏林沙门菌	*S. dublin*	1,9,12,[Vi]	g,p	—
芙蓉沙门菌	*S. seremban*	9,12	i	1,5
巴拿马沙门菌	*S. panama*	1,9,12	l,v	1,5
戈丁根沙门菌	*S. goettingen*	9,12	l,v	e,n,z_{15}
爪哇安纳沙门菌	*S. javiana*	1,9,12	L,z_{28}	1,5
鸡-雏沙门菌	*S. gallinarum-pullorum*	1,9,12	—	—
E1 群				
奥凯福科沙门菌	*S. okefoko*	3,10	c	z_6
瓦伊勒沙门菌	*S. vejle*	3,[10],[15]	e,h	1,2
明斯特沙门菌	*S. muenster*	3,[10][15][15,34]	e,h	1,5
鸭沙门菌	*S. anatum*	3,[10][15][15,34]	e,h	1,6
纽兰沙门菌	*S. newlands*	3,[10],[15,34]	e,h	e,n,x
火鸡沙门菌	*S. meleagridis*	3,[10][15][15,34]	e,h	l,w
雷根特沙门菌	*S. regent*	3,10	f,g,[s]	[1,6]
西翰普顿沙门菌	*S. westhampton*	3,[10][15][15,34]	g,s,t	—
阿姆德尔尼斯沙门菌	*S. amounderness*	3,10	i	1,5
新罗歇尔沙门菌	*S. new-rochelle*	3,10	k	l,w
恩昌加沙门菌	*S. nchanga*	3,[10][15]	l,v	1,2
新斯托夫沙门菌	*S. sinstorf*	3,10	l,v	1,5
伦敦沙门菌	*S. london*	3,[10][15]	l,v	1,6
吉韦沙门菌	*S. give*	3,[10][15][15,34]	l,v	1,7
鲁齐齐沙门菌	*S. ruzizi*	3,10	l,v	e,n,z_{15}
乌干达沙门菌	*S. uganda*	3,[10][15]	l,z_{13}	1,5
乌盖利沙门菌	*S. ughelli*	3,10	r	1,5
韦太夫雷登沙门菌	*S. weltevreden*	3,[10][15]	r	z_6
克勒肯威尔沙门菌	*S. clerkenwell*	3,10	z	l,w
列克星敦沙门菌	*S. lexington*	3,[10][15][15,34]	z_{10}	1,5

续表

菌 名	拉丁菌名	O 抗原	H 抗原	
			第 1 相	第 2 相
E4 群				
萨奥沙门菌	*S. sao*	1,3,19	e,h	e,n,z_{15}
卡拉巴尔沙门菌	*S. calabar*	1,3,19	e,h	l,w
山夫登堡沙门菌	*S. senftenberg*	1,3,19	g,[s],t	—
斯特拉特福沙门菌	*S. stratford*	1,3,19	i	1,2
塔克松尼沙门菌	*S. taksony*	1,3,19	i	z_6
索恩保沙门菌	*S. schoeneberg*	1,3,19	z	e,n,z_{15}
F 群				
昌丹斯沙门菌	*S. chandans*	11	d	[e,n,x]
阿柏丁沙门菌	*S. aberdeen*	11	i	1,2
布里赫姆沙门菌	*S. brijbhumi*	11	i	1,5
威尼斯沙门菌	*S. veneziana*	11	i	e,n,x
阿巴特图巴沙门菌	*S. abaetetuba*	11	k	1,5
鲁比斯劳沙门菌	*S. rubislaw*	11	r	e,n,x
其 他 群				
浦那沙门菌	*S. poona*	$\underline{1}$,13,22	z	1,6
里特沙门菌	*S. ried*	$\underline{1}$,13,22	z_4,z_{23}	[e,n,z_{15}]
密西西比沙门菌	*S. mississippi*	$\underline{1}$,13,23	b	1,5
古巴沙门菌	*S. cubana*	$\underline{1}$,13,23	z_{29}	—
苏拉特沙门菌	*S. surat*	[1],6,14,[25]	r,[i]	e,n,z_{15}
松兹瓦尔沙门菌	*S. sundsvall*	[1],6,14,[25]	z	e,n,x
非丁伏斯沙门菌	*S. hvittingfoss*	16	b	e,n,x
威斯敦沙门菌	*S. weston*	16	e,h	z_6
上海沙门菌	*S. shanghai*	16	l,v	1,6
自贡沙门菌	*S. zigong*	16	l,w	1,5
巴圭达沙门菌	*S. baguida*	21	z_4,z_{23}	—
迪尤波尔沙门菌	*S. dieuoppeul*	28	i	1,7
卢肯瓦尔德沙门菌	*S. luckenwalde*	28	z_{10}	e,n,z_{15}
拉马特根沙门菌	*S. ramatgan*	30	k	1,5
阿德莱沙门菌	*S. adelaide*	35	f,g	—
旺兹沃思沙门菌	*S. wandsworth*	39	b	1,2
雷俄格伦德沙门菌	*S. riogrande*	40	b	1,5
莱瑟沙门菌	*S. lethe* II	41	g,t	—
达莱姆沙门菌	*S. dahlem*	48	k	e,n,z_{15}
沙门菌 III b	*Salmonella* III b	61	l,v	1,5,7

附录五　稀释法测数统计表

一、三次重复测数统计表

数量指标	细菌近似值	数量指标	细菌近似值	数量指标	细菌近似值
000	0.0	201	1.4	302	6.5
001	0.3	202	2.0	310	4.5
010	0.3	210	1.5	311	7.5
011	0.6	211	2.0	312	11.5
020	0.6	212	3.0	313	16.0
100	0.4	220	2.0	320	9.5
101	0.7	221	3.0	321	15.0
102	1.1	222	3.5	322	20.0
110	0.7	223	4.0	323	30.0
111	1.1	230	3.0	330	25.0
120	1.1	231	3.5	331	45.0
121	1.5	232	4.0	332	110.0
130	1.6	300	2.5	333	140.0
200	0.9	301	4.0		

二、四次重复测数统计表

数量指标	细菌近似值	数量指标	细菌近似值	数量指标	细菌近似值	数量指标	细菌近似值
000	0.0	113	1.3	231	2.0	402	5.0
001	0.2	120	0.8	240	2.0	403	7.0
002	0.5	121	1.1	241	3.0	410	3.5
003	0.7	122	1.3	300	1.1	411	5.5
010	0.2	123	1.6	301	1.6	412	8.0
011	0.5	130	1.1	302	2.0	413	11.0
012	0.7	131	1.4	303	2.5	414	14.0
013	0.9	132	1.6	310	1.6	420	6.0
020	0.5	140	1.4	311	2.0	421	9.5
021	0.7	141	1.7	312	3.0	422	13.0
022	0.9	200	0.6	313	3.5	423	17.0
030	0.7	201	0.9	320	2.0	424	20.0
031	0.9	202	1.2	321	3.0	430	11.5
040	0.9	203	1.6	322	3.5	431	16.5
041	1.2	210	0.9	330	3.0	432	20.0
100	0.3	211	1.3	331	3.5	433	30.0
101	0.5	212	1.6	332	4.0	434	35.0
102	0.8	213	2.0	333	5.0	440	25.0
103	1.0	220	1.3	340	3.5	441	40.0
110	0.5	221	1.6	341	4.5	442	70.0
111	0.8	222	2.0	400	2.5	443	140.0
112	1.0	230	1.7	401	3.5	444	160.0

三、五次重复测数统计表

数量指标	细菌近似值	数量指标	细菌近似值	数量指标	细菌近似值	数量指标	细菌近似值
000	0.0	203	1.2	400	1.3	513	8.5
001	0.2	210	0.7	401	1.7	520	5.0
002	0.4	211	0.9	402	2.0	521	7.0
010	0.2	212	1.2	403	2.5	522	9.5
011	0.4	220	0.9	410	1.7	523	12.0
012	0.6	221	1.2	411	2.0	524	15.0
020	0.4	222	1.4	412	2.5	525	17.5
021	0.6	230	1.2	420	2.0	530	8.0
030	0.6	231	1.4	421	2.5	531	11.0
100	0.2	240	1.4	422	3.0	532	14.0
101	0.4	300	0.8	430	2.5	533	17.5
102	0.6	301	1.1	431	3.0	534	20.0
103	0.8	302	1.4	432	4.0	535	25.0
110	0.4	310	1.1	440	3.5	540	13.0
111	0.6	311	1.4	441	4.9	541	17.0
112	0.8	312	1.7	450	4.0	542	25.0
120	0.6	313	2.0	451	5.0	543	30.0
121	0.8	320	1.4	500	2.5	544	35.0
122	1.0	321	1.7	501	3.0	545	45.0
130	0.8	322	2.0	502	4.0	550	25.0
131	1.0	330	1.7	503	6.0	551	35.0
140	1.1	331	2.0	504	7.5	552	60.0
200	0.5	340	2.0	510	3.5	553	90.0
201	0.7	341	2.5	511	4.5	554	160.0
202	0.9	350	2.5	512	6.0	555	180.0

附录六　实验室中常用酸碱的相对密度和浓度

名称	分子式	分子量	相对密度	百分浓度 %(W/W)	当量浓度 (粗略)N	配 1L 1mol/L 溶液所需 mL 数
盐酸	HCl	36.47	1.19	37.2	12.0	84
			1.18	35.4	11.8	
			1.10	20.0	6.0	
硫酸	H_2SO_4	98.09	1.84	95.6	36.0	28
			1.18	24.8	6.0	

续表

名称	分子式	分子量	相对密度	百分浓度%(W/W)	当量浓度（粗略）N	配1L 1mol/L溶液所需mL数
硝酸	HNO₂	63.02	1.42	70.98	16.0	63
			1.40	65.3	14.5	
			1.20	32.36	6.1	
冰乙酸	CH₃COOH	60.05	1.05	99.5	17.4	59
乙酸	CH₃COOH	98.06		36	6.0	
磷酸	H₃PO₄	35.05	1.71	85.0	15,30,45（依反应而定）	67（以15N计）
氨水	NH₄OH		0.90		15	67
			0.904	27.0	14.3	70
			0.91	25.0	13.4	
			0.96	10.0	5.6	
氢氧化钠溶液	NaOH	40.0	1.5	50.0	19	53

附录七 常用酸碱指示剂的配制

指示剂名称	变色pH范围	颜色变化	溶液配制方法
甲基紫（第一变色范围）	0.13～0.5	黄-绿	1g/L或0.5g/L的水溶液
甲酚红（第一变色范围）	0.2～1.8	红-黄	0.04g指示剂溶于100mL 50%的乙醇
甲基紫（第二变色范围）	1.0～1.5	绿-蓝	1g/L水溶液
百里酚蓝（麝香草酚蓝）（第一变色范围）	1.2～2.8	红-黄	1g指示剂溶于100mL 20%的乙醇
甲基紫（第三变色范围）	2.0～3.0	蓝-紫	1g/L水溶液
甲基橙	3.1～4.4	红-黄	1g/L水溶液
溴酚蓝	3.0～4.6	黄-蓝	1g指示剂溶于100mL 20%的乙醇
刚果红	3.0～5.2	蓝紫-红	1g/L水溶液
溴甲酚绿	3.8～5.4	黄-蓝	0.1g指示剂溶于100mL 20%的乙醇
甲基红	4.4～6.2	红-黄	0.1g或0.2g指示剂溶于100mL 60%的乙醇
溴酚红	5.0～6.8	黄-红	0.1g或0.04g指示剂溶于100mL 20%的乙醇
溴百里酚蓝	6.0～7.6	黄-蓝	0.05g指示剂溶于100mL 20%的乙醇
中性红	6.8～8.0	黄-亮红	0.1g指示剂溶于100mL 60%的乙醇
酚红	6.8～8.0	黄-红	0.1g指示剂溶于100mL 20%的乙醇
甲酚红	7.2～8.8	亮黄-紫红	0.1g指示剂溶于100mL 50%的乙醇
百里酚蓝（麝香草酚蓝）（第二变色范围）	8.0～9.0	黄-蓝	1g指示剂溶于100mL 20%的乙醇
酚酞	8.0～9.6	无色-紫红	0.1g指示剂溶于100mL 60%的乙醇
百里酚酞	9.4～10.6	无色-蓝	0.1g指示剂溶于100mL 90%的乙醇

附录八 常用贮液与溶液

1. 1mol/L 亚精胺

溶解 2.55g 亚精胺于水中，使终体积为 10mL。分装成小份贮存于－20℃。

2. 1mol/L 精胺

溶解 3.48g 精胺于水中，使终体积为 10mL。分装成小份贮存于－20℃。

3. 10mol/L 乙酸胺

将 77.1g 乙酸胺溶解于水中，加水定容至 1L 后，用 0.22μm 孔径的滤膜过滤除菌。

4. 10mg/mL 牛血清蛋白（BSA）

加 100mg 的牛血清蛋白（组分 V 或分子生物学试剂级，无 DNA 酶）于 9.5mL 水中（为减少变性，须将蛋白加入水中，而不是将水加入蛋白），轻轻摇动，直至牛血清蛋白完全溶解为止（不要涡旋混合以防蛋白变性），加水定容到 10mL，然后分装成小份贮存于－20℃。

5. 1mol/L 二硫苏糖醇（DTT）

在二硫苏糖醇 5g 的原装瓶中加 32.4mL 水，分成小份贮存于－20℃。或转移 100mg 的二硫苏糖醇至微量离心管，加 0.65mL 的水配制成 1mol/L 二硫苏糖醇溶液。

6. 8mol/L 乙酸钾

溶解 78.5g 乙酸钾于足量的水中，加水定容到 100mL。

7. 1mol/L KCl

溶解 7.46g KCl 于足量的水中，加水定容到 100mL。

8. 3mol/L 乙酸钠

溶解 40.8g 的三水乙酸钠于 90mL 水中，用冰乙酸调溶液的 pH 至 5.2，再加水定容至 100mL。

9. 0.5mol/L EDTA

配制等摩尔的 Na_2EDTA 和 NaOH 溶液（0.5mol/L），混合后形成 EDTA 的三钠盐。或称取 186.1g 的 $Na_2EDTA \cdot 2H_2O$ 和 20g 的 NaOH，并溶于水中，定容至 1L。

10. 1mol/L HEPES

将 23.8g HEPES 溶于约 90mL 的水中，用 NaOH 调 pH（6.8～8.2），然后用水定容至 100mL。

11. 1mol/L HCl

加 8.6mL 的浓 HCl 至 91.4mL 的水中。

12. 25mg/mL IPGT

溶解 250mg 的 IPGT（异丙基硫代-β-D-半乳糖苷）于 10mL 水中，分成小份贮存于－20℃。

13. 1mol/L $MgCl_2$

溶解 20.3g MgCl$_2$·6H$_2$O 于足量的水中，定容至 100mL。

14. 100mmol/L PMSF

溶解 174mg 的 PMSF（苯甲基磺酰氟）于足量的异丙醇中，定容到 10mL。分成小份并用铝箔将装液管包裹或贮存于－20℃。

15. 20mg/mL 蛋白酶 K

将 200mg 的蛋白酶 L 加入到 9.5mL 水中，轻轻摇动，直至蛋白酶 K 完全溶解（不要涡旋混合），加水定容至 10mL，然后分装成小份贮存于－20℃。

16. 10mg/mL RNase（无 DNase）

溶解 10mg 的胰蛋白 RNA 酶于 1mL 的 10mmol/L 的乙酸钠水溶液中（pH 5.0）。溶解后于水浴中煮沸 15min，使 DNA 酶失活。用 1mol/L 的 Tris-HCl 调 pH 至 7.5，于－20℃贮存。（配制过程中要戴手套）。

17. 5mol/L NaCl

溶解 29.2g NaCl 于足量的水中，定容至 100mL。

18. 10mol/L NaOH

溶解 400g NaOH 颗粒于约 900mL 水的烧杯中（磁力搅拌器搅拌），NaOH 完全溶解后用水定容至 1L。

19. 10％SDS（十二烷基硫酸钠）

称取 100g SDS 慢慢转移到约含 900mL 水的烧杯中，用磁力搅拌器搅拌直至完全溶解，用水定容至 1L。

20. 2mol/L 山梨（糖）醇

溶解 36.4g 山梨（糖）醇于足量水中使终体积为 100mL。

21. 100％三氯乙酸（TCA）

在装有 500g TCA 的试剂瓶中加入 100mL 水，用磁力搅拌器搅拌直至完全溶解。（稀释液应在临用前配制）。

22. 5％ X-gal（5-溴-4-氯-3-吲哚-β-半乳糖苷）

溶解 25mg 的 X-gal 于 1mL 的二甲基甲酰胺（DMF），用铝箔包裹装液管，贮存于－20℃。

23. 100× Denhardt 试剂

依照下表称取各组分，溶于水中定容，过滤除菌及杂质，分装成小份于－20℃贮存。

成分及终浓度	配制 100mL 溶液各成分的用量
2％聚蔗糖（Ficoll-400）	2g
2％聚乙烯吡咯烷酮（PVP-40）	2g
2％BSA（组分 V）	2g
水	加水至总体积为 100mL

24. 10× 标准 DNA 连接酶缓冲液

依照下表称取各组分，溶于水中定容，将配制好的缓冲液分装成小份，贮存于
−20℃。

成分及终浓度	配制 10mL 溶液各成分的用量
0.5mol/L Tris-HCl	5mL 1mol/L 贮液
100mmol/L $MgCl_2$	1mL 1mol/L 贮液
100mmol/L DTT	1mL 1mol/L 贮液
2mmol/L ATP	200μL 100mmol/L 贮液
5mmol/L 盐酸亚精胺（可选）	50μL 1mmol/L 贮液
0.5mg/mL BSA（组分 V）（可选）	0.5mL 10mg/mL 贮液
水	2.25mL

25. 100mmol/L dNTP 溶液

可以购买到 100mmol/L 纯 dNTPs 贮液，−80℃可贮存至少 6 个月。

成分及终浓度	配制 20μL 溶液各成分的用量
10mmol/L dATP	2μL 100mmol/L dATP 贮液
10mmol/L dCTP	2μL 100mmol/L dCTP 贮液
10mmol/L dGTP	2μL 100mmol/L dGTP 贮液
10mmol/L dTTP	2μL 100mmol/L dTTP 贮液
水	12μL

26. 20% PEG-8000-2.5mol/L NaCl

按下表加聚乙二醇于含有 NaCl 的烧杯中，用磁力搅拌器搅拌溶解，加水至终体
积 100mL。

成分及终浓度	配制 10mL 溶液各成分的用量
质量浓度为 20%聚乙二醇	20g
2.5mol/L NaCl	50mL 5mol/L NaCl 或 14.6g 固体 NaCl，补足 100mL
水	

27. 20×SSC

溶解柠檬酸三钠（二水）和 NaCl 于约 0.9L 水中，加几滴 10mol/L NaOH 溶液调
pH 为 7.0，用水补足体积至 1L。

成分及终浓度	配制 1L 溶液各成分的用量
300mmol/L 柠檬酸三钠（二水）	88.2g
3mol/L NaCl	175.3g
水	补足 1L

28. DEPC（焦碳酸二乙酯）处理水

加 100μL DEPC 于 100mL 水中，使 DEPC 的体积分数为 0.1%。在 37℃温浴至少
12h，然后在 15psi 条件下高压灭菌 20min，以使残余的 DEPC 失活。DEPC 会与胺起反
应，不可用 DEPC 处理 Tris 缓冲液。

29. 甲酰胺

直接购买或加 Dowex XG8 混合树脂于装有甲酰胺的玻璃烧杯中，用磁力搅拌器轻轻搅拌 1h，可去除甲酰胺中的离子。经 Whatman 1 号滤纸过滤除去树脂后分成小份，充氮气并于 $-80℃$ 贮存（防止氧化）。

30. 磷酸缓冲液

按照下表所给定的体积，混合 1mol/L 的磷酸二氢钠（单碱）和 1mol/L 磷酸氢二钠（双碱）贮液，获得所需 pH 的磷酸缓冲液。

1mol/L 磷酸二氢钠/mL	1mol/L 磷酸氢二钠/mL	最终 pH 值	1mol/L 磷酸二氢钠/mL	1mol/L 磷酸氢二钠/mL	最终 pH 值
877	123	6.0	565	435	6.7
850	150	6.1	510	490	6.8
815	185	6.2	450	550	6.9
775	225	6.3	390	610	7.0
735	265	6.4	330	670	7.1
685	315	6.5	280	720	7.2
625	375	6.6			

注：1mol/L 的磷酸二氢钠（$NaH_2PO_4 \cdot H_2O$）贮液溶解 138g 磷酸二氢钠于水中，使终体积为 1L；1mol/L 磷酸氢二钠（Na_2HPO_4）贮液溶解 142g 于水中使终体积为 1L。

31. TE（用于悬浮和贮存 DNA）

按下表加入各组分：

成分及终浓度	配制 100mL 溶液各成分的用量
10mmol/L Tris-HCl	1mL 1mol/L Tris-HCl(pH 7.4～8.0,25℃)
1mmol/L EDTA	200μL 0.5mol/L EDTA(pH 8.0)
水	98.8mL

32. Tris 缓冲液

将 121g 的 Tris 碱溶解于约 0.9L 水中，再根据所要求的 pH（25℃下）加一定量的浓盐酸（11.6mol/L），用水调整终体积至 1L。

浓盐酸的体积/mL	pH	浓盐酸的体积/mL	pH
8.6	9.0	46	8.0
14	8.8	56	7.8
21	8.6	66	7.6
28.5	8.4	71.3	7.4
38	8.2	76	7.2

附录九　常用培养基

1. 牛肉膏蛋白胨琼脂培养基

① 成分　蛋白胨 10.0g，牛肉膏 3.0g，氯化钠 5.0g，琼脂 17.0g，蒸馏水 1000mL；pH 7.2。

② 制法　将除琼脂外的各成分溶解于蒸馏水中，校正 pH，加入琼脂，分装于烧瓶内，121℃，15min 高压灭菌备用。

2. 查（察）氏培养基

$NaNO_3$ 2.0g，K_2HPO_4 1.0g，$MgSO_4 \cdot 7H_2O$ 0.5g，KCl 0.5g，$FeSO_4 \cdot 7H_2O$ 0.01g，蔗糖 30.0g，琼脂 15～20g，蒸馏水 1000mL；pH 值自然，121℃灭菌 20min。

3. 高氏一号（淀粉琼脂）培养基（主用于放线菌、霉菌培养）

可溶性淀粉 20.0g，KNO_3 1.0g，NaCl 0.5g，K_2HPO_4 0.5g，$MgSO_4 \cdot 7H_2O$ 0.5g，$FeSO_4 \cdot 7H_2O$ 0.01g，琼脂 20.0g，蒸馏水 1000mL；pH 7.2～7.4，121℃灭菌 20min。

4. 淀粉铵盐培养基（主要用于霉菌、放线菌培养）

可溶性淀粉 10.0g，$(NH_4)_2SO_4$ 2.0g，K_2HPO_4 1.0g，$MgSO_4 \cdot 7H_2O$ 1.0g，NaCl 1.0g，$CaCO_3$ 3.0g，蒸馏水 1000mL；pH 7.2～7.4，121℃灭菌 20min。若加入 15～20g 琼脂，即成固体培养基。

5. 月桂基硫酸盐胰蛋白胨（Lauryl Sulfate Tryptose，LST）肉汤

胰蛋白胨或胰酪胨 20.0g，氯化钠 5.0g，乳糖 5.0g，磷酸氢二钾（K_2HPO_4）2.75g，磷酸二氢钾（KH_2PO_4）2.75g，月桂基硫酸钠 0.1g，蒸馏水 1000mL；pH 6.8±0.2。

6. EC 肉汤（*E. coli* broth）

① 成分　胰蛋白胨或胰酪胨 20.0g，3 号胆盐或混合胆盐 1.5g，乳糖 5.0g，磷酸氢二钾 4.0g，磷酸二氢钾 1.5g，氯化钠 5.0g，蒸馏水 1000mL；pH 6.9±0.1。

② 制法　将上述成分溶解于蒸馏水中，调节 pH，分装到有玻璃小倒管的试管中，每管 8mL。121℃高压灭菌 15min。

7. 缓冲葡萄糖蛋白胨水［甲基红（MR）和 V-P 试验用］

① 成分　多胨 7.0g，葡萄糖 5.0g，磷酸氢二钾 5.0g，蒸馏水 1000mL；pH 7.0。

② 制法　溶化后调节 pH，分装试管，每管 1mL，121℃高压灭菌 15min，备用。

8. 西蒙柠檬酸盐培养基

① 成分　柠檬酸钠 2.0g，氯化钠 5.0g，磷酸氢二钾 1.0g，磷酸二氢铵 1.0g，硫酸镁 0.2g，溴百里香酚蓝 0.08g，琼脂 8.0～18.0g，蒸馏水 1000mL；pH 6.8±0.2。

② 制法　将各成分加热溶解，必要时调节 pH。每管分装 10mL，121℃高压 15min，制成斜面。

③ 试验方法　挑取培养物接种于整个培养基斜面，36℃±1℃培养 24h±2h，观察结果。阳性者培养基变为蓝色。

9. 伊红美蓝（EMB）琼脂

① 成分　蛋白胨 10g，乳糖 10g，磷酸氢二钾 2g，琼脂 17g，2%伊红 γ 溶液 20mL，0.65%美蓝溶液 10mL，蒸馏水 1000mL；pH 7.1。

② 制法　在 1000mL 蒸馏水中煮沸溶解蛋白胨、磷酸盐和琼脂，加水补足。分装于三角烧瓶中。每瓶 100mL 或 200mL，调节 pH，121℃高压灭菌 15min。使用前将琼脂融化，于每 100mL 琼脂中加 5mL 灭菌的 20%乳糖溶液，2mL 的 2%的伊红 γ 水溶液和 1.3mL 0.5%的美蓝水溶液，摇匀，冷至 45～50℃倾注平皿。

10. 营养琼脂小斜面

① 成分　蛋白胨 10.0g，牛肉膏 3.0g，氯化钠 5.0g，琼脂 15.0～20.0g，蒸馏水 1000mL；pH 7.2～7.4。

② 制法　将除琼脂以外的各成分溶解于蒸馏水内，加入 15%氢氧化钠溶液约 2mL 调节 pH 至 7.2～7.4。加入琼脂，加热煮沸，使琼脂溶化，分装 13mm×130mm 管，121℃高压灭菌 15min。

11. 结晶紫中性红胆盐琼脂（VRBA）

① 成分　蛋白胨 7.0g，酵母膏 3.0g，乳糖 10.0g，氯化钠 5.0g，胆盐或 3 号胆盐 1.5g，中性红 0.03g，结晶紫 0.002g，琼脂 15～18g，蒸馏水 1000mL；pH 7.4±0.1。

② 制法　将上述成分溶于蒸馏水中，静置几分钟，充分搅拌，调节 pH。煮沸 2min，将培养基冷却至 45～50℃倾注平板。使用前临时制备，不得超过 3h。

12. 结晶紫中性红胆盐-4-甲基伞形酮-β-D-葡萄糖苷琼脂（VRBA-MUG）

① 成分　蛋白胨 7.0g，酵母膏 3.0g，乳糖 10.0g，氯化钠 5.0g，胆盐或 3 号胆盐 1.5g，中性红 0.03g，结晶紫 0.002g，琼脂 15～18g，蒸馏水 1000.0mL；4-甲基伞形酮-β-D-葡萄糖苷（MUG）0.1g；pH 7.4±0.1。

② 制法　将上述成分溶于蒸馏水中，静置几分钟，充分搅拌，调节 pH。煮沸 2min，将培养基冷至 45～50℃使用。

13. 亚硫酸铋（BS）琼脂

① 成分　蛋白胨 10.0g，牛肉膏 5.0g，葡萄糖 5.0g，硫酸亚铁 0.3g，磷酸氢二钠 4.0g，煌绿 0.025g 或 5.0g/L 水溶液 5.0mL，柠檬酸铋铵 2.0g，亚硫酸钠 6.0g，琼脂 18.0～20g，蒸馏水 1000mL；pH 7.5±0.2。

② 制法　将蛋白胨、牛肉膏和葡萄糖加入 300mL 蒸馏水（制作基础液）；硫酸亚铁和磷酸氢二钠分别加入 20mL 和 30mL 蒸馏水中；柠檬酸铋铵和亚硫酸钠分别加入另一 20mL 和 30mL 蒸馏水中；琼脂加入 600mL 蒸馏水中。然后，分别搅拌均匀，煮沸溶解。冷至 80℃左右时，先将硫酸亚铁和磷酸氢二钠混匀，倒入基础液中，混匀。将柠檬酸铋铵和亚硫酸钠混匀，倒入基础液中，再混匀。调节 pH，随即倾入琼脂液中，混合均匀，冷至 50～55℃。加入煌绿溶液，充分混匀后立即倾注平皿。（注：本培养基不需要高压灭菌，在制备过程中不宜过分加热，避免降低其选择性，贮于室温暗处，超过 48h 会降低其选择性，本培养基宜于当天制备，第二天使用。）

14. HE 琼脂（Hektoen Enteric Agar）

① 成分　蛋白胨 12.0g，牛肉膏 3.0g，乳糖 12.0g，蔗糖 12.0g，水杨素 2.0g，

胆盐 20.0g，氯化钠 5.0g，琼脂 18.0～20.0g，蒸馏水 1000mL；0.4％溴麝香草酚蓝溶液 16.0mL；Andrade 指示剂 20.0mL；甲液（硫代硫酸钠 34.0g，柠檬酸铁铵 4.0g，蒸馏水 100mL）20.0mL；乙液（去氧胆酸钠 10.0g，蒸馏水 100mL）20.0mL；pH 7.5±0.2。

② 制法　将前面七种成分溶解于 400mL 蒸馏水内作为基础液；将琼脂加入于 600mL 蒸馏水内。然后，分别搅拌均匀，煮沸溶解。将甲液和乙液加入基础液内，调节 pH。再加入指示剂，并与琼脂液合并，待冷至 50～55℃倾注平皿。（注：①本培养基不需要高压灭菌，在制备过程中不宜过分加热，避免降低其选择性。②Andrade 指示剂的配制：将酸性复红 0.5g 溶解于蒸馏水中，加入 1mol/L 氢氧化钠溶液 16.0mL，定容至 100mL。若数小时后复红褪色不全，再加氢氧化钠溶液 1～2mL。）

15. 木糖赖氨酸脱氧胆盐（XLD）琼脂

① 成分　酵母膏 3.0g，L-赖氨酸 5.0g，木糖 3.75g，乳糖 7.5g，蔗糖 7.5g，去氧胆酸钠 2.5g，柠檬酸铁铵 0.8g，硫代硫酸钠 6.8g，氯化钠 5.0g，琼脂 15.0g，酚红 0.08g，蒸馏水 1000mL；pH 7.4±0.2。

② 制法　除酚红和琼脂外，将其他成分加入 400mL 蒸馏水中，煮沸溶解，调节 pH。另将琼脂加入 600mL 蒸馏水中，煮沸溶解。将上述两溶液混合均匀后，再加入指示剂，待冷至 50～55℃倾注平皿。（注：①本培养基不需要高压灭菌，在制备过程中不宜过分加热，避免降低其选择性，贮于室温暗处。②本培养基宜于当天制备，第二天使用。）

16. 三糖铁（TSI）琼脂

① 成分　蛋白胨 20.0g，牛肉膏 5.0g，乳糖 10.0g，蔗糖 10.0g，葡萄糖 1.0g，硫酸亚铁铵（含 6 个结晶水）0.2g，酚红 0.025g 或 5.0g/L 溶液 5.0mL，氯化钠 5.0g，硫代硫酸钠 0.2g，琼脂 12.0g，蒸馏水 1000mL；pH 7.4±0.2。

② 制法　除酚红和琼脂外，将其他成分加入 400mL 蒸馏水中，煮沸溶解，调节 pH。另将琼脂加入 600mL 蒸馏水中，煮沸溶解。将上述两溶液混合均匀后，再加入指示剂，混匀，分装试管，每管 2～4mL，高压灭菌 121℃，10min，或 115℃，15min，灭菌后置成高层斜面，呈橘红色。

17. 尿素琼脂

① 成分　蛋白胨 1.0g，氯化钠 5.0g，葡萄糖 1.0g，磷酸二氢钾 2.0g，0.4％酚红 3.0mL，琼脂 20.0g，蒸馏水 1000mL，20％尿素溶液 100mL；pH 7.2±0.2。

② 制法　除尿素、琼脂和酚红外，将其他成分加入 400mL 蒸馏水中，煮沸溶解，调节 pH。另将琼脂加入 600mL 蒸馏水中，煮沸溶解。将上述两溶液混合均匀后，再加入指示剂后分装，121℃高压灭菌 15min。冷至 50～55℃，加入经除菌过滤的尿素溶液。尿素的最终浓度为 2％。分装于无菌试管内，放成斜面备用。

③ 试验方法　挑取琼脂培养物接种，在 36℃±1℃培养 24h，观察结果。尿素酶阳

性者由于产碱而使培养基变为红色。

18. 氰化钾（KCN）培养基

① 成分　蛋白胨 10.0g，氯化钠 5.0g，磷酸二氢钾 0.225g，磷酸氢二钠 5.64g，蒸馏水 1000mL，0.5％氰化钾 20.0mL。

② 制法　将除氰化钾以外的成分加入蒸馏水中，煮沸溶解，分装后 121℃高压灭菌 15min。放在冰箱内使其充分冷却。每 100mL 培养基加入 0.5％氰化钾溶液 2.0mL（最后浓度为 1∶10000），分装于无菌试管内，每管约 4mL，立刻用无菌橡皮塞塞紧，放在 4℃冰箱内，至少可保存两个月。同时，将不加氰化钾的培养基作为对照培养基，分装试管备用。

③ 试验方法　将琼脂培养物接种于蛋白胨水内成为稀释菌液，挑取 1 环接种于氰化钾培养基。并另挑取 1 环接种于对照培养基。在 36℃±1℃培养 1～2d，观察结果。如有细菌生长即为阳性（不抑制），经 2d 细菌不生长为阴性（抑制）。（注：氰化钾是剧毒药，使用时应小心，切勿沾染，以免中毒。夏天分装培养基应在冰箱内进行。试验失败的主要原因是封口不严，氰化钾逐渐分解，产生氢氰酸气体逸出，以致药物浓度降低，细菌生长，因而造成假阳性反应。试验时对每一环节都要特别注意。）

19. 赖氨酸脱羧酶试验培养基

① 成分　蛋白胨 5.0g，酵母浸膏 3.0g，葡萄糖 1.0g，蒸馏水 1000mL，1.6％溴甲酚紫-乙醇溶液 1.0mL，L-赖氨酸或 DL-赖氨酸 0.5g/100mL 或 1.0g/100mL；pH 6.8±0.2。

② 制法　除赖氨酸以外的成分加热溶解后，分装每瓶 100mL，分别加入赖氨酸。L-赖氨酸按 0.5％加入，DL-赖氨酸按 1％加入。调节 pH。对照培养基不加赖氨酸。分装于无菌的小试管内，每管 0.5mL，上面滴加一层液体石蜡，115℃高压灭菌 10min。

③ 试验方法　从琼脂斜面上挑取培养物接种，于 36℃±1℃培养 18～24h，观察结果。氨基酸脱羧酶阳性者由于产碱，培养基应呈紫色。阴性者无碱性产物，但因葡萄糖产酸而使培养基变为黄色。对照管应为黄色。

20. 糖发酵管

① 成分　牛肉膏 5.0g，蛋白胨 10.0g，氯化钠 3.0g，磷酸氢二钠（含 12 个结晶水）2.0g，0.2％溴麝香草酚蓝溶液 12.0mL，蒸馏水 1 000mL；pH 7.4±0.2。

② 制法　葡萄糖发酵管按上述成分配好后，调节 pH。按 0.5％加入葡萄糖，分装于有一个倒置小管的小试管内，121℃高压灭菌 15min。其他各种糖发酵管可按上述成分配好后，分装每瓶 100mL，121℃高压灭菌 15min。另将各种糖类分别配好 10％溶液，同时高压灭菌。将 5mL 糖溶液加入于 100mL 培养基内，以无菌操作分装小试管。（注：蔗糖不纯，加热后会自行水解者，应采用过滤法除菌。）

③ 试验方法　从琼脂斜面上挑取小量培养物接种，于 36℃±1℃培养，一般 2～3d。迟缓反应需观察 14～30d。

21. ONPG 培养基

① 成分 邻硝基酚 β-D 半乳糖苷（ONPG）（*O*-Nitrophenyl-β-D-galactopyrano-side）60.0mg，0.01mol/L 磷酸钠缓冲液（pH 7.5）10.0mL，1‰ 蛋白胨水（pH 7.5）30.0mL。

② 制法 将 ONPG 溶于缓冲液内，加入蛋白胨水，以过滤法除菌，分装于无菌的小试管内，每管 0.5mL，用橡皮塞塞紧。

③ 试验方法 自琼脂斜面上挑取培养物 1 满环接种于 36℃±1℃培养 1～3h 和 24h 观察结果。如果 β-半乳糖苷酶产生，则于 1～3h 变黄色；如无此酶，则 24h 不变色。

22. 半固体琼脂

① 成分 牛肉膏 0.3g，蛋白胨 1.0g，氯化钠 0.5g，琼脂 0.35～0.4g，蒸馏水 100mL；pH 7.4±0.2。

② 制法 按以上成分配好，煮沸溶解，调节 pH，分装于小试管。121℃高压灭菌 15min。直立凝固备用。（注：供动力观察、菌种保存、H 抗原位相变异试验等用。）

23. 丙二酸钠培养基

① 成分 酵母浸膏 1.0g，硫酸铵 2.0g，磷酸氢二钾 0.6g，磷酸二氢钾 0.4g，氯化钠 2.0g，丙二酸钠 3.0g，0.2‰溴麝香草酚蓝溶液 12.0mL，蒸馏水 1000mL；pH 6.8±0.2。

② 制法 除指示剂以外的成分溶解于水，调节 pH，再加入指示剂，分装试管，121℃高压灭菌 15min。

③ 试验方法 用新鲜的琼脂培养物接种，于 36℃±1℃培养 48h，观察结果。阳性者由绿色变为蓝色。

24. 10‰氯化钠胰酪胨大豆肉汤

① 成分 胰酪胨（或胰蛋白胨）17.0g，植物蛋白胨（或大豆蛋白胨）3.0g，氯化钠 100.0g，磷酸氢二钾 2.5g，丙酮酸钠 10.0g，葡萄糖 2.5g，蒸馏水 1000mL；pH 7.3±0.2。

② 制法 将上述成分混合，加热，轻轻搅拌并溶解，调节 pH，分装，每瓶 225mL，121℃高压灭菌 15min。

25. 7.5‰氯化钠肉汤

① 成分 蛋白胨 10.0g，牛肉膏 5.0g，氯化钠 75g，蒸馏水 1000mL；pH 7.4。

② 制法 将上述成分加热溶解，调节 pH，分装，每瓶 225mL，121℃高压灭菌 15min。

26. 血琼脂平板

① 成分 豆粉琼脂（pH 7.4～7.6）100mL，脱纤维羊血（或兔血）5～10mL。

② 制法 加热溶化琼脂，冷却至 50℃，以无菌操作加入脱纤维羊血，摇匀，倾注平板。

27. Baird-Parker 琼脂平板

① 成分　胰蛋白胨 10.0g，牛肉膏 5.0g，酵母膏 1.0g，丙酮酸钠 10.0g，甘氨酸 12.0g，氯化锂（LiCl·6H$_2$O）5.0g，琼脂 20.0g，蒸馏水 950mL；pH 7.0±0.2。

② 增菌剂的配法　30％卵黄盐水 50mL 与经过除菌过滤的 1％亚碲酸钾溶液 10mL 混合，保存于冰箱内。

③ 制法　将各成分加到蒸馏水中，加热煮沸至完全溶解，调节 pH。分装每瓶 95mL，121℃高压灭菌 15min。临用时加热溶化琼脂，冷至 50℃，每 95mL 加入预热至 50℃的卵黄亚碲酸钾增菌剂 5mL 摇匀后倾注平板。培养基应是致密不透明的。使用前在冰箱储存不得超过 48h。

28. 脑心浸出液肉汤（BHI）

① 成分　胰蛋白质胨 10.0g，氯化钠 5.0g，磷酸氢二钠（Na$_2$HPO$_4$·12H$_2$O）2.5g，葡萄糖 2.0g，牛心浸出液 500mL；pH 7.4±0.2。

② 制法　加热溶解，调节 pH，分装 16mm×160mm 试管，每管 5mL 置 121℃，15min 灭菌。

29. 3％氯化钠碱性蛋白胨水（APW）

① 成分　蛋白胨 10.0g，氯化钠 30.0g，蒸馏水 1000mL；pH 8.5±0.2。

② 制法　将上述成分混合，121℃高压灭菌 10min。

30. 硫代硫酸盐柠檬酸盐-胆盐-蔗糖（TCBS）

① 成分　多价蛋白胨 10.0g，酵母浸膏 5.0g，柠檬酸钠 10.0g，硫代硫酸钠 10.0g，氯化钠 10.0g，牛胆汁粉 5.0g，柠檬酸铁 1.0g，胆酸钠 3.0g，蔗糖 20g，溴麝香草酚蓝 0.04g，麝香草酚蓝 0.04g，琼脂 15.0g，蒸馏水 1000mL。

② 制法　加热煮沸至完全溶解，最终的 pH 应为 8.6±0.2。冷至 50℃倾注平板备用。

31. 嗜盐性试验培养基

① 成分　胰蛋白胨 10.0g，氯化钠按不同量加入，蒸馏水 1000mL；pH 7.2±0.2。

② 制法　配制胰蛋白胨水，校正 pH，共配制 4 瓶，每瓶 100mL。每瓶分别加入不同量的氯化钠：不加；3g；6g；10g。121℃高压灭菌 15min，在无菌条件下分装试管。

32. 我妻血琼脂

① 成分　酵母浸膏 3.0g，蛋白胨 10.g，氯化钠 70.0g，磷酸二氢钾 5.0g，甘露醇 10.0g，结晶紫 0.001g，琼脂 15.0g，蒸馏水 1000mL。

② 制法　将上述成分混合，加热至 100℃保持 30min，冷至 46～50℃，与 50mL 预先洗涤的新鲜人或兔红细胞（含抗凝血剂）混合，倾注平板。彻底干燥平板，尽快使用。

33. 含 0.6％酵母浸膏的胰酪胨大豆肉汤（TSB-YE）

① 成分　胰胨 17.0g，多价胨 3.0g，酵母膏 6.0g，氯化钠 5.0g，磷酸氢二钾

2.5g，葡萄糖 2.5g，蒸馏水 1000mL；pH 7.2~7.4。

② 制法 将上述各成分加热搅拌溶解，调节 pH，分装，121℃高压灭菌 15min，备用。

34. 李氏增菌肉汤 LB（LB1，LB2）

① 李氏增菌肉汤基础培养基 胰胨 5.0g，多价胨 5.0g，酵母膏 5.0g，氯化钠 20.0g，磷酸二氢钾 1.4g，磷酸氢二钠 12.0g，七叶苷 1.0g，蒸馏水 1000mL；pH 7.2~7.4；121℃高压灭菌 15min，备用。

② 李氏Ⅰ液（LB1）制法 量取 225mL 李氏增菌肉汤 LB（灭菌），加入 0.5mL 1% 萘啶酮酸（用 0.05mol/L 氢氧化钠溶液配制），再加入 0.3mL 1% 吖啶黄（用无菌蒸馏水配制），制成李氏Ⅰ液（LB1）。

③ 李氏Ⅱ液（LB2）制法 量取 200mL 李氏增菌肉汤 LB（灭菌），加入 0.4mL 1%萘啶酮酸，再加入 0.5mL 1%吖啶黄。

35. PALCAM 琼脂

① PALCAM 基础培养基 酵母膏 8.0g，葡萄糖 0.5g，七叶苷 0.8g，柠檬酸铁铵 0.5g，甘露醇 10.0g，酚红 0.1g，氯化锂 15.0g，酪蛋白胰酶消化物 10.0g，心胰酶消化物 3.0g，玉米淀粉 1.0g，肉胃酶消化物 5.0g，氯化钠 5.0g，琼脂 15.0g，蒸馏水 1000mL；pH 7.2~7.4；121℃高压灭菌 15min，备用。

② PALCAM 选择性添加剂 多黏菌素 B 5.0mg，盐酸吖啶黄 2.5mg，头孢他啶 10.0mg，无菌蒸馏水 500mL。

③ 制法 将 PALCAM 基础培养基溶化后冷却到 50℃，加入 2mL PALCAM 选择性添加剂，混匀后倾倒在无菌的平皿中，备用。

36. SIM 动力培养基

① 成分 胰胨 20.0g，多价胨 6.0g，硫酸铁铵 0.2g，硫代硫酸钠 0.2g，琼脂 3.5g，蒸馏水 1000mL；pH 7.2

② 制法 将上述各成分加热混匀，调节 pH，分装小试管，121℃高压灭菌 15min，备用。

③ 试验方法 挑取纯培养的单个可疑菌落穿刺接种到 SIM 培养基中，于 30℃培养 24~48h，观察结果。

37. MRS（Man Rogosa Sharpe）培养基

① 成分 蛋白胨 10.0g，牛肉粉 5.0g，酵母粉 4.0g，葡萄糖 20.0g，吐温-80 1.0mL，$K_2HPO_4 \cdot 7H_2O$ 2.0g，醋酸钠·$3H_2O$ 5.0g，柠檬酸三铵 2.0g，$MgSO_4 \cdot 7H_2O$ 0.2g，$MnSO_4 \cdot 4H_2O$ 0.05g，琼脂粉 15.0g；pH 6.2。

② 制法 将上述成分加入到 1000mL 蒸馏水中，加热溶解，调节 pH，分装后 121℃高压灭菌 15~20min。

38. 莫匹罗星锂盐（Li-Mupirocin）改良 MRS 培养基

① 莫匹罗星锂盐（Li-Mupirocin）储备液制备　称取 50mg 莫匹罗星锂盐（Li-Mupirocin）加入到 50mL 蒸馏水中，用 0.22μm 微孔滤膜过滤除菌。

② 制法　将 MRS（Man Rogosa Sharpe）培养基的各成分加入到 950mL 蒸馏水中，加热溶解，调节 pH，分装后于 121℃ 高压灭菌 15～20min。临用时加热熔化琼脂，在水浴中冷至 48℃，用带有 0.22μm 微孔滤膜的注射器将莫匹罗星锂盐（Li-Mupirocin）储备液加入到熔化琼脂中，使培养基中莫匹罗星锂盐（Li-Mupirocin）的浓度为 50μg/mL。

39. MC 培养基（Modified Chalmers 培养基）

① 成分　大豆蛋白胨 5.0g，牛肉粉 3.0g，酵母粉 3.0g，葡萄糖 20.0g，乳糖 20.0g，碳酸钙 10.0g，琼脂 15.0g，蒸馏水 1000mL，1% 中性红溶液 5.0mL；pH 6.0。

② 制法　将前面 7 种成分加入蒸馏水中，加热溶解，调节 pH，加入中性红溶液。分装后 121℃ 高压灭菌 15～20min。

40. 七叶苷发酵管

① 成分　蛋白胨 5.0g，磷酸氢二钾 1.0g，七叶苷 3.0g，柠檬酸铁 0.5g，1.6% 溴甲酚紫酒精溶液 1.4mL，蒸馏水 100mL。

② 制法　将上述成分加入蒸馏水中，加热溶解，121℃ 高压灭菌 15～20min。

41. 双歧杆菌琼脂培养基

① 成分　蛋白胨 15.0g，酵母浸膏 2.0g，葡萄糖 20.0g，可溶性淀粉 0.5g，氯化钠 5.0g，西红柿浸出液 400.0mL，吐温-80 1.0mL，肝粉 0.3g，琼脂粉 15.0～20.0g，加至蒸馏水 1000.0mL。

② 半胱氨酸盐溶液　称取半胱氨酸 0.5g，加入 1.0mL 盐酸，使半胱氨酸全部溶解，配制成半胱氨酸盐溶液。

③ 西红柿浸出液　将新鲜的西红柿洗净后称重切碎，加等量的蒸馏水在 100℃ 水浴中加热，搅拌 90min，然后用纱布过滤，校正 pH 7.0，将浸出液分装后，121℃ 高压灭菌 15～20min。

④ 制法培养基　将所有成分加入蒸馏水中，加热溶解，然后加入半胱氨酸盐溶液，校正 pH 6.8±0.2。分装后 121℃ 高压灭菌 15～20min。临用时加热熔化琼脂，冷至 50℃ 时使用。

42. PYG 液体培养基

① 成分　蛋白胨 10.0g，葡萄糖 2.5g，酵母粉 5.0g，半胱氨酸-HCl 0.25g，盐溶液 20.0mL，维生素 K_1 溶液 0.5mL，氯化血红素溶液 5mg/mL 2.5mL，加蒸馏水至 500.0mL。

② 盐溶液　称取无水氯化钙 0.2g，硫酸镁 0.2g，磷酸氢二钾 1.0g，磷酸二氢钾 1.0g，碳酸氢钠 10.0g，氯化钠 2.0g，加蒸馏水至 1000mL。

③ 氯化血红素溶液（5mg/mL） 称取氯化血红素 0.5g 溶于 1mol/L 氢氧化钠 1.0mL 中，加蒸馏水至 1000mL，121℃高压灭菌 15～20min。

④ 维生素 KI 溶液 称取维生素 KI 1.0g，加无水乙醇 99mL，过滤除菌，冷藏保存。

43. 改良月桂基硫酸盐胰蛋白胨肉汤-万古霉素（modified lauryl sulfate tryptose broth-vancomycinmedium，mLST-Vm）

① 改良月桂基硫酸盐胰蛋白胨（mLST）肉汤 氯化钠 34.0g，胰蛋白胨 20.0g，乳糖 5.0g，磷酸二氢钾 2.75g，磷酸氢二钾 2.75g，十二烷基硫酸钠 0.1g，蒸馏水 1000mL；pH 6.8±0.2；加热搅拌至溶解，调节 pH。分装每管 10mL，121℃高压灭菌 15min。

② 万古霉素溶液 10.0mg 万古霉素溶解于 10.0mL 蒸馏水，过滤除菌。万古霉素溶液可以在 0～5℃保存 15d。

③ 改良月桂基硫酸盐胰蛋白胨肉汤-万古霉素（Modified lauryl sulfate tryptose broth-vancomycinmedium，mLST-Vm） 每 10mL mLST 加入万古霉素溶液 0.1mL，混合液中万古霉素的终浓度为 10μg/mL。（注：mLST-Vm 必须在 24h 之内使用。）

44. 胰蛋白胨大豆琼脂（trypticase soy agar，TSA）

① 成分 胰蛋白胨 15.0g，植物蛋白胨 5.0g，氯化钠 5.0g，琼脂 15.0g，蒸馏水 1000mL；pH 7.3±0.2。

② 制法 加热搅拌至溶解，煮沸 1min，调节 pH，121℃高压 15min

45. L-赖氨酸脱羧酶培养基

① 成分 L-赖氨酸盐酸盐（L-lysine monohydrochloride）5.0g，酵母浸膏 3.0g，葡萄糖 1.0g，溴甲酚紫 0.015g，蒸馏水 1000mL；pH 6.8±0.2。

② 制法 将各成分加热溶解，必要时调节 pH。每管分装 5mL，121℃高压 15min。

③ 试验方法

挑取培养物接种于 L-赖氨酸脱羧酶培养基，刚好在液体培养基的液面下。30℃±1℃培养 24h±2h，观察结果。L-赖氨酸脱羧酶试验阳性者，培养基呈紫色，阴性者为黄色。

46. L-鸟氨酸脱羧酶培养基

① 成分 L-鸟氨酸盐酸盐（L-ornithine monohydrochloride）5.0g，酵母浸膏 3.0g，葡萄糖 1.0g，溴甲酚紫 0.015g，蒸馏水 1000mL；pH 6.8±0.2。

② 制法 将各成分加热溶解，必要时调节 pH。每管分装 5mL。121℃高压 15min

③ 试验方法 挑取培养物接种于 L-鸟氨酸脱羧酶培养基，刚好在液体培养基的液面下。30℃±1℃培养 24h±2h，观察结果。L-鸟氨酸脱羧酶试验阳性者，培养基呈紫色，阴性者为黄色。

47. L-精氨酸双水解酶培养基

① 成分　L-精氨酸盐酸盐（L-arginine monohydrochloride）5.0g，酵母浸膏 3.0g，葡萄糖 1.0g，溴甲酚紫 0.015g，蒸馏水 1000mL；pH 6.8±0.2。

② 制法　将各成分加热溶解，必要时调节 pH。每管分装 5mL。121℃高压 15min。

③ 试验方法　挑取培养物接种于 L-精氨酸脱羧酶培养基，刚好在液体培养基的液面下。30℃±1℃培养 24h±2h，观察结果。L-精氨酸脱羧酶试验阳性者，培养基呈紫色，阴性者为黄色。

48. 麦康凯（MAC）琼脂

① 成分　蛋白胨 20.0g，乳糖 10.0g，3 号胆盐 1.5g，氯化钠 5.0g，中性红 0.03g，结晶紫 0.001g，琼脂 15.0g，蒸馏水 1000.0mL。

② 制法　将以上成分混合加热溶解，冷却至 25℃左右校正 pH 至 7.2±0.2，分装，121℃高压灭菌 15min。冷却至 45～50℃，倾注平板。（注：如不立即使用，在 2～8℃条件下可储存 2 周。）

49. 木糖赖氨酸脱氧胆酸盐（XLD）琼脂

① 成分　酵母膏 3.0g，L-赖氨酸 5.0g，木糖 3.75g，乳糖 7.5g，蔗糖 7.5g，脱氧胆酸钠 1.0g，氯化钠 5.0g，硫代硫酸钠 6.8g，柠檬酸铁铵 0.8g，酚红 0.08g，琼脂 15.0g，蒸馏水 1000.0mL。

② 制法　除酚红和琼脂外，将其他成分加入 400mL 蒸馏水中，煮沸溶解，校正 pH 至 7.4±0.2。另将琼脂加入 600mL 蒸馏水中，煮沸溶解。

将上述两溶液混合均匀后，再加入指示剂，待冷至 50～55℃倾注平皿。（注：本培养基不需要高压灭菌，在制备过程中不宜过分加热，避免降低其选择性，贮于室温暗处。本培养基宜于当天制备，第二天使用。使用前必须去除平板表面上的水珠，在 37～55℃温度下，琼脂面向下、平板盖亦向下烘干。另外，如配制好的培养基不立即使用，在 2～8℃条件下可储存 2 周。）

50. 葡萄糖铵培养基

① 成分　氯化钠 5.0g，硫酸镁 0.2g，磷酸二氢铵 1.0g，磷酸氢二钾 1.0g，葡萄糖 2.0g，琼脂 20.0g，0.2％溴麝香草酚蓝水溶液 40.0mL，蒸馏水 1000.0mL。

② 制法　先将盐类和糖溶解于水内，校正 pH 至 6.8±0.2，再加琼脂加热溶解，然后加入指示剂。混合均匀后分装试管，121℃高压灭菌 15min。制成斜面备用。

③ 试验方法　用接种针轻轻触及培养物的表面，在盐水管内做成极稀的悬液，肉眼观察不到混浊，以每一接种环内含菌数在 20～100 之间为宜。将接种环灭菌后挑取菌液接种，同时再以同法接种普通斜面一支作为对照。于 36℃±1℃培养 24h。阳性者葡萄糖铵斜面上有正常大小的菌落生长；阴性者不生长，但在对照培养基上生长良好。如在葡萄糖铵斜面生长极微小的菌落可视为阴性结果。（注：容器使用前应用清洁液浸泡。再用清水、蒸馏水冲洗干净，并用新棉花做成棉塞，干热灭菌后使用。如果操作时不注意，有杂质污染时，易造成假阳性的结果。）

51. 黏液酸盐培养基

① 成分 酪蛋白胨 10.0g，溴麝香草酚蓝溶液 0.024g，蒸馏水 1000.0mL；黏液酸 10.0g。

② 制法 慢慢加入 5mol/L 氢氧化钠以溶解黏液酸，混匀。其余成分加热溶解，加入上述黏液酸，冷却至 25℃ 左右校正 pH 至 7.4±0.2，分装试管，每管约 5mL，于 121℃ 高压灭菌 10min。

52. 质控肉汤

① 成分 酪蛋白胨 10.0g，溴麝香草酚蓝溶液 0.024g，蒸馏水 1000.0mL。

② 制法 所有成分加热溶解，冷却至 25℃ 左右校正 pH 至 7.4±0.2，分装试管，每管约 5mL，于 121℃ 高压灭菌 10min。

③ 试验方法 将待测新鲜培养物接种测试肉汤和质控肉汤，于 36℃±1℃ 培养 48h 观察结果，肉汤颜色蓝色不变则为阴性结果，黄色或稻草黄色为阳性结果。

53. 庖肉培养基

① 成分 牛肉浸液 1000mL，蛋白胨 30g，酵母膏 5g，磷酸二氢钠 5g，葡萄糖 3g，可溶性淀粉 2g，碎肉渣适量；pH 7.8。

② 制法

a. 称取新鲜除脂肪和筋膜的碎牛肉 500g，加蒸馏水 1000mL 和 1mol/L 氢氧化钠溶液 25mL，搅拌煮沸 15min，充分冷却，除去表层脂肪，澄清，过滤，加水补足至 1000mL。加入除碎肉渣外的各种成分，校正 pH。

b. 碎肉渣经水洗后晾至半干，分装 15mm×150mm 试管 2～3cm 高，每管加入还原铁粉 0.1～0.2g 或铁屑少许。将上述液体培养基分装至每管内超过肉渣表面约 1cm。上面覆盖溶化的凡士林或液体石蜡 0.3～0.4cm。121℃ 高压灭菌 15min。

54. 溴甲酚紫葡萄糖肉汤

① 成分 蛋白胨 10g，牛肉浸膏 3g，葡萄糖 10g，氯化钠 5g，溴甲酚紫 0.04g（或 1.6％酒精溶液 2mL），蒸馏水 1000mL。

② 制法 将上述各成分（溴甲酚紫除外）加热搅拌溶解，调至 pH 7.0±0.2，加入溴甲酚紫，分装于带有小倒置管的中号试管中，每管 10mL，121℃ 灭菌 10min。

55. 酸性肉汤

① 成分 多价蛋白胨 5g，酵母浸膏 5g，葡萄糖 5g，磷酸氢二钾 4g，蒸馏水 1000mL。

② 制法 将以上各成分加热搅拌溶解，调至 pH 5.0±0.2，121℃ 灭菌 15min，勿过分加热。

56. 麦芽浸膏汤

① 成分 麦芽浸膏 15g，蒸馏水 1000mL。

② 制法 将麦芽浸膏在蒸馏水中充分溶解，滤纸过滤，调至 pH 4.7±0.2，分装，

121℃灭菌 15min。

如无麦芽浸膏，可按下法制备：用饱满健壮大麦粒在温水中浸透，置温暖处发芽，幼芽长达到 2cm 时，沥干余水，干透，磨细使成麦芽粉。制备培养基时，取麦芽粉 30g 加水 300mL，混匀，在 60～70℃浸渍 1h，吸出上层水。再同样加水浸渍一次，取上层水，合并两次上层水，并补加水至 1000mL，滤纸过滤。调至 pH 4.7±0.2，分装，121℃灭菌 15min。

57. 锰盐营养琼脂

首先配制营养琼脂（蛋白胨 10g，牛肉膏 3g，氯化钠 5g，琼脂 15～20g，蒸馏水 1000mL），每 1000mL 营养琼脂加硫酸锰水溶液 1mL（100mL 蒸馏水溶解 3.08g 硫酸锰）。观察芽孢形成情况，最长不超过 10d。

附录十 霉菌菌属检索表

一、曲霉属分群检索表（主要根据颜色）

二、曲霉属分群检索表（主要根据形态）

Ⅰ. 小梗严格单层

A. 分生孢子头棒形，在成熟时孢子团裂开，呈蓝-绿色；
　顶囊为非常明显的棒形 ……………………………………………………… 棒曲霉群

B. 分生孢子头放射状至柱状，颜色不一，顶囊各种形状；
　由球形或近球形至近于棒形或陀螺形。

　1. 分生孢子头放射状，大小不等。蓝绿色或橄榄绿色（一个种呈褐色），适高渗性；
　　大部分种具有大量的鲜黄色的闭囊壳 …………………………………… 灰绿曲霉群

　2. 分生孢子头放射状至很疏松的柱状，较大，带灰绿或黄绿至橄榄褐色；
　　有三种产生白色至紫色或橄榄色的闭囊壳 ……………………………… 华丽曲霉

　3. 分生孢子头放射状（一个种为短柱状）形小，呈粉红鹿褐色；
　　闭囊壳缺 ………………………………………………………………… 鹿皮色曲霉群

4. 分生孢子头疏松至明显的柱状，往往较长，细而扭曲，呈绿色分生孢子；
   在幼期呈圆柱形适高渗压，闭囊壳缺 ·· 局限曲霉群

5. 分生孢子头为致密的柱状，呈淡灰-绿色至暗蓝绿色；分生孢子在幼期
   不呈圆筒形；非适高渗性 ·· 烟曲霉群
   a. 无闭囊壳 ·· 烟曲霉系
   b. 有闭囊壳，白色至带黄色 ·· 费氏曲霉系

Ⅱ. 小梗双层或单层（主要为前者）或在同一孢子头中此两种情况均有。

  A. 分生孢子头在幼期通常呈球形，老时呈放射状或裂开，罕见疏松的柱状；顶囊球
     形至近球形，或稍伸长；分生孢子梗在顶囊下不缢缩；许多种产生菌核。

  1. 分生孢子头在幼期呈球形，在成熟期有时仍为球形，但通常裂开形成多少有些明
     确的柱状。
     a. 分生孢子头呈黄色、浅黄色或赭色分生孢子梗通常粗糙常着色；
        一个种有闭囊壳 ·· 赭曲霉群
     b. 分生孢子头呈黑色，分生孢子梗通常光滑，无色或在顶囊以下着色 ··· 黑曲霉群
     c. 分生孢子头白色或奶油色；分生孢子梗光滑，无色 ·················· 白曲霉群

  2. 分生孢子头典型地放射状，孢子链通常分开。有时形成很不明显的柱状。
     a. 分生孢子头呈黄-绿色至深橄榄。褐色，分生孢子梗通常粗糙，无色
        ·· 黄曲霉群
     b. 分生孢子头呈黄-褐色至污浅黄色；分生孢子梗光滑或稍粗糙，
        无色或微着色 ·· 文氏曲霉群

  B. 分生孢子头大，放射状；顶囊严格球形；分生孢子梗在顶囊下端呈明显缢缩无
     菌核。

  1. 分生孢子头单类型，浅黄-褐色、淡黄-绿色，或蓝-绿色；分生孢子梗通常
     无色，光滑；适高渗性；两个种产生闭囊壳 ·················· 淡黄曲霉群

  2. 分生孢子结构两种类型：大分生孢子头呈淡灰色/绿色或橄榄-浅黄色；分生孢子
     梗通常褐色，且具有被覆物不完整的分生孢子结构产生于接近琼脂表面
     或在琼脂表面之下 ·· 稀疏曲霉群

Ⅲ. 小梗严格两层

  A. 生孢子头典型的明显绿色；壳细胞通常为球形，但有时呈不规则的卵圆形至梨形。

  1. 分生孢子头典型放射状，其些种为疏松桂状；分生孢子梗无色或浅褐色，一般长
     度超过 $300\mu m$；顶囊形状不一，长形、近球形、半球形或只稍膨胀，壳细胞有时
     很多，但多数常常有限或缺 ·· 杂色曲霉群
     a. 分生孢子头颜色一样，有时有小形或不完整的结构，
        偶有菌丝团或菌核 ·· 杂色曲霉系
     b. 分生孢子头颜色不一致，有白色和绿色的头（至少在某些基质上） ··· 头曲霉系

2. 分生孢子头典型的往形，通常里暗黄-绿色，但偶尔呈灰蓝-绿色或褐色；
分生孢子梗壁褐色一般长度小于 $300\mu m$ 顶囊近球形、半球形或者顶端变平；
典型地产生壳细胞，通常丰富成团，形成硬壳或包着子囊果；闭囊壳常见，
成熟期呈紫色子囊孢子呈橙-红色至蓝紫色 ………………………………… 构巢曲霉群

B. 分生孢子头不呈真正绿色；有时具壳细胞为长形至强烈地弯曲和扭曲。

1. 分生孢子头放射状至宽短柱状，淡褐色、橄榄色或污褐色；
分生孢子梗壁典型褐色顶囊形状不一，由球形至长形或半球形；
壳细胞长形，常常强烈地弯曲和扭曲 ………………………………………… 焦曲霉群

2. 分生孢子头为宽或不规则的柱状，白色至榛色或红葡萄酒色；
分生孢子梗壁褐色或无色；顶囊近球形至长形，
具有长形的壳细胞或厚壁菌丝构成物 …………………………………………… 黄柄曲霉群

3. 分生孢子头为致密柱状，典型肉桂色至橙-褐色或淡黄色；
分生孢子梗无色；顶囊半球形 …………………………………………………… 土曲霉群

三、青霉属诸系检索表

Ⅰ. 帚状枝是由可育菌丝（或称分生孢子梗）顶端的一簇小梗（或称轮生小梗）所组成，
（分生孢子梗通常不分枝，在某些形式中有不规则的分枝，但每个分枝末端成一种）
清晰的和分开的单轮帚状枝 …………………………………………………… 单轮青霉组

A. 菌落产生闭囊壳或菌核

1. 菌落产生可育的闭囊壳，一般为菌核样，通常成熟迟缓 ……………… 爪哇青霉系

2. 菌落产生菌核，往往像幼期闭囊壳，但绝不发育成子囊阶段 ………… 托母青霉系

B. 菌落不产生闭囊壳或菌核

1. 分生孢子梗一般不分枝并产生单个的纯单轮帚状枝。

a. 菌落丝绒状或近似丝绒状，分生孢子梗大部分从基质上生出。

1'. 菌落一般广阔蔓延。

a.a. 分生孢子球形或近球形 …………………………………… 常现青霉系

b.b. 分生孢子椭圆形 …………………………………………… 铅色青霉系

2'. 菌落生长略为局限（特别在察氏琼脂上） ………………… 纠缠青霉系

b. 菌落呈现丝绒状或略呈絮状，但具有由交织的气生菌丝上产生
短分枝样的分生孢子梗 ……………………………………………… 斜卧青霉系

c. 菌落絮状或絮-绳状，具有主要由气生菌丝上产生的分生孢子梗。

1'. 菌落主要为絮状，没有或很少有绳状 ……………………… 局限青霉系

2'. 菌落具突出的或发育良好的绳状外观 ……………………… 阿达青霉系

2. 分生孢子梗大部分不规则分枝，但每个分枝产生一个端生的
很明显的单轮帚状枝 …………………………………………………… 生副枝青霉系

Ⅱ. 帚状枝在小梗下面特征地具有一次或两次分枝；典型地不对称，

不规则或生于一侧；小梗不呈披针状 ……………………………… 不对称青霉组

A. 帚状枝特征地强烈散开，梗基和副枝强烈分叉，常像单轮，

但本身是单一的具分枝的帚状枝 ……………………………… 散枝青霉亚组

1. 菌落产生闭囊壳、菌核或厚壁细胞团。

a. 菌落产生真正的闭囊壳，全部为薄壁组织的或呈菌核样的；

由中心向外成熟并且成熟迟缓 ……………………………… 内果青霉系

b. 菌落产生菌核或厚壁细胞团；绝不发育子囊或子囊孢子 ………… 雷氏青霉系

2. 菌落不产生闭囊壳、菌核或厚壁细胞团。

a. 分生孢子区不呈现绿色、灰绿色或蓝绿色；通常产生丁香紫色、

红葡萄酒色或榛色 ……………………………… 淡紫青霉系

b. 分生孢子区呈现绿色、灰色、灰-绿色或蓝-绿色。

1'. 分生孢子区呈淡蓝-绿色或灰-绿色；菌落背面通常呈明亮的颜色。

a. a. 分生孢子链强烈散开，小梗突然变细成细窄的管状颈 ……… 微紫青霉系

b. b. 分生孢子链至少在幼时趋向于形成柱形；小梗不突然变细…… 变灰青霉系

2'. 分生孢子区呈浊灰色至橄榄-灰色；菌落反面通常

呈浊黄色至橙-褐色 ……………………………… 黑青霉系

B. 帚状枝很少强烈散开，通常紧密，分枝和梗基趋于平行而不是散开

1. 菌落典型绒状，分生孢子梗特征地从基质上产生，

呈稠密而均匀的群丛 ……………………………… 绒状青霉群亚组

a. 帚状枝在梗基以下很少分枝；小梗不呈渐尖的披针形 ……………… 橘青霉系

b. 帚状枝通常在梗基以下分枝。

1'. 帚状枝通常较长，各部分通常疏松排列。

a. a. 分生孢子梗壁光滑，菌落边缘不呈蛛网状。

1". 菌落的渗出液中和背面典型地产生丰富的黄色素 ………… 产黄青霉系

2". 菌落的渗出液中和背面不产生黄色素。

a. a. a. 土壤型 ……………………………… 草酸青霉系

b. b. b. 绿橘腐病 ……………………………… 指状青霉系

b. b. 分生孢子梗壁粗糙；菌落边缘呈蛛网状 ……………… 娄地青霉系

2'. 帚状枝较短、紧密，全部密挤 ……………………………… 短密青霉系

2. 菌落典型羊毛状或絮状，分生孢子梗较长。通常作为分枝自气生菌丝生出或

在较老菌落边缘部位的基质生出 ……………………………… 羊毛状青霉群亚组

a. 菌落主要为白色，并且始终为白色，或孢子发育成熟时

变为浅灰-绿色 ……………………………… 沙门柏干酪青霉系

b. 菌落在分生孢子区很快显现一些绿色 ……………………………… 普通青霉系

3. 菌落表面由于气生菌丝聚合成为典型的绳状；分生孢子结构
   主要生自气生菌丝或绳状菌丝 ………………………………… 绳状青霉群亚组
      a. 分生孢子区呈黄-绿色、蓝-绿色或灰绿色；帚状枝大，
        与羊毛青霉亚组和束状青霉亚组相相似；
        分生孢子近球形至椭圆形 …………………………………… 土壤青霉系
      b. 分生孢子区呈各种颜色，但绝不呈绿色，帚状枝通常比较细窄，
        分生孢子强烈椭圆形至圆柱形 …………………………………… 苍白青霉系

4. 菌落表面生长，由于分生孢子梗聚合成直立的捆束而呈现粉状、
   簇状、束状或孢梗束状 …………………………………………… 束状青霉群亚组
      a. 特征地产生菌核 ……………………………………………… 唐菖蒲青霉系
      b. 不产生菌核。
        1'. 菌落单生的分生孢子梗和束状分生孢子梗混在，
          但单生的分生孢子梗通常占优势。
           a. a. 在成熟的分生孢子区不发育成真正的绿色 ………………… 赭青霉系
           b. b. 分生孢子区典型地呈现亮黄-绿色，分生孢子梗粗糙 ……… 纯绿青霉系
           c. c. 分生孢子区典型地呈蓝-绿色，而蓝色成分为主或至少蓝色清晰明显；
             分生孢子梗粗糙或光滑 ………………………………… 圆弧青霉系
           d. d. 分生孢子区典型呈黄绿色或灰绿色；
             分生孢子梗粗糙或光滑 ………………………………… 扩张青霉系
           e. e. 分生孢子区典型呈淡浊灰-绿色；分生孢子梗壁光滑。
             1''. 小梗通常长度为 $8\ \mu m$ 或更长 …………………… 意大利青霉系
             2''. 小梗长度为 $6\mu m$ 或较短 ………………………… 荨麻青霉系
        2'. 菌落具有大部分分生孢子梗聚合成束状或明显的孢梗束。
           a. a. 孢梗束占优势，但混有丰富的单生的分生孢子 ………… 梗粒状青霉系
           b. b. 孢梗束极显著，单生的分生孢子梗缺或极少 ………………… 棒形青霉系

Ⅲ. 帚状枝特征地双轮和对称，但在某些种和菌株中常有零散不完整的帚状枝，
   小梗典型地披针状，顶部细长渐尖 ……………………………… 双轮对称青霉组
 A. 菌落产生闭囊壳或菌核
 1. 菌落在大部分基质上产生柔软的闭囊壳，通常呈亮黄色 ………… 淡黄青霉系
 2. 菌落产生菌核或厚壁的细胞团，通常包埋在基质中 ………… 新西兰青霉系
 B. 菌落不产生闭囊壳或菌核
 1. 菌落规则地显现丰富的直立的孢梗束 ………………………… 杜克青霉系
 2. 菌落表面呈现绳状、絮状-绳状，或偶尔稍微成簇状 ………… 绳状青霉系
 3. 菌落不呈或很少呈绳状，表面呈典型绒状。
   a. 菌落的菌丝体和反面通常显现强烈的红色或紫红色素，

　　　　大部分菌株生长相当快 ……………………………………………… 产紫青霉系

　　　　b. 菌落绝不产生强烈的红色素，在察氏和玉米浆琼脂上生长很局限 …… 皱褶青霉系

　　4. 菌落比较厚，通常呈现羊毛状；营养菌丝体典型地呈黄-绿色；

　　　　反面通常呈相似的颜色 …………………………………………… 郝克青霉系

Ⅳ. 帚状枝大，通常对称，典型地在小梗以下有三或更多层分枝 ………… 多轮青霉组

四、镰刀菌分类系统检索表（柏斯）

（分组检索表）

1. 小型分生孢子多 ……………………………………………………………… 2

1. 小型分生孢子罕少至无 ……………………………………………………… 9

2. 小型分生孢子自多芽产孢细胞即多出瓶状小梗生出 ……………………… 3

2. 小型分生孢子自单出的瓶状小梗生出 ……………………………………… 4

3. 菌株红色（淡污黄或污黄白色），偶尔苍白色，通常有厚垣孢子 ………… 直孢组

3. 菌株本色、红紫色至堇色 ………………………………………………… 李瑟组

4. 小型分生孢子链生 ………………………………………………………… 5

4. 小型分生孢子非链生 ……………………………………………………… 6

5. 菌株粉红色至深红色；大型分生孢子大，壁厚，马特组型 ……………… 拟穗霉组

5. 菌株本色，红紫色至紫色，如有大型分生孢子则壁薄、镰刀形 ………… 李瑟组

6. 小型分生孢子梨形至棒形，培养物红色 ………………………………… 枝孢组

6. 小型分生孢子纺锤形至卵形，色泽浅本色、红紫色至蓝色 ……………… 7

7. 大型分生孢子直，顶端喙状 ……………………………………………… 砖红组

7. 大型分生孢子弯，顶端非喙状 …………………………………………… 8

8. 小型分生孢子梗短，通常聚集；大型分生孢子壁薄，镰刀形 …………… 美丽组

8. 小型分生孢子梗长，分枝宽扩；大型分生孢子上半部最宽，壁厚 ……… 马特组

9. 分生孢子至少有一部分是从多芽产孢细胞产生 …………………………… 直孢组

9. 分生孢子通常自单出瓶状小梗产生 ………………………………………… 10

10. 生长速度不超过 1.0cm ……………………………………………………… 11

10. 生长速度超过 1.0cm ………………………………………………………… 13

11. 分离自或生长在其他真菌或昆虫上 ……………………………………… 12

11. 与其他真菌及昆虫无关 …………………………………………………… 蛛丝组

12. 分离自其他真菌或与其有关 ……………………………………………… 表球组

12. 分离自介壳虫或与其有关 ………………………………………………… 嗜蚧组

13. 菌丝的厚垣孢子罕见或缺，分生孢子直，通常顶端具喙 ……………… 砖红组

13. 菌丝的厚垣孢子有，分生孢子弯曲 ……………………………………… 14

14. 有间生的厚垣孢子，无顶生的厚垣孢子，分生孢子壁薄、顶端细胞常长刺状，

　　　　足细胞通常具梗 ……………………………………………………………… 膨孢组

14. 通常有间生及顶生的厚垣孢子，大型分生孢子壁厚、隔膜砚显，纺锤形至镰刀形，
　　 具喙状或纺锤状的顶端细胞，足细胞不具梗 ……………………………… 色变组

（分组检索表）

1. 培养 4d 后生长速度（菌落直径）超过 2.5cm ……………………………………… 2

1. 培养 4d 后生长速度（菌落直径）少于 2.5cm ……………………………………… 40

2. 显著的小型分生孢子通常很多 ……………………………………………………… 3

2. 无显著的小型分生孢子，大型分生孢子大小可有明显差别 …………………… 16

3. 小型分生孢子链生 …………………………………………………………………… 4

3. 小型分生孢子非链生 ………………………………………………………………… 5

4. 菌株洋红色 ……………………………………………………………… 多隔镰刀菌

4. 菌株苍白色、桃色至堇色 ……………………………………………… 串珠镰刀菌

5. 小型分生孢子自单出瓶状小梗产生 ……………………………………………… 6

5. 小型分生孢子自多出瓶状小梗即多芽产孢细胞产生 …………………………… 14

6. 小型分生孢子椭圆形至卵形，菌株的色泽苍白色、本色、蓝色至紫色或褐色 … 7

6. 小型分生孢子近球形或棒形，菌株的色泽通常深红色至无色 ………………… 13

7. 小型分生孢子由很发达的小型分生孢子梗产生，小型分生孢子椭圆形至卵形 … 8

7. 小型分生孢子自短的侧生分生孢子梗即通常成束的侧生的瓶状小梗产生
　　 分生孢子纺锤形或不对称的纺锤形至椭圆形 …………………………………… 10

8. 小型分生孢子在幼培养中很多，大型分生孢子"马特组"型 ………… 茄病镰刀菌

8. 小型分生孢子在幼培养中稀少，大型分生孢子"马特组"型 ………………… 9

9. 色泽缺乏或苍白色，变成浅褐色，本种稀少，主要分布在新西兰和
　　 南半球 ………………………………………………………………… 迷惑镰刀菌

9. 色泽深蓝色，菌株黏质，具黏孢团的分生孢梗座 ………… 茄病镰刀菌蓝色变种

10. 菌株苍白色、桃色，大型分生孢子类似"马特组"型 ……… 尖孢镰刀菌芬芳变种

10. 菌株白色至堇色或紫色，大型分生孢子对称的镰刀形或筒形，顶端有喙 ……… 11

11. 小型分生孢子明显弯曲，逗号形，菌丝中的厚垣孢子缺 ……………… 棒镰刀菌

11. 小型分生孢子卵形至纺锤形、腊肠形、厚垣孢子间生或顶生，或同时并存 …… 12

12. 小型分生孢子卵形至腊肠形，大型分生孢子直或具喙，厚垣孢子只间生
　　 菌丝中，本种仅报告于印度 …………………………………………… 潮湿镰刀菌

12. 小型分生孢子卵形至纺锤形，大型分生孢子镰刀形，厚垣孢子间生及顶生于
　　 菌丝的短侧枝上 ……………………………………………………… 尖孢镰刀菌

13. 小型分生孢子近球形，小梗桶形 ……………………………………… 梨孢镰刀菌

13. 小型分生孢子梨形至棒形，小梗船形至筒形 ………………………… 三线镰刀菌

29. 大型分生孢子 0~3 隔，（40~55）μm×（4~4.5）μm ·········· 砖红镰刀菌黄杨变种

30. 呈蓝菫色，气生菌丝稀少，分离自咖啡 ······················· 棒镰刀菌

30. 呈浅桃色、黄色、葡萄酒色，如呈蓝黑色则气生菌丝絮状、多；大型分生
   孢子 5~8 隔，（40~75）μm×（2.5~4）μm ·················· 砖红镰刀菌

31. 大多数分生孢子的顶端细胞显著变窄细或喙状 ·················· 32

31. 大多数分生孢子的顶端细胞钻状，向顶端逐渐窄 ················ 36

32. 菌株桃色至鲑色 ···································· 33

32. 菌株红色、带红深褐色至紫色 ·························· 34

33. 分生孢子 （14~27）μm×（5~6）μm ·············· 拟丝孢镰刀菌

33. 分生孢子 （30~58）μm×（4.5~6）μm，分离自棉 ········ 棉腐镰刀菌

34. 分生孢子弯曲显著，平均长度 30μm ········ 接骨木镰刀菌蓝色变种

34. 分生孢子弯曲不明显，平均长度超过 40μm ················ 35

35. 分生孢子 3~5 隔，（30~55）μm×（4~5）μm ·········· 接骨木镰刀菌

35. 分生孢子 3~5 隔，（30~50）μm×（5~7）μm ············ 黄色镰刀菌

36. 菌株红色至浅红褐色 ······························ 37

36. 菌株浅灰白色，本色（淡污黄或污黄白色）至鲑色 ·············· 38

37. 分生孢子 （35~47）μm×（3.5~4）μm，形态多样化 ········ 异胞镰刀菌

37. 分生孢子 （35~62）μm×（3.5~5）μm，形态较一致 ········ 禾谷镰刀菌

38. 菌株浅灰白色，分生孢子平均长度超过 30μm ·············· 柔毛镰刀菌

38. 菌株粉红色、本色（淡污黄或污黄白色）至鲑色，分生孢子平均长度 40μm ··· 39

39. 菌株浅粉红色至本色（淡污黄或污黄白色），分生孢子较一致，4 隔~5 隔，
   （27~45）μm×（4.5~5）μm ··················· 同色镰刀菌

39. 菌株桃色变为褐色，分生孢子 3~4 隔，
   （22~40）μm×（3.5~4）μm ··················· 硫色镰刀菌

40. 在自然界常生长在其他真菌的子实体或介壳虫上或与它们有关 ········ 51

40. 在自然界与其他真菌或介壳虫无关 ······················ 52

41. 在自然界与核菌类真菌有关 ·························· 42

41. 在自然界与介壳虫有关 ···························· 50

42. 在开始时即有小型分生孢子阶段 ······················ 43

42. 无小型分生孢子阶段 ······························ 45

43. 大型分生孢子隔膜明显 ·························· 黄杨镰刀菌

43. 大型分生孢子隔膜不明显或无隔 ······················ 44

44. 菌株苍白色至橙色，大型分生孢子
   （40~65）μm×（3~4）μm ··············· 水生镰刀菌中型变种

44. 菌株绿色，大型分生孢子 （25~50）μm×（3~5）μm ········ 黑绿镰刀菌

参 考 文 献

[1] 吴友昌. 普通光学显微镜的使用与维修. 杭州：浙江科学技术出版社，1984.

[2] 周德庆. 微生物学教程. 北京：高等教育出版社，2002.

[3] 周德庆主编. 微生物学实验手册. 上海：上海科学技术出版社，1986.

[4] 钱存柔，黄仪秀主编. 微生物学实验教程. 北京：北京大学出版社，1999.

[5] 中国科学院微生物研究所《菌种保藏手册》编著组. 菌种保藏手册. 北京：科学出版社，1980.

[6] 李忠庆主编. 微生物菌种保藏技术. 北京：科学出版社，1989.

[7] 若夫，胡宝龙，周德庆. 微生物学实验教程. 上海：复旦大学出版社，1993.

[8] ［日］微生物研究法讨论会编. 微生物学实验法. 程光胜等译. 北京：科学出版社，1981.

[9] 中国科学院微生物研究生细菌分类组. 一般细菌常用鉴定方法. 北京：科学出版社，1978.

[10] 徐士菊，强义国，周德庆. 一种简便的微生物载片培养法. 生物学教学，1980.

[11] 魏明奎. 食品微生物检验技术. 北京：化学工业出版社，2011.

[12] 姚勇芳主编. 食品微生物检验技术. 北京：科学出版社，2011.

[13] 赵贵明主编. 食品微生物实验室工作指南. 北京：中国标准出版社，2005.

[14] 陈明勇等. 动物性食品卫生学实验教程. 北京：中国农业大学出版社，2005.

[15] 许牡丹等. 食品安全性与分析检测. 北京：化学工业出版社，2003.

[16] 王秉栋等. 食品卫生检验手册. 上海：上海科学技术出版社，2003.

[17] 秦翠丽. 食品微生物检验技术. 北京：兵器工业出版社，2001.

[18] 侯玉泽，李松彪主编. 食品卫生快速检验技术. 北京：中国农业出版社，2008.

[19] GB 4789.2—2010. 食品中菌落总数测定 [S].

[20] GB 4789.3—2012. 食品中大肠菌群计数 [S].

[21] GB 4789.2—2010. 食品中菌落总数测定 [S].

[22] GB 4789.4—2010. 食品中沙门菌的检验 [S].

[23] GB 4789.10—2010. 食品中金黄色葡萄球菌检验 [S].

[24] GB/T 4789.7—2008. 食品中副溶血性弧菌检验 [S].

[25] GB 4789.30—2010. 食品中单核细胞增生李斯特菌的检验 [S].

[26] GB 4789.35—2010. 食品中乳酸菌检验 [S].

[27] GB 4789.34—2012. 食品中双歧杆菌的鉴定 [S].

[28] GB 4789.40—2010. 食品中阪崎肠杆菌检验 [S].

[29] GB 4789.5—2012. 食品中志贺菌的检验 [S].

[30] GB/T 4789.26—2003. 罐头食品商业无菌检验 [S].

[31] GB 4789.15—2010. 食品中霉菌和酵母计数 [S].

[32] GB 4789.16—2003. 食品中产毒霉菌的鉴别 [S].

[33] 金大智，谢明杰，曹际娟. 食品中单增李氏菌实时荧光 PCR 检测鉴定方法的建立 [J]. 辽宁师范大学学报：自然科学版，2003，26（1）：73-76.

［34］ 黄金林，焦新安，文其乙等. 直接 ELISA 和 PCR 相结合快速检测样品中的沙门菌 [J]. 中国人兽共患病杂志，2004，20（4）：321-327.

［35］ 刘胜贵，魏麟. 应用 PCR 技术检测猪肉中沙门菌的研究 [J]. 食品科学，2007，28（3）：254-256.

［36］ 邵碧英，陈彬，汤敏英. 沙门菌多重 PCR 检测方法的建立 [J]. 食品科学，2007，28（1）：489-492.